PONS

Briefe schreiben

von
Sigrid Pöschl

PONS GmbH
Stuttgart

PONS

Briefe schreiben

von
Sigrid Pöschl

Dieses Produkt basiert in Teilen auf ISBN 978-3-12-561561-8 und ISBN 978-3-12-561732-2.

Auflage A1 5 4 3 2 1 / 2013 2012 2011 2010

PONS Produktinfos und Shop: www.pons.de
PONS Sprachenportal: www.pons.eu
E-Mail: info@pons.de

Redaktion: Ines Balcik
Logoentwurf: Erwin Poell, Heidelberg
Logoüberarbeitung: Sabine Redlin, Ludwigsburg
Einbandgestaltung: VIER FÜR TEXAS, Frankfurt/Main
Layout: one pm, Petra Michel, Stuttgart
Satz: Digraf.pl - dtp services
Druck und Bindung: CPI, Birkstraße 10, 25917 Leck

Printed in Germany.
ISBN: 978-3-12-561087-3

„Was immer du schreibst,
schreibe kurz, und sie werden es lesen;
schreibe klar, und sie werden es verstehen;
schreibe bildhaft, und sie werden es im Gedächtnis behalten."

(Joseph Pulitzer)

PONS Briefe schreiben bietet Ihnen ein umfangreiches Nachschlagewerk zu jeder Art von Briefen und E-Mails, die im täglichen Leben geschrieben werden. Dabei orientierten wir uns an den neuesten Empfehlungen der zuständigen Verbände und Behörden, um Ihnen ein aktuelles Know-how mit vielen nützlichen Arbeitshilfen zur Verfügung zu stellen.

So ist das Buch aufgebaut

Das Buch enthält acht **Kapitel**, die sich mit unterschiedlichen Aspekten der Korrespondenz befassen. Die Kapitel sind nach verschiedenen Themenbereichen in **Unterkapitel** aufgeteilt. In diesen Unterkapiteln finden Sie jeweils allgemeine Erläuterungen zu den Schreibanlässen und einen oder mehrere **Musterbriefe**. Zusätzlich helfen Ihnen Hinweise, **Tipps** und **Textbausteine** zu jedem Thema, Ihren eigenen Brief zu formulieren.

Bitte versuchen Sie, die Musterbriefe und -mails an **Ihren persönlichen Stil** anzupassen. Verändern Sie die Anrede, fügen Sie einen anderen Textbaustein ein, ergänzen Sie ein passendes Beispiel, und der Brief oder die E-Mail ist „Ihr Schreiben". Der Empfänger wird Ihre Bemühungen spüren!

Durch zahlreiche **Verweise**, erkennbar am Pfeil →, können Sie sich einfach orientieren, ob es zu Ihrem gesuchten Brief eventuell an anderer Stelle weitere Tipps und Hinweise gibt.

Weiterführende Informationen können Sie nachlesen unter den folgenden Symbolen:

- ergänzende Angaben
- wissenswerte Zusatzinformationen
- Stolperfallen und besonders wichtige Hinweise
- Tipps zum Wortschatz
- wichtige Regeln zur Rechtschreibung
- Tipps zur Zeichensetzung
- stilistische Hinweise

Sie haben beim Schreiben plötzlich Unsicherheiten in Sachen **Rechtschreibung** oder **Zeichensetzung**? Sie können in den Anhängen all die Punkte nachschlagen, die im Deutschen oft zu Zweifeln führen.

Wenn Sie Informationen, Muster oder Textbausteine zu einem bestimmten Thema suchen, hilft Ihnen das **Sach- und Stichwortverzeichnis** am Ende des Buches weiter.

Wir wünschen Ihnen viel Freude und Erfolg mit diesem Buch.

Die Autorin
und die PONS-Redaktion

INHALT

GRUNDLAGEN DES BRIEFAUFBAUS NACH DIN 5008 UND DIN 676

Der Umschlag ... 10
Das Seitenlayout mit Briefkopf und Anschrift ... 12
Das Datum ... 22
Der Betreff ... 24
Die Anrede ... 28
Die Grußformel ... 31
Die Unterschrift ... 33
Die Anlagen ... 34
Der Verteiler ... 36
Zeichen und Abkürzungen ... 37

GESCHÄFTLICHE KORRESPONDENZ

Briefe schreiben heute – der erste Eindruck zählt ... 45
Mit dem Schreibstil zum Lesen motivieren ... 48
Informationen einholen ... 50
Angebote einholen ... 56
Angebote schreiben ... 61
Werbebriefe ... 68
Bestellen ... 73
Reservieren ... 80
Verträge ... 88
Reklamieren ... 91
Reklamationen bearbeiten ... 96
Rechnungen ... 102
Zahlungsverzug ... 106
Referenzen und Empfehlungsschreiben ... 115
Arbeitszeugnis ... 120
Eine Stelle ausschreiben ... 126
Die Presse informieren ... 135
Mitteilungen und Wünsche zu besonderen Anlässen ... 138
Einladungen und Dankschreiben ... 145
Kondolenzschreiben ... 151

HALBPRIVATE KORRESPONDENZ

Formelle Briefe von Privatpersonen ... 155
Kündigen ... 158
Schreiben an Versicherungen ... 166
Banken und Sparkassen ... 172
Briefe an Krankenkassen ... 177
Rund um Reise und Hotel ... 182
Reklamationen ... 187
Mitarbeiterbriefe an den Arbeitgeber ... 195
Briefe an Schulen ... 203

PRIVATE KORRESPONDENZ

Persönlich und ohne Normen ... 211
Zu Familienfeiern gratulieren ... 213
Gute Wünsche zu Festtagen und besonderen Anlässen ... 227
Genesungswünsche und Beileidsschreiben ... 244
Einladungen ... 254
Danksagungen und Entschuldigung ... 267
Anzeigen in Zeitungen ... 276

DIE BEWERBUNG

Die Unterlagen ... 282
Das Begleitschreiben ... 285
Das Foto ... 295
Der Lebenslauf ... 297
Die dritte Seite ... 306
Arbeitszeugnisse ... 309

DAS PROTOKOLL

Was ist ein Protokoll? ... 310
Protokollarten ... 314

E-MAILS UND INTERNET

Möglichkeiten der Internetkommunikation ... 319
Schreiben im Internet: die Netikette ... 322

Geschäftliche E-Mails schreiben ... 323
Online bewerben ... 329
Private Nachrichten ... 336

ENGLISCHE KORRESPONDENZ
Allgemeine Regeln ... 340
Informationen einholen ... 350
Termine vereinbaren ... 352
Reservierungen vornehmen ... 356
Bestellungen aufgeben ... 360
Zahlungserinnerungen ... 364
Dankschreiben ... 368
Einladungen ... 370
Die Bewerbung ... 375
Wichtige Abkürzungen ... 382
Nützliche Wendungen ... 385

DIE RECHTSCHREIBUNG 392

DIE ZEICHENSETZUNG 440

BESONDERHEITEN IN ÖSTERREICH
UND DER SCHWEIZ 480

GELÄUFIGE ABKÜRZUNGEN UND KURZWÖRTER 483

SACH- UND STICHWORTVERZEICHNIS 487

GRUNDLAGEN DES BRIEFAUFBAUS NACH DIN 5008 UND DIN 676

Bei DIN-Normen handelt es sich um Regelungen des **D**eutschen **I**nstitutes für **N**ormung e. V., das seit 90 Jahren Normen und Standards für Wirtschaft und Gesellschaft erarbeitet.

Das Institut veröffentlichte bereits 1964 die **DIN 5008** als normative, also verpflichtende Vereinheitlichung für das Maschineschreiben. Sie wird alle fünf Jahre überprüft und nach Bedarf überarbeitet. Mittlerweile heißt diese Vorschrift „Schreib- und Gestaltungsregeln für die Textverarbeitung“, da sich in ihr auch Regeln für das Verfassen von E-Mails und Faxen finden.

Die **DIN 676** ergänzt die DIN 5008 seit dem Jahr 1995. Sie gilt für Geschäftsbriefbögen und regelt insbesondere vorgedruckte Elemente im Briefkopf, in der Bezugszeile und in der Fußzeile.
Die Elemente, die im Geschäftsbrief nicht von der DIN 676 geregelt werden, unterliegen automatisch der DIN 5008. In der Neufassung der DIN 5008 vom April 2010 wird dieser Zusammenhang noch stärker betont.

Die DIN-Regeln beziehen sich in erster Linie auf formale Dinge bei der Aufteilung des Briefbogens. Für Rechtschreibung und Zeichensetzung gilt die jeweils aktuelle amtliche Regelung der deutschen Rechtschreibung. Inhaltliche Fragen werden weder durch DIN- noch durch Rechtschreibregeln vorgeschrieben.

Das Beachten der DIN-Regeln erleichtert den Büroalltag. Zum Beispiel erscheint die Empfängeranschrift im Fenster des Briefumschlages, ohne dass Sie jeden Brief erneut abmessen müssen, und am linken Rand bleibt genügend Platz, um einen Brief so abheften zu können, dass der gesamte Text sichtbar bleibt.

Inwieweit eine Privatperson oder ein Unternehmen sich letztendlich den DIN-Normen beugt oder sie nach eigenem Bedarf abwandelt, bleibt dem Schreibenden überlassen. Unternehmen ergänzen oftmals die Einzelheiten der Briefgestaltung mit speziellen Vorgaben zum Corporate Design, damit alle Schriftstücke des Betriebes ein einheitliches Erscheinungsbild aufweisen.

Der Umschlag

Sie haben im täglichen Briefverkehr hauptsächlich mit vier verschiedenen Umschlagarten zu tun, die es jeweils mit oder ohne Adressfenster gibt:

- **DIN lang** (für ein Blatt A4, zweifach quer gefaltet), 22,0 x 11,0 cm
- **DIN C6** (für ein Blatt A4 einmal quer, einmal längs gefaltet), 16,2 x 11,4 cm
- **DIN C5** (für ein Blatt A4, einmal quer gefaltet), 22,9 x 16,2 cm
- **DIN C4** (für ein Blatt A4, nicht gefaltet), 32,4 x 22,9 cm

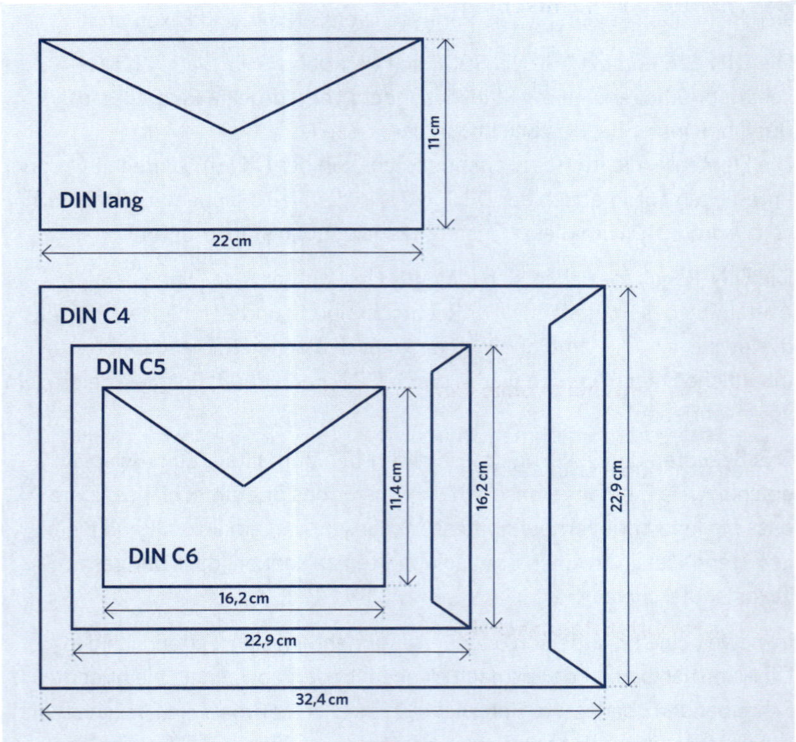

Die handelsüblichen Umschlagformate

Die **Briefmarken** werden in die obere rechte Ecke des Umschlages geklebt. **Zusatzvermerke** wie *Bitte nicht knicken* oder *Luftpost* sollten gut sichtbar auf einer freien Fläche des Umschlages angebracht werden.

Beschriftung von Umschlägen mit Fenster

Für die Umschläge mit Adressfenster benötigt man keine Extrabeschriftung auf dem Umschlag; das Adressfeld kann durch das Fenster gelesen werden. Beim Schreiben des Briefes nach DIN 5008 und DIN 676 sitzen die Empfängeradresse und auch die Absenderangaben passend auf dem Briefkopf.

Beschriftung von Umschlägen ohne Fenster

Für die **Adresse** direkt auf dem Umschlag wird folgende Platzierung empfohlen, gemessen von der oberen und der rechten Umschlagkante:

4,0 cm von der oberen Umschlagkante
1,5 cm von der rechten Umschlagkante

Die Zone für die Adresse ist insgesamt 10,0 cm breit.

Der **Absender** wird laut Empfehlung in die obere linke Ecke gesetzt (ohne Leerzeilen und Fettdruck).

Für Umschläge ohne Fenster gibt es keine Normung

Die Transportunternehmen und das DIN-Institut geben lediglich die oben genannten Empfehlungen. Sie dienen einer schnelleren Beförderung der Briefe.

Farbige Briefumschläge

Farbige Briefumschläge **kosten mehr**. Für dunkle Briefumschläge (dunkelblau, dunkelgrün etc.) bezahlt man bei der Post einen Aufpreis, weil sie nicht automatisch sortiert werden können.

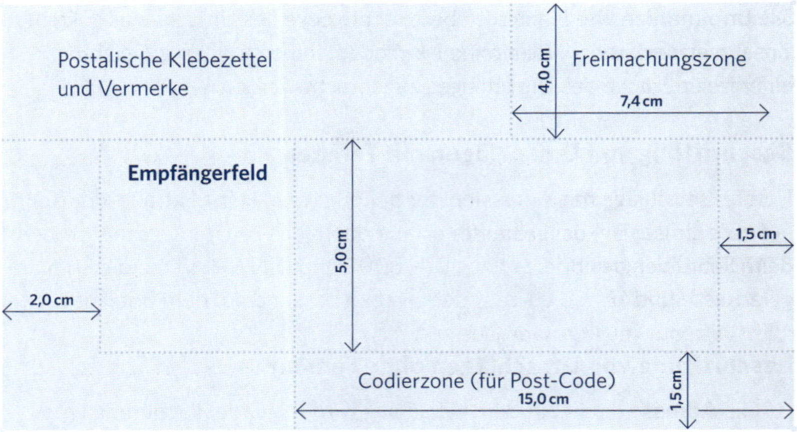

Aufschrift bei Umschlägen ohne Fenster

Das Seitenlayout mit Briefkopf und Anschrift

Für die Einteilung des Briefbogens geht man von einer großen A4-Seite (übliches Schreibpapierformat) aus. Nun kann man unterscheiden, ob man einen **halbprivaten Brief** (z. B. als Privatperson an eine Firma) oder einen **geschäftlichen Brief** (z. B. als Angestellter einer Firma an eine andere Firma) verfasst. Einen zusätzlichen Anhaltspunkt bieten die Textverarbeitungssysteme der Computer wie MS Word oder OpenOffice Writer (→ S. 22).

Der halbprivate Brief nach DIN 5008

Sie möchten z. B. eine Reklamation, einen Bericht zu einem Unfall oder einen Aufnahmeantrag an einen Verein schreiben. Dafür wird das A4-Blatt folgendermaßen eingeteilt:

Absenderangabe

Sie beginnen mit der Absenderangabe 1,69 cm von der oberen Kante und halten den ganzen Brief über einen Abstand von 2,41 cm von der linken Kante. Dieser Abstand wird auch **Heftrand** genannt. Rechts kann man bis

0,8 cm vor die rechte Blattkante gehen.
Ihre Absenderdaten werden ohne Leerzeile geschrieben, ohne *Frau* oder *Herr*; zusätzlich können Sie unter den Ort Ihre Telefonnummer und Ihre E-Mail-Adresse anhängen.

Gabriele Mustermann
Am Torbogen 5/Rückgebäude
20000 Deichgrund
Tel. 0304 53713
E-Mail: gaby.mustermann@beispiel.de

Peter Mann
Postfach 1 35 35
30105 Hoppingen

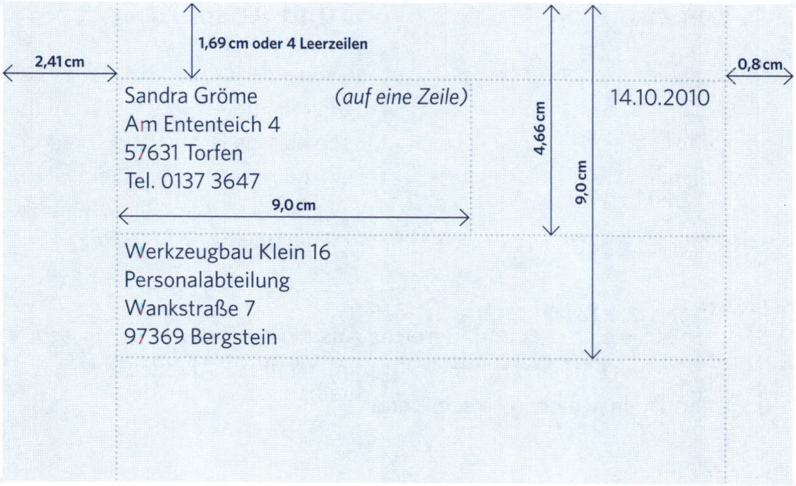

DIN-Norm-gerechter halbprivater Brief

Empfängeranschrift

Ab 4,66 cm von der oberen Blattkante beginnen Sie mit der Empfängeranschrift. Das Empfänger-Fenster im Umschlag ist 9,0 cm breit, das heißt, Sie können von 2,41 cm bis 11,41 cm von der linken Blattkante beschriften.

Zusätze wie *Einschreiben, Eigenhändig, Mit Rückschein* oder *Vorab per Fax* kommen ganz zu Anfang, vor der Empfängeranschrift.

Vorab per Fax

Europlus GmbH
Mustergasse 4
30105 Hoppingen

Eigenhändig

Herr Dr. Peter Huber
Chemlux Gmbh
Personalabteilung
Sandweg 16
20000 Deichgrund

Falls Sie eine sehr **umfangreiche Anschrift** unterbringen müssen, können Sie den Empfängernamen zusammen mit der Anrede *Herr/Frau* und allen Titeln in eine Zeile schreiben.

Wer steht zuerst im Adressfeld?

Wer den Brief ungeöffnet erhalten soll, dessen Name erscheint ganz oben. ~~*Zu Händen/z. Hd.*~~ wird nicht mehr benutzt! Wenn Sie zuerst die Firma schreiben, an die der Brief geht, wird das Schreiben an der Rezeption oder in der Posteingangsstelle geöffnet.

Steht hingegen *Herr Ulrich Mustermann* als Erster, noch vor dem Firmennamen, erhält er den Brief ungeöffnet. Sie können zusätzlich *persönlich* oder *vertraulich* hinzusetzen, um wirklich sicherzugehen.

Herr Dr. Peter Huber (persönlich)
Chemlux GmbH
Personalabteilung
Sandweg 16
20000 Deichgrund

Hier erhält Herr Dr. Huber den Brief ungeöffnet!

aber:

Chemlux GmbH
Herr Dr. Peter Huber
Personalabteilung
Sandweg 16
20000 Deichgrund

Hier wird der Brief am allgemeinen Firmen-Posteingang geöffnet, dann erst erhält ihn Herr Dr. Huber.

Ansprache

Vor dem Namen steht *Frau* oder *Herr*. Der Akkusativ *(An) Herrn* ist nicht mehr üblich.

Titel wie *Dr.* oder *Dipl.-Ing.* werden abgekürzt direkt vor den (Vor-)Namen gesetzt (→ siehe Kapitel ‚Die Anrede' S. 28).

Herr Dipl.-Ing. Konrad Piper

Die **Berufsbezeichnung** und die **Funktion** stehen normalerweise vor der Anrede.

Herr Polizeischuldirektor
Professor Jochen Schmid

Häufig findet man die Funktion hinter dem Namen; dies kann in Unternehmen unterschiedlich geregelt sein:

Frau Claire Schumann
Erste Erziehungsleiterin

Frau Melissa Thun
CEO

Straße mit Nummer oder **Postfach** mit Nummer (von rechts beginnend zweistellig gegliedert).

Sandstraße 12
oder
Postfach 1 23 24 56

Das **Stockwerk** oder die **Wohnung** wird mit zwei Schrägstrichen und Leerzeichen vorher, nachher und zwischen den Strichen geschrieben:

Frau Christine Zeuss
Kurfürstendamm 12 / / 3

Postleitzahl (ohne Leerzeichen) und **Bestimmungsort**.

20000 Deichgrund

Das **Bestimmungsland** wird in Großbuchstaben in Deutsch direkt darunter geschrieben (z. B. *SCHWEIZ*, nicht ~~*CH*~~).

Frau Ursula Rütli
Am Letzigrund 3
8045 Zürich
SCHWEIZ

Keine Leerzeile zwischen Straße und Ort

Seit 2004 wird keine Leerzeile mehr zwischen die Zeile mit Straße und Postfach und die Zeile mit PLZ und Ort gesetzt.

Bestimmungsort in der Zielsprache

Bei Auslandsadressen sollte der Bestimmungsort möglichst in der Sprache des Bestimmungslandes angegeben werden (*Firenze* statt *Florenz*).

Platz für Empfängeradresse

Sie haben für die komplette Empfängeradresse Platz bis 9,0 cm von der oberen Blattkante.

Wenn Sie alle oben ausgeführten Maße berücksichtigen, erscheint Ihr Empfänger bei einer zweifachen Querfaltung des A4-Blattes genau im Empfängerfenster. Gefaltet wird dann bei 10,5 cm und 21,0 cm vom oberen Blattrand, das entspricht den genormten **Falzmarken**.

Der Geschäftsbrief nach DIN 676

Sie halten beim Geschäftsbrief einen Abstand von 2,41 cm vom linken Rand des Briefbogens (**Heftrand**) ein (→ siehe dazu auch Grafik S. 18).

Der **Firmenbriefkopf** mit eventuellen Grafiken findet seinen Platz ab 1,69 cm bis 4,5 cm von der oberen Kante.

Danach befinden Sie sich bereits im **Empfängerfenster** des Kuverts.
Sie beginnen mit dem Absendernamen, der Straße oder dem Postfach und dem Ort in kleiner Schrift (ca. 6 Punkt), Sie platzieren alles in einer Zeile.

Ab 5,0 cm beginnen Sie mit der **Empfängeranschrift**.

Das Empfängerfenster im Umschlag ist 9,0 cm breit, das heißt, Sie können von 2,41 cm bis 11,41 cm von der linken Blattkante beschriften.

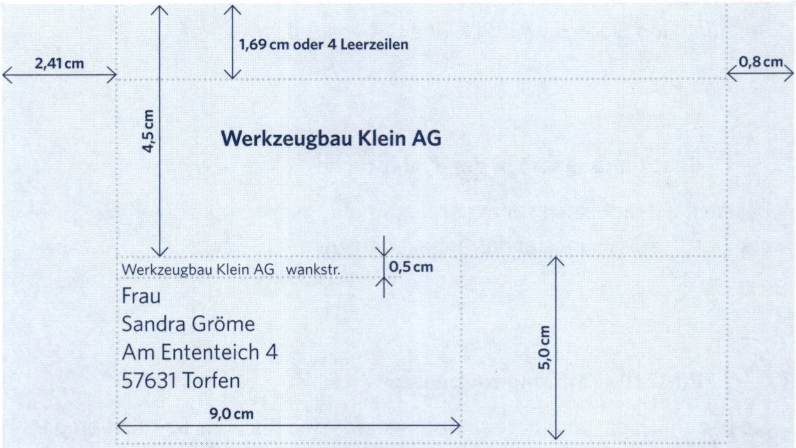

- 1. Falzmarke (vom oberen Blattrand): 10,4 cm
- 2. Falzmarke (vom oberen Blattrand): 14,7 cm
- [eventuell 3. Falzmarke (vom oberen Blattrand): 19,9 cm]

DIN-Norm-gerechter Geschäftsbrief

Zusätze wie *Einschreiben, Eigenhändig, Mit Rückschein* oder *Vorab per Fax* kommen zu Anfang, nach der ‚kleinen Absenderangabe', aber vor der Empfängeranschrift.

Chemlux Gmbh Sandweg 16 20000 Deichgrund
Vorab per Fax

Europlus GmbH
Mustergasse 4
30105 Hoppingen

Herr Dr. Ulrich Mustermann (persönlich)
Chemlux GmbH
Personalabteilung
Sandweg 16
20000 Deichgrund

Hier erhält Herr Dr. Mustermann den Brief ungeöffnet!

aber:

Chemlux GmbH
Herr Dr. Peter Huber
Personalabteilung
Sandweg 16
20000 Deichgrund

Hier wird der Brief am allgemeinen Firmen-Posteingang geöffnet, dann erst erhält ihn Herr Dr. Huber.

→ Für genauere Informationen zum Namen des Empfängers / Firmennamen siehe Tipp auf S. 15.

Vor dem **Namen** steht *Frau* oder *Herr*. Der Akkusativ *(An) Herrn* ist nicht mehr üblich.

Titel wie *Dr.* oder *Dipl.-Ing.* werden abgekürzt direkt vor den (Vor-)Namen gesetzt (→ siehe Kapitel ‚Die Anrede' S. 28)

Herr Dr. Ulrich Mustermann

Straße mit Nummer oder **Postfach** mit Nummer (von rechts beginnend zweistellig gegliedert).

Sandstraße 12
oder
Postfach 1 23 24 56

Postleitzahl (ohne Leerzeichen) und **Bestimmungsort**.

20000 Deichgrund

Das **Bestimmungsland** wird in Großbuchstaben in Deutsch direkt darunter geschrieben (z. B. *SCHWEIZ*, nicht ~~*CH*~~).

Herr
Dr. Beat Piaget
Bahnhofsstraße 3
8045 Zürich
SCHWEIZ

Mme
Laurence Lefort
21, rue de Champs-Élysées
57347 Paris
FRANKREICH

Ms
Marion Watson-Stuart
179 Turnpike Link
East Croydon
5RW CR0
GROSSBRITANNIEN

Keine Leerzeile zwischen Straße und Ort

Seit 2004 wird keine Leerzeile mehr zwischen die Zeile mit Straße und Postfach und die Zeile mit PLZ und Ort gesetzt.

Bestimmungsort in der Zielsprache

Bei Auslandsadressen sollte der Bestimmungsort möglichst in der Sprache des Bestimmungslandes angegeben werden (*Firenze* statt *Florenz*).

Platz für Empfängeradresse

Sie haben für die komplette Empfängeradresse Platz bis 9,0 cm von der oberen Blattkante.

Wenn Sie alle oben ausgeführten Maße berücksichtigen, erscheint Ihr Empfänger bei einer zweifachen Querfaltung (→ S. 18) (bei 10,5 cm und 21,0 cm vom oberen Blattrand, das sind die genormten **Falzmarken**) des A4-Blattes genau im Empfängerfenster.

Brieflayout nach MS Word oder OpenOffice Writer

Textverarbeitungssoftware bietet über die Funktion *Seite einrichten* eine Einteilung, die der DIN-Normung sehr nahe kommt und daher gut übernommen werden kann.
Sie stellt automatisch ein Seitenlayout mit einem Abstand von 2,5 cm von oben, unten, rechts und links ein.

Dann können Sie über die Funktionsleiste unten links auf Ihrem Bildschirm ablesen, in welchem cm-Abstand von der oberen Blattkante Sie sich bewegen, und so Ihren Briefkopf einfach und normgerecht setzen.

Die Schrift und Schriftgröße

Die Schrift in Ihren Briefen sollte stets einfach zu lesen sein. Gut zu verwenden sind **Courier** oder **Arial**.
Auch die Größe (in Punkt angegeben) trägt zur guten Lesbarkeit und damit zur Empfängerfreundlichkeit bei: Schreiben Sie mindestens in **11 Punkt** Größe, besser sind **12 Punkt**.

Das Datum

Die Platzierung des Datums hängt von der Art des Briefes ab, den Sie schreiben möchten.

Bei einem **halbprivaten Brief** nach DIN 5008 (z. B. bei einer Bewerbung) sitzt das Datum auf der ersten Zeile rechtsbündig, also auf gleicher Höhe wie Ihr Name.

Gaby Mustermann 13. Mai 2010
Engelstraße 13
00000 Musterstadt

Bei **Unternehmensbriefbögen** kann das Datum in der sogenannten Bezugszeichenzeile stehen, als viertes Bezugszeichen (siehe Beispiel unten). Das Leitwort *Datum* steht 17,65 cm von der linken Blattkante und 9,74 cm von der oberen Kante entfernt, darunter tragen Sie die entsprechenden Angaben ein.

Ihre Nachricht vom	Unser Zeichen	Telefon, Name	Datum
12.06.2010	SH	-34, Huber	15.06.2010

Ebenso kann ein **Infoblock vorgedruckt** sein, bei dem das Datum neben dem Empfängerfeld steht.

Einen Infoblock findet man oft auf Schreiben von Großunternehmen und Ämtern (Finanzamt, Einwohnermeldeamt).

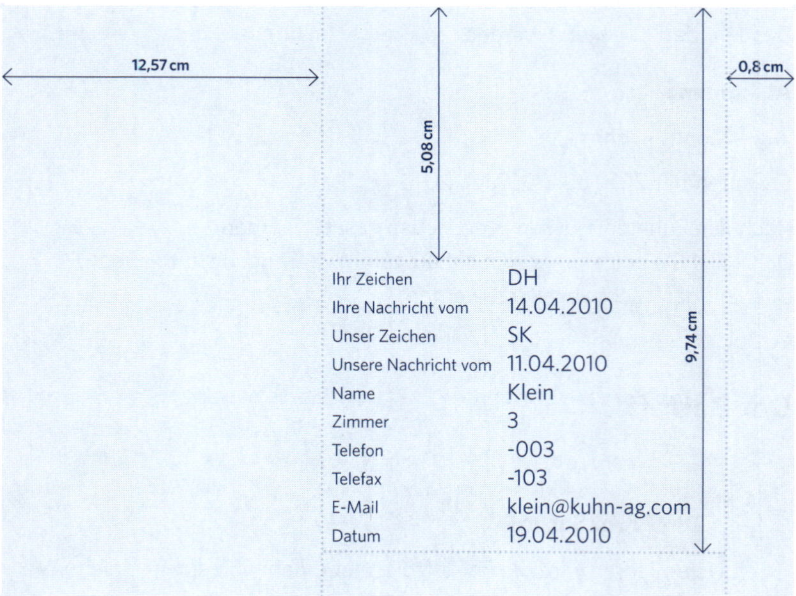

Der Infoblock nach DIN 676

Die Arten der Datumsschreibung

Sie haben folgende Möglichkeiten zur Auswahl:

Numerisch

Jahr - Monat - Tag

2010-09-12 oder 10-09-12

Es wird ohne Leerzeichen geschrieben.
Die Nullstellen bei Monat und Tag müssen aufgefüllt werden.
Das Jahr darf abgekürzt werden.

Tag - Monat - Jahr

12.09.2010 oder 12.09.10

Es wird ohne Leerzeichen geschrieben.
Die Nullstellen bei Monat und Tag müssen aufgefüllt werden.
Das Jahr darf abgekürzt werden.

Alphanumerisch

Tag - Monat - Jahr

9. September 2010 oder 9. Sept. 2010

Nach den Punkten müssen Leerzeichen gesetzt werden.
Die Nullstelle beim Tag wird nicht aufgefüllt (2. Sept., nicht ~~02. Sept.~~)
Das Jahr darf nicht abgekürzt werden.

Der Betreff

Direkt zur Sache

Seit vielen Jahren wird die Betreffzeile nicht mehr von einem einleitenden Wort wie *Betreff* oder *Betr.:* angeführt.

Mit einem Betreff geben Sie Ihrem Empfänger eine sehr kurze Zusammenfassung des Inhaltes Ihres Briefes. Der Leser soll neugierig auf den Brief werden, aber auch vorab wissen, was ihn erwartet. Nennen Sie nicht nur ein Aktenzeichen oder eine Artikelnummer, sondern auch den Grund Ihres Schreibens, z. B.: Kundennummer 10005, Reklamation zu meiner letzten Bestellung.

Betreffzeile fett

Die Betreffzeile kann **in fetter Schrift** geschrieben werden, damit sie besser ins Auge fällt. Die Schriftgröße sollte mit der des restlichen Brieftextes übereinstimmen..

Sie haben verschiedene Auswahlmöglichkeiten:

Die klassische Betreffzeile

Sie beginnt 11,43 cm von der oberen Blattkante. Darunter folgt unmittelbar die **Bezugszeile**, das heißt, Sie können noch ausführen, auf welche Quellen Sie sich beziehen.

Beispiele für die Betreffzeile:

Danke für Ihr Weihnachtspäckchen!
Terminverlängerung für Einkommenssteuer 2009
Zusage zu Ihrer Jubiläumsfeier
Mithilfe beim Kindergartenfest
Freies Zimmer für Ostern 2010

Sie wissen bestimmt auf Grund dieser Betreffzeilen, worum es ungefähr in den nachfolgenden Briefen geht.

11,43 cm

IMCE AG
Personalabteilung
Rosenweg 9
76543 Heidstadt

Bewerbung als Praktikantin in Ihrem technischen Labor
Ihre Annonce in der Süddeutschen Zeitung am 12. Jan. 2010

Sehr geehrte Damen und Herren,

Sie suchen in Ihrer Annonce eine flexible und kreative Praktikantin für ...

Position der Betreff- und Bezugszeile

Die Bezugszeichenzeile

Man findet sie als Vordruck auf Geschäftspapieren, Sie können sie aber auch leicht selbst gestalten.

Sie beginnt 9,74 cm von der oberen Blattkante. Das erste **Leitwort**, z. B. *Ihre Nachricht vom*, beginnt gleich am linken Seitenrand, also 2,41 cm von der linken Blattkante. Dann werden die nächsten Leitwörter je nach 5,08 cm gesetzt.

Die **Schriftgröße** wird reduziert auf 6 bis 7 Punkt. Darunter setzen Sie in normaler Schriftgröße (11 bis 12 Punkt) die entsprechenden Informationen.

Es folgen 2 Leerzeilen, dann die eigentliche **Betreffzeile** mit der Kurzangabe des Inhaltes.

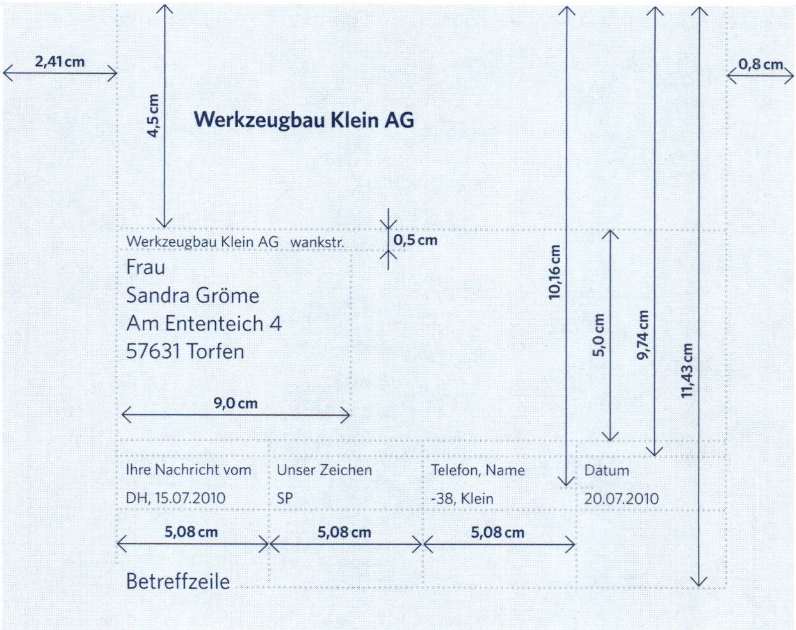

Briefkopf mit Bezugszeichen- und Betreffzeile nach DIN 676

Der Infoblock

Er ist ebenfalls auf Vordrucken zu finden; meist werden Sie von einer Software durch eine Maske auf Ihrem Bildschirm geleitet und Ihr Cursor zeigt Ihnen an, wo Sie Ihre Angaben und Daten eintragen können.

Der Infoblock hat dieselben Elemente wie die Bezugszeichenzeile (*Ihr Zeichen/Ihre Nachricht vom/Unser Zeichen* usw.), nur stehen sie untereinander, rechts vom Empfängerfeld.

Das erste **Leitwort** des Infoblocks beginnt mit kleinerer Schriftgröße (6 bis 7 Punkt) 12,57 cm von der linken Blattkante und 5,08 cm von der oberen Blattkante. Die nächsten Leitwörter beginnen jeweils direkt darunter, immer 12,57 cm von der linken Blattkante. Dahinter werden in Normalschriftgröße (11 bis 12 Punkt) die **Angaben** eingetragen.

Danach folgt auf 11,43 cm von der oberen Blattkante die **Betreffzeile**.

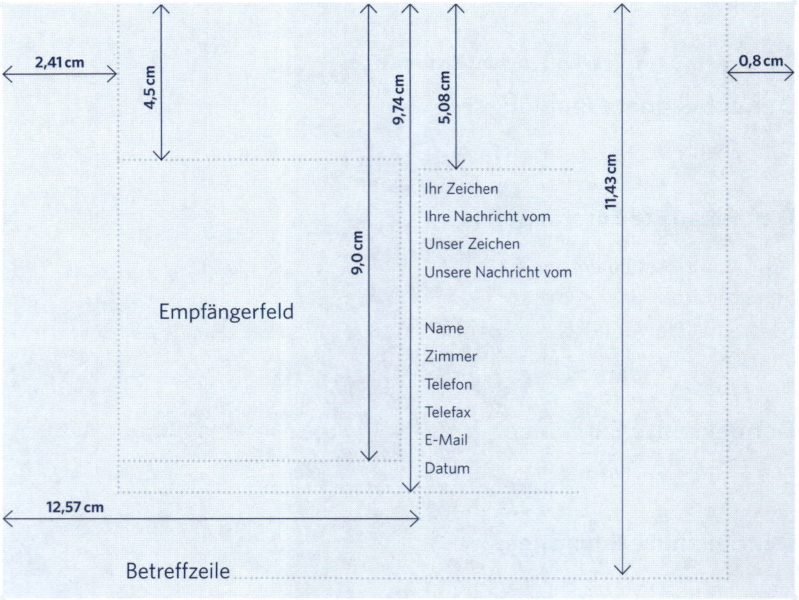

Briefkopf mit Infoblock nach DIN 676

Die Anrede

Nach der Betreffzeile folgen zwei Leerzeilen, dann starten Sie damit, den Empfänger anzusprechen.

> ! Im Brief, aber auch in der E-Mail benutzt man bei der Anrede den **höchsten akademischen Titel** des Angesprochenen und nennt nie den Vornamen!

Die Anrede ***Fräulein*** wurde bereits 1984 offiziell abgeschafft.

Der unbekannte Empfänger

Sehr geehrte Damen und Herren,

Der bekannte Empfänger, formelle Anrede

Sehr geehrte Frau Dr. Müller,
Sehr geehrter Herr Professor Huber,
(Bei dem Titel *Professor* darf der *Dr.* unterschlagen werden, der Titel *Professor* wird aber nie abgekürzt!)

Der bekannte Empfänger, formelle Anrede, etwas abgeschwächt

Guten Tag, sehr geehrte Frau Dr. Müller,

Der bekannte Empfänger, vertrauliche Anrede

Liebe Frau Dr. Müller,
Guten Tag, lieber Herr Professor Huber,
Hallo, liebe Frau Schmidt,

Die Amtsbezeichnungen

Sehr geehrter Herr Forstpräsident,
(hier steht es Ihnen aber auch frei, den einfachen Zunamen zu verwenden: Sehr geehrter Herr Müller,)

→ siehe Kapitel ‚Ansprache' S. 16

Die Adelstitel

Sehr geehrte Freifrau von Hohenadel,

Gemischte Titel

Sehr geehrte Frau Fraktionsvorsitzende, oder:
Sehr geehrte Frau Dr. von Hohenadel,

Anschrift und Anrede unterscheiden sich

Im Anschriftenfeld muss stehen:
Dr. Ursula Freifrau von Hohenadel
Fraktionsvorsitzende

Reihenfolge: *Frau/Herr* entfallen hier - akademischer Titel - Vorname - Adelstitel und Zuname

Anreden besonderer Würdenträger

Evangelischer Bischof	Sehr geehrter Herr Bischof,
Evangelischer Geistlicher	Sehr geehrter Herr Pastor,
Katholischer Kardinal	Euer Eminenz,
Katholischer (Erz-)Bischof	Euer Exzellenz,
Katholischer Pfarrer	Euer Hochwürden,
Herzog	Euer Hoheit,
Fürst	Euer Durchlaucht,
Graf	Sehr geehrter Herr Graf,
Baron	Sehr geehrter Baron,
Freiherr	Sehr geehrter Herr von ...,

Komma nach der Anrede

Nach der **Anrede** steht in der deutschen Korrespondenz ein **Komma**.

Sehr geehrte Damen und Herren,

wir freuen uns ...

In **Großbritannien** und in der **Schweiz** wird kein Komma nach der Anrede gesetzt, danach aber mit einem Großbuchstaben weitergeschrieben.

Dear Mr McFriar

Thank you so much for ...

In den **USA** wird das Komma gesetzt, danach jedoch ebenfalls mit einem Großbuchstaben weitergeschrieben.

Dear Mr. Hobson,

Thank you very much ...

→ siehe Kapitel ‚Englische Korrespondenz' S. 340 ff.

Die Grußformel

Am Ende des Briefes kommt ein freundlicher Gruß, der vor allem bei geschäftlichen Schreiben zeigen sollte, dass ein Mitarbeiter den Brief persönlich geschrieben hat und nicht nur Textbausteine maschinell zusammengesetzt wurden.

Der Gruß wird mit einer Leerzeile vom Brieftext abgesetzt.

Sie können – je nach Naturell und Empfänger – entweder formeller oder informeller grüßen, wobei eine gewisse Kreativität gefragt ist.

Vorab kann man den **Gruß einleiten**, z. B. mit:

Ich/Wir freuen uns auf Ihre Antwort!
Ich/Wir freuen uns auf unsere Zusammenarbeit.

Die formelle Schlussformel

Mit freundlichen Grüßen
Mit freundlichem Gruß
Freundliche Grüße

Hochachtungsvoll benutzt man nur noch zum Gruß unter einer letzten Mahnung; es schafft maximale Distanz zwischen Absender und Empfänger!

Die informelle Schlussformel

Mit freundlichen Grüßen aus München
Herzliche Grüße nach Stuttgart
Ein sonniges Wochenende wünscht Ihnen
Vorweihnachtliche Grüße aus Bremen
Winterliche Grüße
Viele Grüße
Mit viel Vorfreude grüßt Sie

Zwischen der Grußformel und dem Namen steht **kein Komma** oder ein anderes Satzzeichen!

Herzliche Grüße aus dem verschneiten München

Brigitte Mustermann

Brigitte Mustermann

Nach der Grußformel werden drei **Leerzeilen** (für die handgeschriebene Unterschrift) geschaltet, in die vierte Zeile kommt Ihr maschinengeschriebener **Vor- und Zuname**.

Wir freuen uns auf die Zusammenarbeit!

¶

Viele Grüße aus dem winterlichen München

¶

Andrea Mustermann

¶

Andrea Mustermann

Ist ein Schlussgruß nötig?

Die Angewohnheit, sich nur noch mit *Gruß* zu verabschieden, oder - oft unter Kollegen - gar keinen Gruß mehr zu schreiben, ist sehr unhöflich. Bitte denken Sie stets daran: Jeder Brief, jede E-Mail ist eine Visitenkarte, mit der Sie sich selbst präsentieren.

Die Unterschrift

Bei einem **privaten Brief** muss man nicht lange über die Unterschrift nachdenken. Man setzt einfach seinen Vornamen und eventuell den Zunamen unter die Grußformel.

Im **Geschäftsbereich** kennzeichnen die Platzierung (links oder rechts) und eventuelle Zusätze gewisse Befugnisse, Hierarchieebenen und Verantwortungsbereiche.
Der links Unterzeichnende ist die höher eingestufte Kraft, der rechts Unterzeichnende die niedrigere.

Folgende **Zusätze zur Unterschrift** stehen zur Verfügung:

In Abwesenheit von ...
Auf Anweisung von ...

Hier unterschreibt die Schreibkraft nach Absprache mit dem Verantwortlichen, trägt ihrerseits aber keine Verantwortung für den Inhalt des Briefes.

ppa. bedeutet *Prokura* (eine im Handelsregister eingetragene, sehr weitgehende Vollmacht).

i. V. wird von Handelsbevollmächtigten benutzt (ebenfalls eine eingetragene, eingeschränkte Vollmacht).

i. A. bedeutet eine Art- und Sondervollmacht, nur für bestimmte Briefe, E-Mails oder Geschäftsvorgänge gültig.

Oft existieren in großen Unternehmen auch **interne Unterschriftenregelungen**, die meist im Intranet zu finden sind.

Mit freundlichen Grüßen
¶
ppa. Dr. Heinrich Müller i. V. Andrea Mustermann
¶
Dr. Heinrich Müller Andrea Mustermann

Die Anlagen

Wenn Sie etwas zu Ihrem Brief hinzufügen, sollten Sie dies auf dem Schreiben vermerken. Wenn es auf dem Postweg verloren geht, wie soll das der Empfänger sonst nachvollziehen können? Wenn Sie jedoch nach Ihrer Unterschrift die beigefügten Teile, die *Anlagen*, zählbar aufgeführt haben, weiß der Empfänger sofort, wenn etwas fehlt.

Sie können entweder *Anlage* oder *Anlagen* schreiben, Sie können dieses Wort fett drucken oder unterstreichen, ganz nach Ihrem Geschmack oder den Corporate-Design-Vorschriften Ihres Unternehmens, nach denen alle Schriftstücke des Betriebes einem bestimmten Muster entsprechen sollen.

Anlagen
12 Kopien

Anlage
1 Prospekt

<u>Anlagen</u>
2 Kopien
3 Quittungen
1 Zimmernachweis

Der **Anlagenvermerk** folgt mit einer Leerzeile unter Ihrer maschinengeschriebenen Unterschrift.

Freundliche Grüße
¶
Andrea Mustermann
¶
Andrea Mustermann
¶
Anlage: 3 Kopien

Sollte Ihnen für den Anlagevermerk der Platz fehlen, können Sie ihn auch parallel zu Ihrer Grußformel setzen, 12,57 cm entfernt von der linken Blattkante.

Freundliche Grüße	Anlage
¶	3 Kopien
Andrea Mustermann	
¶	
Andrea Mustermann	

Anlagen im Brief ankündigen

Wenn Sie die Anlagen bereits im Brief selbst angekündigt haben, reicht das aus. Der zusätzliche Punkt ‚Anlagen' nach der Unterschrift entfällt dann. Bitte achten Sie auf die korrekte Formulierung:

Als Anlage erhalten Sie ...
nicht: ~~In der Anlage erhalten Sie ...~~

Der Verteiler

Mit dem Verteiler geben Sie dem Briefempfänger bekannt, dass weitere Personen eine **Kopie dieses Schreibens** bekommen haben. Sie werden entweder nach alphabetischer oder nach hierarchischer Reihenfolge genannt.

Unter dem Anlagevermerk (egal, ob Sie ihn unter Ihre Unterschrift gesetzt haben oder parallel zur Grußformel) kommt erneut eine Leerzeile, dann folgt der **Verteilervermerk**.

Anlage
5 Mappen
¶
Verteiler
Herr Dr. Haas
Frau Dr. Miller

oder:

Mit freundlichen Grüßen *Andrea Mustermann* Andrea Mustermann	Anlage 5 Mappen ¶ Verteiler Herr Dr. Haas Frau Dr. Miller

Zeichen und Abkürzungen

Die DIN-Normen wurden eingeführt, als Geschäftsbriefe und andere Briefe ausschließlich auf Schreibmaschinen geschrieben wurden. Einige Zeichen, die beim Drucken von Texten verwendet werden, waren auf Schreibmaschinen nicht verfügbar. Längst haben Textverarbeitungsprogramme am Computer mechanische und elektrische Schreibmaschinen ersetzt, dennoch berücksichtigen auch die überarbeiteten Fassungen der DIN-Normen diese Entwicklung nicht bei allen Zeichen. Die Textverarbeitung am PC oder Notebook ermöglicht eine weitgehende Annäherung an die beim Drucken üblichen Zeichen und Abstände.

Tastatur und Tastenkombinationen

Mithilfe von speziellen **Tastenkombinationen** können auf der Computertastatur mehr Zeichen erzeugt werden, als auf den Tasten unmittelbar zu sehen sind.
In Schreibprogrammen können Sie mit Tastenkombinationen **Sonderzeichen** erzeugen und sogar Programmbefehle ausführen. Es gibt sehr viele Tastenkombinationen, die Sie nicht alle kennen müssen, denn die Zeichen und Befehle können Sie auch über die Menüleiste ausführen. Aber merken Sie sich die Kombinationen für Zeichen, die Sie häufig verwenden, denn so können Sie beim Schreiben Zeit sparen.

Zeichen

Die Übersicht über häufig verwendete Zeichen zeigt, wie sie auf der Tastatur erzeugt werden können und welche Besonderheiten beim Schreiben jeweils beachtet werden sollten.

„…“ Anführungszeichen Umschalttaste + 2 (Windows),
Umschalttaste + ^ (Mac)

Schließen ohne Leerzeichen an den Text an: Er zitiert aus dem „Spiegel“ der Vorwoche.

Wie die Zeichen im Einzelnen aussehen, ist auch abhängig von der verwendeten Schriftart. Bei Schreibmaschinen und in reinen Text-Mails (→ siehe Tipp S. 325) gibt es keinen Unterschied zwischen öffnendem und schließendem Zeichen, sie haben jeweils die Form ". Beim Schreiben in Schreibprogrammen werden die typografischen Zeichen „…“ bevorzugt. Anführungszeichen gibt es noch in weiteren Formen, in Büchern z. B. wird häufig »…« verwendet. Im Französischen ist dagegen «…» üblich, im Englischen haben Anführungszeichen die Form “…”.

' **Apostroph** Umschalttaste + # (Windows),
Umschalttaste + Alt + # (Mac)

Schließt innerhalb eines Wortes ohne Leerzeichen an: Die Meier'schen Werke.

Bei Schreibmaschinen und in reinen Text-Mails (→ S. 325) gibt es nur die einfache Form. Beim Schreiben in Schreibprogrammen wird das typografische Zeichen ' bevorzugt (→ siehe Kapitel ‚Die Anführungszeichen' S. 460).

@ **at-Zeichen** Strg + Alt + Q (Windows),
Alt + L (Mac)

Kein Leerzeichen davor oder dahinter in E-Mail-Adressen: max@mustermann.de

... **Auslassungspunkte** Strg + Alt + . (Kombination gilt z. B. in MS Word)

Ersetzen Auslassungspunkte ein ganzes Wort (oder mehr als ein Wort), steht ein Leerzeichen davor (und im Fließtext auch dahinter): Haben Sie den Brief vom ... gelesen?
Ersetzen Auslassungspunkte Buchstaben eines Wortes, steht kein Leerzeichen davor: Die Regeln der Typogra...
Am Satzende entfällt ein zusätzlicher Schlusspunkt: Der Brief ist vom ...
Weitere Satzzeichen folgen ohne Leerzeichen: Haben Sie ...?

- **bedingtes** oder **weiches Trennzeichen** Strg + - (Kombination gilt z. B. in MS Word und OpenOffice Writer)

Bedingte Trennzeichen sind im ausgedruckten Text nicht sichtbar. Sie dienen dazu, Trennmöglichkeiten vorzugeben, die das Schreibprogramm gegebenenfalls bei einem Zeilenwechsel automatisch vornimmt, z. B. Textverarbeitung statt Textverarbeitung (→ siehe auch S. 474).

- **Bindestrich, Ergänzungsstrich, Trennstrich, Viertelgeviertstrich** -

Schließt ohne Leerzeichen an. Dient zum Koppeln (E-Mail-Austausch),

als Ergänzungsstrich (Mitarbeiter/-innen) oder als Trennstrich bei der Worttrennung am Ende einer Zeile (Trenn-
strich).

Mit einem **geschützten Bindestrich** (Strg + Umschalttaste + _ in MS Word, Strg + Umschalttaste + - in OpenOffice Writer) kann man verhindern, dass ein Wort am Zeilenende automatisch getrennt wird. So kann man z. B. vermeiden, dass das Wort *E-Mail* bei einem Zeilenumbruch auf zwei verschiedene Zeilen verteilt wird.

- bis-Strich, Halbgeviertstrich Strg + Minustaste auf dem Zahlenblock (Kombination gilt z. B. in MS Word)

Kann mit oder ohne Leerzeichen gesetzt werden: 10–12 Uhr, 10 – 12 Uhr. Entspricht von der Länge dem Gedankenstrich, der aber mit Leerzeichen verwendet wird.

& et-Zeichen Umschalttaste + 6

Kaufmännisches *und*, nur in Firmenbezeichnungen. Mit Leerzeichen.

€ Eurozeichen Strg + Alt + E (Windows),
Alt + E (Mac)

Mit Leerzeichen: 120,75 € oder € 324,90. In Briefen und sonstigen Fließtexten wird das Währungszeichen in der Regel nachgestellt. Statt des Eurozeichens kann auch der dreistellige ISO-Währungscode EUR verwendet werden.

Das gilt ebenso für andere Währungszeichen, z. B. $ oder USD für den US-amerikanischen Dollar und £ oder GBP für das britische Pfund.

- Gedankenstrich, Halbgeviertstrich Strg + Minustaste auf dem Zahlenblock (Kombination gilt z. B. in MS Word)

Mit Leerzeichen. Entspricht von der Länge dem bis-Strich, der ohne Leerzeichen verwendet wird (→ siehe auch S. 476).

geschütztes Leerzeichen Strg + Umschalttaste + Leertaste
(Kombination gilt z. B. in MS Word und OpenOffice Writer)

Nicht sichtbares Zeichen, das einen unerwünschten Zeilenwechsel verhindert. Mit dem geschützten Leerzeichen kann z. B. sichergestellt werden, dass die Währung nicht vom Betrag getrennt wird oder das Paragrafenzeichen von der Nummer: 76,54 EUR, § 16 a.

(...) Klammern Umschalttaste + 8, Umschalttaste + 9

Mit Leerzeichen außen, innen ohne Leerezeichen: Das verhält sich so (zusätzliche Angaben) und nicht anders. (→ siehe auch ‚Die Klammern' S. 477)

- Minuszeichen Strg + Minustaste auf dem Zahlenblock
(Kombination gilt z. B. in MS Word)

Mit Leerzeichen: 15 – 3. Die Länge des Minuszeichens sollte der des Gleichzeichens entsprechen, deshalb sollte der Gedankenstrich verwendet werden. Oft wird aber der kürzere Bindestrich eingesetzt: 24 - 17. Wird das Minuszeichen als Vorzeichen verwendet, entfällt das Leerzeichen: –38, - 72 (→ siehe auch S. 42).

 # Nummer #

Darf nur in Verbindung mit Zahlen benutzt werden.
Diese Rechnungen stehen offen:
12-1/13
12-2/13

§ Paragrafenzeichen Umschalttaste + 3

Mit Leerzeichen: § 79 Abs. 2, §§ 12 bis 15

% Prozentzeichen Umschalttaste + 5

Mit Leerzeichen: 44 %

+, -, = Rechenzeichen

Mit Leerzeichen bei Rechenoperationen: 184 + 397 - 213 = 368
Ohne Leerzeichen bei Vorzeichen: +10 Grad, -3 Grad.
(→ siehe auch Minuszeichen S. 41)

/ Schrägstrich Umschalttaste + 7

Normalerweise ohne Leerzeichen: Frau/Herr. Wenn der Schrägstrich mehrere Wörter oder ganze Sätze trennt, wird ein Leerzeichen gesetzt, um zu verdeutlichen, dass er sich nicht nur auf zwei Wörter bezieht: Ich bin ledig. / Ich bin verwitwet. (→ siehe auch S. 478)

Telefonnummern

Sie werden nach DIN 5008 so geschrieben:

Ländervorwahl (mit + oder 00), Leerzeichen, Städtevorwahl (ohne die 0 in Deutschland, in anderen Ländern zum Teil mit der 0), Leerzeichen, Anwahlnummer, Bindestrich, Durchwahl/Nebenstelle.

+49 89 2346547-21
+39 0471 9677-34

In der gesamten Nummer werden keine Klammern oder Schrägstriche verwendet!

Funktionsbezogene Teile von Telefon- oder Telefaxnummern dürfen Sie fett drucken oder mit Farbe hervorheben.

+49 89 976 46-**77**

Eine **Telefaxnummer** muss mit dem Zusatz **Fax** versehen werden.

Fax +49 89 56485-89

DIN-Norm kontra Benutzerfreundlichkeit

Telefonnummern dürfen laut DIN-Norm nur an bestimmten Stellen Leerzeichen beinhalten. Dies kann dazu führen, dass ein Leser die Nummer nicht gut erfassen kann, weil sie zu lang und unübersichtlich ist. Daher kann es sinnvoll sein, sich zugunsten der Empfänger- und Benutzerfreundlichkeit über die Norm hinwegzusetzen und die Telefonnummer **sinnvoll mit Leerzeichen** zu untergliedern.

Bei **Kontonummern** sind Sie dagegen frei in der Darstellung. Ein Leerzeichen könnte beim Onlinebanking hinderlich sein, wenn zum Beispiel eine Kontonummer in ein Formular kopiert wird, das nur eine begrenzte Zahl an Stellen bietet.

Minuszeichen, *bis*-, Binde-, Gedanken- und Trennstrich

Die DIN-Norm kennt keine unterschiedlichen Zeichenlängen für *minus*, *bis* bzw. Gedankenstrich und Worttrennung.

12 - 6 = 6
10 - 12 Uhr oder 10-12 Uhr
Wir haben - das ist klar - keine anderen Verträge unterschrieben!
Gold-
kettchen

Abkürzungen

Grundsätzlich sollten Sie in Ihrer Korrespondenz so wenig wie möglich abkürzen; oft verwirrt man den Empfänger durch Abkürzungen und macht so die Antwort auf den Brief schwierig.

Folgende Abkürzungen sind bekannt und werden häufig verwendet:

ca.	circa, zirka
d. h.	das heißt
f.	folgende, nur eine Seite
ff.	folgende, mehrere Seiten
Nr.	Nummer
PS	Post Scriptum (nach dem Brief)
S.	Seite
usw.	und so weiter
z. B.	zum Beispiel
zz.	zurzeit

→ siehe auch Anhang ‚Geläufige Abkürzungen und Kurzwörter' S. 483

fff

Leerzeichen bei Abkürzungen

Bitte denken Sie daran, nach jedem Satzzeichen ein Leerzeichen zu setzen, also auch zwischen den Abkürzungen! Dies ist sowohl von der DIN 5008 als auch vom Institut für Deutsche Sprache als verpflichtende Rechtschreibregel gesetzt.

Wir haben z. · B. · eine Reise zu verlosen.

Wir, d. · h. · meine Frau und ich, wollen das nicht.

;

Kommas bei *z. B.* und *d. h.*

Wenn Sie *z. B.* oder *d. h.* inmitten eines Satzes benutzen, können Sie diese Einschübe **durch Kommas abtrennen** oder nicht (Kann-Regel). Ergänzen Sie jedoch einen Satz am Ende mit einem *z. B.* oder einem *d. h.*, müssen Sie diesen nachgestellten Zusatz durch Komma abtrennen.

Mein Bruder liebt nordische Länder, z. B. Dänemark.

Ich habe alle Prüfungen kontrolliert, d. h. auch Ihr Exemplar.

(→ siehe Tipp S. 457)

GESCHÄFTLICHE KORRESPONDENZ

Briefe schreiben heute - der erste Eindruck zählt

Sie möchten einen Brief schreiben und wissen genau, was Sie Ihrem Empfänger mitteilen möchten. Wie können Sie Ihr Anliegen so gestalten, dass es informativ, höflich und interessant ist und gerne gelesen wird?

Stellen Sie sich zunächst den **ersten Kontakt des Empfängers mit Ihrem Schreiben** vor. Seine „Augenkamera" schweift über die Seite und erkennt:

Logo und Adresse des Absenders: Wer schreibt mir?
Wenn Sie die Chance haben, in die Bezugszeichenzeile Ihr Kürzel oder Ihren Vor- und Zunamen zu schreiben, machen Sie es! Ihr Empfänger registriert, dass jemand sich *persönlich* die Mühe gemacht hat, diesen Brief zu schreiben.

Anrede: An mich persönlich? Ist mein Name richtig?
Nur wenn der Empfänger diese Fragen mit Ja beantworten kann, wird er motiviert weiterlesen.

Betreffzeile: Interessiert mich das?
Etwas Interessantes lädt den Leser ein, sich mit Ihrem Brief zu beschäftigen; eine langweilige Nummer oder ein Aktenzeichen lässt die Neugier schnell versiegen.

Quer über den Text: Muss ich viel lesen?
Fassen Sie sich so kurz wie möglich und gliedern Sie Ihr Schreiben gut durch, damit auch Querleser den Inhalt schnell erfassen können.
Schreiben Sie längere Passagen linksbündig im Flattersatz, der Blocksatz ermüdet die Augen des Lesers.
Lockern Sie den Brief durch Absätze auf, formulieren Sie kurz.

Unterschrift: Wer hat unterschrieben?
Es ist schön, wenn Sie einen oder mehrere akademische Titel haben - aber bei Ihrer handschriftlichen Signatur tauchen sie niemals auf.

Unterschreiben Sie jedoch stets mit Ihrem *Vor- und Zunamen*, das erhöht die persönliche Note.

Mit freundlichen Grüßen

Marie von Falkenstein

Dr. Marie von Falkenstein

PS: Was bekomme ich sonst noch?
Wenn Ihr Brief die Neugier geweckt hat, möchte Ihr Leser noch ein bisschen mehr lesen. Diesen Wunsch erfüllen Sie mit einem kurzen Satz im PS, in dem Sie Ihrem Empfänger noch, falls möglich, ein kleines Extra mitteilen können.

Zurück zur **„Schlagzeile"**, zum Betreff: Bringt mir der Brief einen Nutzen? Jetzt fügt der Leser den Brief zum großen Ganzen zusammen und zieht sein Resumée.

Wenn Sie Ihr Schreiben auf diesen Blickverlauf aufbauen, gewährleisten Sie, dass die Inhalte wirklich gelesen werden und sich dem Leser nicht beim Überfliegen Teile entziehen.

Wie viele Leerzeilen?

In das normgerecht vorbereitete Seitenlayout (→ siehe S. 12) fügen Sie Ihren Text am besten mit folgenden Abständen ein (Leerzeilen sind mit ¶ markiert):

Bezugszeichenzeile + Bezugstext
¶
¶

Betreff
¶
¶
Anrede
¶
Brieftext
¶
Grußformel
¶
¶ (= Platz für die handschriftliche Unterschrift)
¶
Maschinengeschriebene Unterschrift
¶
Anlagen oder PS
¶
(eventuell Verteiler = wer bekommt eine Kopie dieses Briefes)

→ für einzelne Textabschitte siehe ‚Grundlagen des Briefaufbaus' S. 9 ff.

Begleitschreiben auf einer Seite

Grundsätzlich sollten Sie sich beim Begleitschreiben **kurz fassen** und versuchen, mit **einer Seite** auszukommen.
Manchmal ist mehr zu erklären. Pressen Sie dann nicht den Inhalt zusammen, nur um eine zweite Seite zu vermeiden. Gliedern Sie Ihr Schreiben in diesem Fall großzügig und verteilen Sie den Inhalt auf beide Seiten.

Mit dem Schreibstil zum Lesen motivieren

Die Form des Schreibens fällt dem Adressaten als Erstes ins Auge. Genauso wichtig ist es, **wie** Sie Ihr Schreiben formulieren. Berücksichtigen Sie vor allem Folgendes:

Faustregel: Kein Satz länger als 10 bis 15 Wörter, kein Absatz länger als 5 Sätze.

Benennen Sie in der **Betreffzeile** nicht nur ein Aktenzeichen. Der Sachverhalt sollte mühelos erkennbar sein (→ siehe Kapitel ‚Der Betreff' S. 24 ff.).

Variieren Sie bei häufigerem Kontakt die **Anrede** (→ siehe Kapitel ‚Die Anrede' S. 28).

Beziehen Sie den Empfänger von Anfang an mit ein, indem Sie ihn direkt ansprechen und öfter ***Sie***, ***Ihr***, ***Ihnen*** benutzen. Sie vermitteln damit dem Leser das Gefühl, dass Sie auf seine Person eingehen.

Wecken Sie das Interesse. Ein schöner **Briefanfang** kann zum Beispiel eine Frage sein: Guten Tag, Frau Mustermann, konnten Sie Ihren Sommerurlaub genießen?
Beginnen Sie mit etwas **Positivem**, das die Freude am Weiterlesen weckt.

Vermeiden Sie unnötige **Fremdwörter** und **Abkürzungen**. Benutzen sie leicht verständliche Wörter. So können Missverständnisse vermieden werden.

Bleiben Sie so nah wie möglich an der **gesprochenen Sprache**. Hierfür hilft es, wenn Sie sich vorstellen, wie Sie dem Empfänger den Sachverhalt am Telefon erklären würden.

Bevorzugen Sie **Verben** statt Substantive und formulieren Sie **aktiv** statt passiv. Dadurch wirkt Ihr Brief lebendiger:

Vermeiden Sie umständliche Kanzleiausdrücke sowie nichtssagende **Floskeln** und **Phrasen**. Verzichten Sie auf Übertreibungen und Superlative.

Sie können einen Brief etwas auflockern, indem Sie bei den vielfältigen **Satzzeichen** abwechseln: Wir freuen uns über Ihre Bestellung!
(→ siehe Kapitel ‚Die Zeichensetzung' S. 440 ff.)

Alles klar?

Gedankensprünge, Schachtelsätze und missverständliche Formulierungen verwirren den Adressaten und beeinträchtigen den Informationsfluss. Überlegen Sie zunächst, welche Informationen für den Empfänger wirklich wichtig sind. Drücken Sie sich dann **möglichst kurz und genau** aus.

~~Möchten Sie, wie bereits am Montag telefonisch besprochen, ein schriftliches Angebot oder soll Herr Grünert am Mittwoch, 12.03.2010, nochmals mit den Unterlagen zu Ihnen kommen und Ihnen die genaue Preiskalkulation, die Ihre Wünsche enthält, erläutern?~~

Besser: Möchten Sie ein schriftliches Angebot? Andernfalls steht Ihnen Herr Grünert am 12.03.2010 auch persönlich zur Verfügung.

Verwenden sie aussagekräftige Verben und ziehen Sie **aktive Verben** vor:

~~Die Absendung der Ware erfolgt am 12.03.2010.~~
Besser: Wir senden die Ware am 12.03.2010.

~~Ihre Akte wird geprüft.~~
Besser: Herr Schmid prüft Ihre Akte.

~~Am allerbesten für Sie ist ein Kauf unserer Produkte.~~
Besser: Wir freuen uns, wenn Sie sich für unsere Produkte entscheiden.

Mit Freundlichkeit schneller zum Ziel

Versuchen Sie - egal, zu welchem Thema Sie einen Brief schreiben - stets **freundlich und souverän** zu bleiben. Angriffe drängen Ihren Leser psychologisch in eine Ecke, aus der er sich per Gegenangriff befreien muss: Die Situation eskaliert möglicherweise und kostet Sie in der Folge viel mehr Zeit als ein höflicher Brief.

Informationen einholen

Ein Brief, mit dem Sie Informationen einholen, stellt **den ersten Kontakt** zu einem Unternehmen her, mit dem Sie geschäftliche Beziehungen aufnehmen möchten.

Sie können Ihre Bitte um Informationen kurz, sachlich und knapp halten.
→ siehe Musterbrief ‚Um Informationen bitten' S. 51

Wenn Sie bereits genauere Vorstellungen haben, welche Informationen Sie benötigen, können Sie die Einzelheiten in eine **detailliertere Anfrage** aufnehmen.
→ siehe Musterbrief ‚Nach ausführlichen Informationen fragen' S. 52

Wenn Sie einem potenziellen Kunden antworten und ihm erstes Informationsmaterial senden, dann nutzen Sie die Gelegenheit zu einer freundlichen und offenen **Kontaktaufnahme**. Lassen Sie Ihr Gegenüber spüren, dass er oder sie bei Ihnen in den besten Händen ist, und fügen Sie den Prospekten einen kurzen, lockenden Brief bei.
→ siehe Musterbrief ‚Auf eine Informationsanfrage antworten' S. 53

i **Wer schreibt – *ich* oder *wir*?**

Die Entscheidung, ob Sie im Geschäftsbrief ***ich*** oder ***wir*** schreiben, kann nur im Rahmen des Corporate Designs, des einheitlichen Erscheinungsbildes einer Firma nach außen, gefällt werden. Erkundigen Sie sich über entsprechende Anweisungen der Geschäftsleitung.

ABC Ob Sie sich für ***schicken*** oder ***senden*** entscheiden, ob Sie ***gern*** oder lieber ***gerne*** schreiben, macht keinen Unterschied. Diese regionalen Sprachabweichungen dürfen Sie nach Ihrem Geschmack verwenden.

Um Informationen bitten

Rieg & Partner Designbekleidung

Lager und Mehr GmbH
Holzgasse 14
19467 Lehnsdorf

Ihr Zeichen, Ihre Nachricht vom	Unser Zeichen	Tel.	Datum
	RH	-287	16.04.2010

Bitte um Informationsmaterial

Sehr geehrte Damen und Herren,

wir beabsichtigen, im neuen Jahr unser Lager umzustrukturieren. Daher benötigen wir ein Hochlager-System, wie es auf Ihrer Homepage zu sehen ist.

Bitte senden Sie uns Ihre Unterlagen und eine Preisliste.

Mit freundlichen Grüßen

Ralf Huber

Ralf Huber

Nach ausführlichen Informationen fragen

Rieg & Partner Designbekleidung

Lager und Mehr GmbH
Holzgasse 14
19467 Lehnsdorf

Ihr Zeichen, Ihre Nachricht vom	Unser Zeichen	Tel.	Datum
	RH	-287	16.04.2010

Anfrage nach Informationsmaterial

Sehr geehrte Damen und Herren,

bei unserer Internet-Recherche sind wir auf Ihre Produkte gestoßen und haben festgestellt, dass Ihre Produktpalette genau unseren Anforderungen entspricht.

Wir möchten im neuen Jahr unser Lager komplett umstrukturieren und sind momentan in der ersten Planungsphase.

Da einige Kollegen in diese Planung einbezogen sind, hätten wir gerne Ihre Informationen in Papierform, um an einem Tisch beraten zu können. Auch eine Preisliste ist bei der Kalkulation wichtig.

Können Sie uns Ihre Unterlagen zusenden? Vielen Dank im Voraus!

Mit freundlichen Grüßen aus Stuttgart

Ralf Huber

Ralf Huber

Auf eine Informationsanfrage antworten

Lager + Mehr GmbH

Rieg & Partner Designbekleidung
Herr Ralf Huber
Waldweg 151
73465 Stuttgart

Ihr Zeichen, Ihre Nachricht vom	Unser Zeichen	Tel.	Datum
RH, 16.04.2010	PS	-13	21.04.2010

Unsere Informationen für Sie!

Sehr geehrter Herr Huber,

wir haben uns sehr über Ihr Interesse an unseren Produkten gefreut!

Sie finden in den Broschüren alle Module, die zu einer effizienten Lagerhaltung beitragen und Ihren Personal- und Verwaltungsaufwand minimieren.

Die Preisliste zeigt die Beträge für Einzelbestellungen – lassen Sie uns einen Entwurf zukommen, und wir berechnen einen individuellen Gesamtpreis, der Sie gewiss überzeugt.

Sie haben Fragen, Wünsche, Probleme? Rufen Sie uns einfach an; wir sind von Montag bis Freitag von 8 bis 18 Uhr unter der Nummer 0756-0 für Sie erreichbar!

Mit besten Grüßen aus Stuttgart

Peter Sander

Peter Sander

Textbausteine

Bezug nehmen

Auf der letzten Herbstmesse stellten Sie an Ihrem Stand ... vor.

Ihre Annonce hat mich besonders interessiert.

In Ihrer Anzeige im „Berliner Tagblatt" vom Dienstag, 12.02., beschrieben Sie ...

Frau/Herr ... empfahl mir Ihr Unternehmen.

Vielen Dank für unser nettes Telefongespräch am ...

Interesse zeigen

Ihre Produkte interessieren mich sehr.

Ich war sehr beeindruckt von ...

Wir sind Hersteller von ... und benötigen ...

Wir suchen nach möglichen Lieferanten von ...

Ihre Produktpalette hat uns neugierig gemacht.

Anfrage einleiten

Ich wüsste gern, ...

Ist Ihre Firma in der Lage, ...?

Könnten Sie einen Auftrag über 10.000 Stück innerhalb von ... erledigen?

Haben Sie die Kapazitäten, um ...?

Weitere Informationen anfordern

Bitte schicken/senden Sie uns Ihren aktuellen Katalog/die entsprechenden Unterlagen/einen Prospekt/weitere Informationen.

Wir/Ich hätte gern weitere Informationen/Muster/Proben/die Preise von ...

Exakt beschreiben, was man braucht

das/ein Programm

der/ein (aktuelle/aktueller) Katalog

die/eine Broschüre/Preisliste

(kostenlose) Muster/Proben

Zusätzlich um etwas bitten

Darüber hinaus interessiert mich noch ...

Ich hätte außerdem gern ...

Neben einem Katalog hätte ich gern ...

Zusätzlich zu ... benötigen wir ...

Abschluss

Wir freuen uns auf Ihre Antwort.

Bitte antworten Sie uns bis zum ...

Bitte nehmen Sie bis zum ... mit uns Kontakt auf.

Vielen Dank im Voraus für Ihre Informationen.

Konjunktive – höflich oder überflüssig?

In den 70er-Jahren waren **Konjunktive** (Möglichkeitsformen) wie *könnte, sollte, würde, wäre* verpönt. Mittlerweile haben sie als **höfliche Formen** wieder Einzug in die Korrespondenz gehalten.

Senden Sie uns die Teile bitte bis 13.05.2010. Würden Sie die Teile bitte bis13.05.2010 senden?
Wir benötigen ein Angebot über ... Wir würden uns über Ihr Angebot über ... freuen.
Ist das möglich? Wäre das möglich?

Angebote einholen

Sie haben die verfügbaren Informationen durchgesehen und Ihren Wünschen entsprechend zusammengestellt. Ein wirtschaftlich handelnderer Einkäufer wird nun verschiedene Lieferanten um Angebote bitten. Danach kann er die besten Konditionen herausfiltern.

Mit der **konkreten Anfrage** holen Sie über folgende Punkte Informationen ein:

- Preis und Preisobergrenze
- Mengenrabatte und Skonti
- Art und Qualität der Ware
- Verfügbarkeit der benötigten Menge
- Verpackungskosten
- Liefertermine
- Liefer-/Transportbedingungen
- Zahlungsbedingungen
- eventuell vorab Sendung von Mustern

Eine Anfrage ist rechtlich stets **unverbindlich**.

Sie können Ihre Anfrage ausführlich **im modernen Stil** stellen.
→ siehe Musterbrief ‚Konkrete Anfrage, moderner Stil' S. 57

Sie können Ihre Anfrage etwas knapper **im klassischen Stil** formulieren.
→ siehe Musterbrief ‚Konkrete Anfrage, klassisch' S. 58

Termin setzen

Geben Sie **auch bei einer unverbindlichen Anfrage** einen Termin an, zu dem Sie die Antwort erwarten. In hektischen Zeiten landet Ihre Anfrage sonst ganz weit hinten, und Sie können Ihre weitere Vorgehensweise nicht planen.

Konkrete Anfrage, moderner Stil

Rieg & Partner Designbekleidung

Lager und Mehr GmbH
Holzgasse 14
19467 Lehnsdorf

Ihr Zeichen, Ihre Nachricht vom	Unser Zeichen	Tel.	Datum
	RH	-287	29.04.2010

Anfrage

Sehr geehrter Herr Sander,

Ihr Prospekt hat in unserem Unternehmen großen Anklang gefunden!

So kommen wir gern auf Ihr Angebot zurück, uns ein konkretes Bespiel von Ihnen berechnen zu lassen.

Sie erhalten als Anlage eine Kopie des Lagergrundrisses mit den von uns geplanten Regalen (in Grün eingezeichnet); die Maße entsprechen der Realität.

Bitte teilen Sie uns den Preis für diese Ausstattung in lackiertem Stahl mit.

Welche Zusatzkosten hätten wir zu tragen (Verpackung, Lieferung frei Bahnhof, Versicherung)? Könnten Sie uns Skonto gewähren?

Wir freuen uns auf Ihre Antwort bis zum 14.05.2010, zu unserer Hauptversammlung, zu der wir gern Ihre Vorschläge zur Abstimmung bringen möchten.

Mit freundlichen Grüßen

Ralf Huber

Ralf Huber

Konkrete Anfrage, klassisch

Belle Epoque Stilmöbel KG

Lager und Mehr GmbH
Holzgasse 14
19467 Lehnsdorf

Ihr Zeichen, Ihre Nachricht vom	Unser Zeichen	Tel.	Datum
	p	-7	29.04.2010

Anfrage

Sehr geehrte Damen und Herren,

im Internet stieß ich auf Ihre Homepage und fand eine Lagerregal-Kombination, die exakt meinen Vorstellungen entspricht.

Bitte erstellen Sie mir ein Angebot für folgende Artikel:

3 Stück Nr. 2468
4 Stück Nr. 23
2 Stück Nr. 33

und die dazugehörigen Verbindungsteile und Fixierungen.

Könnten Sie einen Montageservice anbieten? Auch hierzu benötige ich genaue Preise.

Ich erwarte Ihr Angebot mit allen Details wie Liefer- und Zahlungsbedingungen sowie Referenzen Ihres Unternehmens bis zum 15.05.2010.

Mit freundlichen Grüßen

Peter Nansen

Peter Nansen

Textbausteine

Bezug auf die Informationsquelle

Vielen Dank für die schnelle Zusendung Ihres Kataloges!

Im Internet entdeckte ich Ihre Produkte/Dienstleistungen.

In Ihren Prospekten gefiel mir besonders ...

Ich sah Ihre Produkte bei Herrn ...

Nach unserem Telefonat am ... möchte ich Sie heute um Ihr Angebot bitten.

Konkrete Wünsche beschreiben

Wir benötigen ... Bitte teilen Sie uns den Gesamtpreis und die Lieferfrist mit.

Unsere Planung sieht ... Stück der Bestellnummer ... vor; bitte senden Sie uns ein Angebot mit allen Kosten.

Wir sind an einer längerfristigen Zusammenarbeit interessiert und hätten gerne ein Angebot Ihrer Artikel Nummer ... und Nummer ..., sowohl mit Fix- als auch mit Staffelpreisen.

Welche Kosten entstehen für uns durch Fracht/Lieferung frei Haus/Verpackung/Postgebühren?

Termine festlegen

Wir freuen uns auf Ihre Antwort, bitte senden Sie uns Ihr Angebot bis zum ...

Es wäre für uns hilfreich, Ihr Angebot bis zum ... zu erhalten.

Zahlen - ausgeschrieben oder als Ziffern?

Das Schreiben von Zahlen ist nicht genormt. Generell kann man Zahlen unter zehn im Fließtext ausschreiben, es sei denn, man möchte den Charakter der Zahl hervorheben oder einen Vergleich zwischen verschiedenen Mengen anstreben.

Sie erhalten bis April nicht wie üblich 2 Musterexemplare, sondern **4**!

In Verbindung mit Maßeinheiten, mit mathematischen oder kaufmännischen Zeichen wird grundsätzlich die Ziffer geschrieben.

Sie erhalten 2 % Skonto.
Das Thermometer zeigte -3 Grad.

Was tun, wenn mitten in einer Telefonnummer der Zeilenumbruch kommt?

Vermeiden Sie die Trennung von längeren zusammengehörigen Zahlenfolgen wie z. B. Telefon- oder Kontonummern. Das ist für den Empfänger schwieriger zu lesen und könnte zu Fehlern wie einer falschen Anwahl oder, noch schlimmer, einer Fehlüberweisung führen. Seit Anfang 2010 sind Banken nicht mehr verpflichtet, Kontonummern und Bankleitzahlen nachzuprüfen (→ siehe ‚geschütztes Leerzeichen' S. 41).

fff

Des Angebots oder des Angebotes?

Normalerweise enden Nomen im Genitiv auf **-s**.

Die Endung **-es kann** benutzt werden, wenn das **Nomen nur aus einer Silbe** besteht (Tag(e)s, Bad(e)s) oder **auf der letzten Silbe betont** wird (Erfolg(e)s, Betrag(e)s).

Die Endung **-es** muss angehängt werden, wenn das **Nomen auf *-s*, *-ss*, *-ß*, *-x*, *-tz*** oder ***-z*** endet: Besitzes, Hauses, Schlosses, Floßes, Präfixes, Platzes, Schmerzes.

Bei Endungen **auf *-sch*, *-tsch*** und ***-st*** ist die Endung ***-es*** leichter auszusprechen und daher empfohlen: Fisch(e)s, Quatsch(e)s, Fest(e)s.

Angebote schreiben

An dieser Stelle beginnt für die deutsche Justiz ein Rechtsgeschäft. Erstellt ein Unternehmen ein Angebot, erklärt es damit, bestimmte Dienstleistungen oder Waren liefern zu können und zu wollen.

Man kann ein Angebot zeitlich mit einem **festen Termin** begrenzen *(gültig bis zum ...)* oder eine Klausel zur **Unverbindlichkeit** einbauen *(unverbindliches Angebot, solange Vorrat reicht, Preisänderungen vorbehalten).*

Ein **vollständiges Angebot** enthält:

- Art, Beschaffenheit und Qualität der Ware/der Dienstleistung
- Liefermenge
- Preis und Mehrwertsteuer
- Lieferzeit
- Lieferbedingungen
- Zahlungsbedingungen (= Zahlungsziel) und eventuell Skonto
- Erfüllungsort (= wohin die Ware geliefert wird)
- Gerichtsstand (= der Ort, an dem bei Streitigkeiten die Klage eingereicht werden muss)

Viele Details sind bei Unternehmen in den allgemeinen Geschäftsbedingungen (AGB) festgelegt, auf die im Angebot verwiesen werden kann.

Lassen Sie sich bei einem tabellarischen Angebot nicht zu einer zu großen **Nüchternheit** hinreißen. Sie können schon in dieser Phase des Geschäftsverlaufes den Kunden überzeugen, dass er bei Ihnen genau richtig ist.

→ siehe Musterbrief ‚Modernes Angebot' S. 62
→ siehe Musterbrief ‚Klassisches Angebot' S. 63

Modernes Angebot

Lager und Mehr GmbH

Belle Epoque Stilmöbel KG
Herr Peter Nansen
Waldorfgasse 34
94673 Bad Kleinheim

Ihr Zeichen, Ihre Nachricht vom	Unser Zeichen	Tel.	Datum
p, 29.04.2010	PS	-13	09.05.2010

Ihr Angebot

Sehr geehrter Herr Nansen,

Sie begeistern sich für durchdachte und effiziente Lagerkonzepte. So bieten wir Ihnen gerne an:

Nr. 2468	Langregal à 1.895,- €	3 Stück	5.685,- €
Nr. 23	Kurzregal à 1.025,- €	4 Stück	4.100,- €
Nr. 33	Eckregal à 1.565,- €	2 Stück	3.130,- €

Verbindungs- und Montagezubehör 745,- €

Gesamt 13.660,- €
zzgl. 19 % MwSt.

Dieser Preis gilt inklusive unserer Lieferung frei Haus und der Montage in Ihrem Gebäude. Bei Zahlung innerhalb von 14 Tagen erhalten Sie 3 % Skonto; ansonsten bitten wir Sie, die Rechnung innerhalb von 30 Tagen zu begleichen.

Bitte gewähren Sie uns nach dem Eingang Ihrer Bestellung, die einen Grundriss Ihres Lagerraumes enthält, eine Lieferfrist von 21 Werktagen zur Vorbereitung der Regale.

Weitere Details wie unsere Geschäftsbedingungen und die gewünschten Referenzen fügen wir bei.

Vielen Dank für Ihr Interesse an unseren Produkten – wir freuen uns auf unsere Zusammenarbeit!

Mit freundlichen Grüßen aus Lehnsdorf

Peter Sander

Peter Sander

Klassisches Angebot

Lager und Mehr GmbH

Rieg & Partner Designbekleidung
Herr Ralf Huber
Waldweg 151
73465 Stuttgart

Ihr Zeichen, Ihre Nachricht vom	Unser Zeichen	Tel.	Datum
RH, 29.04.2010	PS	-13	09.05.2010

Anfrage

Sehr geehrter Herr Huber,

vielen Dank für Ihre detaillierte Anfrage.

Wir legen diesem Schreiben einen Entwurf für die Ausstattung Ihres Lagers bei und möchten Ihnen vorschlagen, dass Herr Gunther Meinert Sie unverbindlich zur genauen Vermessung die nächsten Tage besucht. Lassen Sie uns telefonisch einen Termin vereinbaren – Herr Meinert ruft Sie an!

Als Anhaltspunkt und Kostenvoranschlag zu Ihrer Investition:
Die Komplettgestaltung Ihres Lagers in lackiertem, spezialgehärtetem Stahl liegt bei etwa 25.000,- Euro zuzüglich MwSt., wobei die Lieferung frei Haus und die Montage inbegriffen sind. Diese Summe ist eine unverbindliche Schätzung.

Alle weiteren Details fügen wir mit unseren allgemeinen Geschäftsbedingen bei; selbstverständlich stehen wir Ihnen bei Fragen jederzeit zur Verfügung.

So würden wir uns freuen, wenn Sie sich auf Ihrer Hauptversammlung zu einer Zusammenarbeit mit uns entschließen könnten!

Viele Grüße

Peter Sander

Peter Sander

Textbausteine

Dank und Bezug

Vielen Dank für Ihre Anfrage! Gern unterbreiten wir Ihnen unser Angebot.

Wir freuen uns über Ihr Interesse an unseren Produkten und machen Ihnen gerne folgendes Angebot:

Vielen Dank für Ihr Interesse an unseren Erzeugnissen. Folgendes Angebot haben wir für Sie zusammengestellt.

Verschiedene Möglichkeiten darstellen

Diese Möglichkeiten können wir Ihnen anbieten:

Sie haben die Auswahl zwischen ...

Bitte entscheiden Sie ganz individuell, welche Möglichkeit Ihnen zusagt.

Wir arrangieren ein ganz individuelles Angebot für Ihre Bedürfnisse; bitte kreuzen Sie auf der beigefügten Liste an, welche Bestandteile Sie wünschen.

Rabatte oder Nachlass gewähren

Bei dieser Summe würden wir Ihnen gerne 10 % Rabatt gewähren.

Bereits auf Ihre Erstbestellung - wie auch auf jede weitere - können wir Ihnen 10 % Rabatt einräumen.

Für diese Serie erhalten Sie einen besonderen Einführungspreis von ...

Zusatzservice

Auf diese Produkte geben wir 15 Jahre Garantie.

Sie können ohne Zusatzkosten unseren Montageservice vor Ort nutzen.

Unsere Hotline ist für Sie kostenlos.

Sie können gegen einen geringen Aufpreis Ihre Garantie um 1 - 3 Jahre verlängern.

Wir übernehmen gern auch Ihre Verpackungs- und Versandarbeiten.

Zahlungsbedingungen

Unsere Zahlungsbedingungen: ...

Die angegebenen Preise verstehen sich zuzüglich der gesetzlichen Mehrwertsteuer.

Diese Summe enthält Verpackungskosten, Fracht frei Bahnhof und Transportversicherung.

Wir können Ihnen ein Zahlungsziel von 60 Tagen gewähren.

Bitte überweisen Sie die Summe bis zum ... mit 2 % Skonto oder ohne Abzug bis zum ...

Für Einkäufe über 1.500,00 Euro gewähren wir Ihnen gerne eine Zahlung in Teilbeträgen; bitte fordern Sie hierzu unsere besonders kundenfreundlichen Bedingungen an.

Schluss

Wir würden uns über eine Zusammenarbeit freuen!

Wir würden uns freuen, Sie als neuen Kunden begrüßen zu dürfen.

Gefällt Ihnen unser Angebot? Wir würden uns über Ihre Bestellung freuen!

Liefer- und Zahlungsbedingungen

Die international geltenden **Incoterms** vereinfachen den internationalen Geschäftsverkehr. Übliche Abkürzungen sind z. B. **EXW** = ab Werk (*ex Works*), **CPT** = Fracht und Porto bezahlt bis (*Carriage paid to*), **CIP** = Fracht, Porto und Versicherung bezahlt bis (*Carriage Insurance paid to*).

Diese Vereinbarungen beinhalten dann automatisch auch die Zahlungsbedingungen, z. B. schließt EXW keinerlei Zahlungspflicht des Verkäufers jenseits der Fabriktore ein.

Nähere Informationen dazu finden Sie im Internet unter www.ICC-Deutschland.de, Unterpunkt Regeln, Richtlinien.

Zahlungsmoral

Versehen Sie jede **Rechnung** mit einem genauen **Zahlungsdatum**. Nur dieses wird bei Zahlungsverzug von Gerichten anerkannt, und ab diesem Termin können Sie beim säumigen Kunden Ihre Verzugszinsen geltend machen.

Nicht: ~~Bitte bezahlen Sie innerhalb von 14 Tagen nach Rechnungserhalt.~~
Sondern: Bitte bezahlen Sie die Rechnung ohne Abzug bis zum ...

Skonto und Zahlungsziel

Nennen Sie als Zahlungsziel immer **ein konkretes Datum**, nie *binnen 8 Tagen* oder Ähnliches.

Ein genanntes **Skonto** (das sind 2 bis 3 %, die der Kunde von der Zahlungssumme abziehen darf, wenn er **vor** dem eigentlich Zahlungsziel bezahlt), regt gerade größere Unternehmen zu raschen Zahlungen an.

Geldbeträge nach DIN 5008

Nach der aktuellen Version der DIN 5008n sollten **Geldbeträge** aus Sicherheitsgründen **3-stellig mit Punkt** gegliedert werden.

4.567,50 €, 170.000,96 €

Darüber hinaus empfiehlt die Norm, die **Währungszeichen** (€, EUR, CHF) im Fließtext **hinter den Betrag** zu schreiben.

Sie erhalten 1.234,56 EUR mit der nächsten Überweisung.

Werbebriefe

Ein guter Werbebrief **informiert** den bestehenden Kundenstamm über Neuerungen oder Sonderaktionen und **weckt** in potenziellen Kunden **den Wunsch**, bei Ihnen zu kaufen.

Dabei hilft das **AIDA-Schema:**

A - Attention (Aufmerksamkeit)
Die Aufmerksamkeit des potenziellen Kunden muss zunächst auf das Werbeschreiben gelenkt werden, vor allem durch das Äußere Ihres Briefes.

I - Interest (Interesse)
Nun brauchen Sie das Interesse Ihres Empfängers. Welche Eigenschaften besitzt Ihr Produkt oder Ihr Service, die sich von allen anderen unterscheiden? Welche **Eigenschaften** sind für Ihren Kunden **einzigartig**?

D - Desire (Wunsch)
Der Wunsch, Ihr Produkt oder Ihre Dienstleistung zu nutzen, ist an diesem Punkt schon geweckt. Nehmen Sie Ihrem Empfänger den letzten Zweifel, setzen Sie noch einen Vorteil dazu, den Ihr Produkt bietet, und machen Sie ein **Angebot, das für den Käufer interessant ist.**

A - Action (Handlung)
Der Kunde will bestellen, er möchte Ihr Angebot annehmen. Machen Sie es ihm **so leicht wie möglich**! Achten Sie auf die *Response-Fähigkeit* Ihres Werbebriefes; drucken Sie Ihre Telefon- und Faxnummer und Ihre E-Mail-Adresse gut sichtbar auf, gestalten Sie einen Bestelltext mit Ankreuzfeldern, fügen Sie eventuell eine Postkarte mit dem Bestelltext und dem Vermerk *Porto zahlt Empfänger* bei.

→ siehe Musterbrief ‚Neukunden werben' S. 69
→ siehe Musterbrief ‚Information für bestehende Kundenkontakte' S. 70

Neukunden werben

Lager und Mehr GmbH

SAV Automotive AG
Felsenstraße 4
03657 Diesten

14.01.2010

Was wünschen Sie sich für das neue Jahr?

Sehr geehrte Damen und Herren,

haben Sie Ihre Inventur bereits abgeschlossen? Wie viel Aufwand war das für Sie und Ihre Mitarbeiter?

Wenn Sie länger als 1 Stunde dafür investieren mussten, haben wir eine spürbare Erleichterung für Sie, die sich binnen eines Jahres amortisiert:

Das intelligente Lagersystem!

Unser Storage 3000 hält Sie durch permanente Inventur auf dem Laufenden, das heißt, Ihre Einkäufer können per Knopfdruck ihre Einkaufsliste drucken oder gleich per E-Mail verschicken.
Am Ende des Geschäftsjahres (oder nach Wunsch auch öfter) können Sie und Ihre Disponenten die kompletten Inventurlisten innerhalb von 10 Minuten über Ihre EDV abrufen.

Sehen Sie sich unseren Prospekt an – wir montieren unser Lagersystem auch in Ihre Räume! Sie haben ein Lagersystem? Wir rüsten Ihr bestehendes Lager mit unserer Logistik auf!

Holen Sie sich mehr Informationen unter der kostenlosen Nummer **0800 456** oder faxen Sie uns den beigefügten Bogen. Gerne erreichen Sie uns auch über **info@storeandmore.de**.

Mit freundlichen Grüßen

Peter Sander

Peter Sander

PS Senden Sie uns Ihren Grundriss und Sie erhalten innerhalb von 24 Stunden unseren unverbindlichen Ausstattungsvorschlag.

Information für bestehende Kundenkontakte

Lager und Mehr GmbH

Belle Epoque Stilmöbel KG
Herr Peter Nansen
Waldorfgasse 34
94673 Bad Kleinheim

14.01.2010

Wartung Ihres *Storage 3000*

Guten Tag, Herr Nansen,

konnten Sie Ihre Jahresabschlüsse gut beenden?

Zum neuen Jahr bieten wir Ihnen einen **neuen Service** an:
Wir warten Ihr Lagersystem einmal pro Jahr und installieren die Updates der Software, um eine störungsfreie Funktion zu gewährleisten.
Während die EDV aufgerüstet wird, schulen wir Ihre Mitarbeiter in einem Kompaktkurs zum Thema „Häufig auftretende Fragen beim *Storage 3000*".

Für Sie als treuen Kunden schnüren wir ein Komplettpaket zum fairen Preis von **350,- Euro**.

Wäre das etwas für Ihr Unternehmen? Ich rufe Sie innerhalb der nächsten Woche an!

Mit vielen Grüßen aus Lehnsdorf

Peter Sander

Peter Sander

PS Mit diesem Service verlängert sich automatisch Ihre Garantie um jeweils ein Jahr!

Textbausteine

Einleitung

Dieses besondere Angebot richtet sich ausschließlich an langjährige Kunden.

Extra für Sie haben wir bis zum 10. April 2010 ein ganz besonderes Angebot.

Zum Frühlingsbeginn/Zu Ostern/Zum Sommeranfang können wir Ihnen ein unschlagbares Angebot machen.

Hauptteil

Sie haben die letzten Jahre immer wieder ... bei uns bestellt. Heute bieten wir Ihnen 3 Packungen mehr pro Palette zum selben Preis!

Wenn Sie bis zum 23.05.2010 bestellen, erhalten Sie jeden Artikel zwei Mal zum selben Preis!

Sie können das neue Produkt unverbindlich nach der Lieferung **2 Monate** auf Herz und Nieren testen, um sich von der hohen Qualität zu überzeugen.

Schluss

Schicken/Faxen/Mailen Sie uns noch heute Ihre Antwort, dann können Sie bereits in 2 bis 3 Tagen von diesem Angebot profitieren.

Wenn Ihnen unser Angebot gefällt, rufen Sie uns an unter 1234 4325!

Wenn Sie bis zum 12.12.2010 bestellen, erhalten Sie Ihre Produkte noch vor Weihnachten - mit einer kleinen Weihnachtsüberraschung!

PS

Danke!

Sie gehen kein Risiko ein, die Bestellung ist für Sie unverbindlich.

Sie verpflichten sich mit dieser Bestellung zu keinem Abonnement.

Besuchen Sie uns auf der Kölner Modemesse, Stand 23!

PS - sinnvoll oder altmodisch?

Psychologen haben festgestellt, dass das menschliche Auge bei einem Schriftstück viel überspringt, aber am PS bleiben alle Betrachter hängen. Nutzen Sie die natürliche Neugier und packen Sie **einen kurzen, griffigen Satz** in das PS. Er wird auf jeden Fall gelesen werden.

Werden Sie Jäger und Sammler!

Legen Sie sich einen Ordner an, in dem Sie **bemerkenswerte Werbebriefe** aus Ihrem eigenen Posteingang sammeln: Bemerkenswert gute Briefe, um sich Anregungen zu holen, und bemerkenswert schlechte, aufdringliche Briefe, um zu sehen, wie Sie es nicht machen sollten.

Cross-Selling

Machen Sie Ihren Kunden **Vorschläge, die das Leben und Arbeiten erleichtern**. Wenn eine Anfrage zu einem Kopiergerät eingeht, bieten Sie dem Kunden auch das Papier, den Toner und den jährlichen Wartungsservice an.

Bestellen

Eine Bestellung sollte alle **Einzelheiten** des Produktes oder der Dienstleistung sowie die **Bedingungen** enthalten, unter denen Sie kaufen möchten.

Eine **Bestellung auf ein Angebot** (ohne Veränderung) begründet den Kaufvertrag. Der Verkäufer verpflichtet sich, vereinbarungsgemäß zu liefern; der Käufer muss die Ware annehmen und bezahlen. Eine Bestellung kann nur widerrufen werden, wenn der Widerruf vor oder gleichzeitig mit der Bestellung beim Verkäufer ankommt.
Liegt ein ausführliches Angebot zu Grunde, auf das sich der Besteller bezieht, muss er nicht mehr alle Zahlungs- und Lieferbedingungen wiederholen.
→ siehe Musterbrief ‚Ein Angebot annehmen und bestellen' S. 74

Sie können auch bestellen, ohne dass Sie vorher ein Angebot erhalten haben.
→ siehe Musterbrief ‚Bestellung ohne vorausgehendes Angebot' S. 75

Mit der **Bestätigung** und/oder der **Lieferung** gilt der Kaufvertrag als geschlossen. Wenn der Liefertermin länger entfernt liegt, empfiehlt es sich, dem Kunden einen Vorabbescheid zu geben und damit den Kontakt zu halten.
→ siehe Musterbrief ‚Eine Bestellung bestätigen' S. 76

Manchmal sind Produkte oder Dienstleistungen **nicht mehr lieferbar**. Das sollten Sie dem Kunden so schnell wie möglich mitteilen, um ihm die Chance zu geben, sich um Ersatz umzusehen – vielleicht in Ihrer Produktpalette?
→ siehe Musterbrief ‚Eine Bestellung absagen' S. 77

Ein Angebot annehmen und bestellen

Belle Epoque Stilmöbel KG

Lager und Mehr GmbH
Holzgasse 14
19467 Lehnsdorf

Ihr Zeichen, Ihre Nachricht vom	Unser Zeichen	Tel.	Datum
PS, 09.05.2010	p	-7	17.06.2010

Bestellung

Sehr geehrte Damen und Herren,

vielen Dank für Ihr Angebot, das wir zu Ihren Bedingungen annehmen möchten.

Wir bestellen inklusive Ihrer Lieferung frei Haus und der Montage in unserem Gebäude

Nr. 2468	Langregal à 1.895,- €	3 Stück	5.685,- €
Nr. 23	Kurzregal à 1.025,- €	4 Stück	4.100,- €
Nr. 33	Eckregal à 1.565,- €	2 Stück	3.130,- €
Verbindungs- und Montagezubehör		745,- €	
gesamt			13.660,- €
			zzgl. 19 % MwSt.

Ein Grundriss unserer Lagerräume liegt bei; wir gehen von einer Lieferung bis zum 20.07.2010 aus und freuen uns auf Ihre Bestätigung.

Mit freundlichen Grüßen

Peter Nansen

Peter Nansen

Bestellen ohne vorausgehendes Angebot

SAV Automotive AG
Felsenstraße 4
03657 Diesten

Lager und Mehr GmbH
Holzgasse 14
19467 Lehnsdorf

Ihr Zeichen, Ihre Nachricht vom	Unser Zeichen	Tel.	Datum
	kf	-2	17.06.2010

Bestellung

Sehr geehrte Damen und Herren,

durch Ihre Werbepost wurden wir auf Ihre Internetseite aufmerksam und möchten Ihre Lagerregale bestellen:

Nr. 33	Eckregal à 1.565,- €	2 Stück	3.130,- € + 19 % MwSt.

Können Sie die Teile bis zum 30.06.2010 frei Haus liefern, zu Ihren allgemeinen Geschäftsbedingungen?

Wir freuen uns auf Ihre Antwort!

Mit freundlichen Grüßen

Karin Festle

Dr. Karin Festle

Eine Bestellung bestätigen

Lager und Mehr GmbH

SAV Automotive AG
Felsenstraße 4
03657 Diesten

Ihr Zeichen, Ihre Nachricht vom	Unser Zeichen	Tel.	Datum
kf, 17.06.2010	PS	-13	20.06.2010

Ihre Bestellung - unsere Bestätigung

Sehr geehrte Frau Dr. Festle,

vielen Dank für Ihre Bestellung!

Gerne liefern wir zum 30.06.2010 frei Haus zu unseren allgemeinen Geschäftsbedingungen:

2 Stück Nr. 33 Eckregal à 1.565,- €

Ihre Gesamtinvestition: 3.130,- € + 19 % MwSt. = 3.724,70 €

Benötigen Sie noch Montagematerial oder haben Sie noch Fragen? Bitte rufen Sie einfach an. Wir freuen uns auf die Zusammenarbeit!

Mit freundlichen Grüßen

Peter Sander

Peter Sander

Eine Bestellung absagen

Lager und Mehr GmbH

SAV Automotive AG
Felsenstraße 4
03657 Diesten

Ihr Zeichen, Ihre Nachricht vom	Unser Zeichen	Tel.	Datum
kf, 17.06.2010	PS	-13	20.06.2010

Ihre Bestellung

Sehr geehrte Frau Dr. Festle,

vielen Dank für Ihre Bestellung!
Leider mussten wir diesen Regaltyp aus statischen Gründen aus unserem Sortiment streichen, und so können wir Ihnen die gewünschten Teile nicht mehr liefern.

Darf ich Sie auf unser Folgeprodukt hinweisen?
Ich füge eine detaillierte Broschüre bei, die Ihnen zeigt, dass Sie mit dem neuen Eckregal Nr. 331 ebenfalls auf höchste Qualität bauen.

Gerne gewähre ich Ihnen für diese Bestellung einen Nachlass von 6 %, so dass Sie zum gleichen Preis völlig innovative Lagerteile erhalten.

Ich freue mich auf Ihre Antwort!

Mit freundlichen Grüßen

Peter Sander

Peter Sander

PS Wenn Sie bis 23.06.2010 bestellen, können wir die ursprüngliche Lieferfrist zum 30.06.2010 einhalten!

Textbausteine

Den Eingang des Angebotes bestätigen

Vielen Dank für Ihr interessantes Angebot.

Ihr Angebot war sehr überzeugend für uns.

Bestellen

Wir bestellen/ordern zum ...

Bitte senden sie uns folgende Waren zum ...

Wir erteilen Ihnen folgenden Auftrag: ...

Den Liefertermin fixieren

Wir bitten um Lieferung bis zum ...

Könnten Sie uns die Teile bis zum ... liefern?

Bitte bestätigen Sie uns Ihre Lieferung zum ...

Der Bestellschein (eventuell liegt dem Angebot ein vorgedrucktes Formular bei, das der Kunde benutzen kann)

Bestellnummer: ...

Anzahl: ...

Bitte schreiben Sie in Blockbuchstaben.

Bitte faxen Sie diesen Bestellschein an unsere Nummer ...

Um eine Auftrags-/Bestellbestätigung bitten

Bitte bestätigen Sie uns den Eingang dieser Bestellung.

Bitte unterschreiben Sie diese Bestellung unten rechts und faxen Sie dies als Bestätigung für uns an die Nummer ...

Eine Bestellung abändern oder stornieren

Sollten einzelne Artikel nicht auf Lager sein, senden Sie uns bitte ein Angebot über vergleichbare Teile.

Wegen ... sind wir gezwungen, unsere Bestellung Nr. ... zu ändern.

Wir müssen unsere Bestellung vom ... (leider) stornieren, weil ...

Ein Angebot ablehnen

Nach unseren Erfahrungen weisen die Produkte nicht die technische Qualität auf, die wir benötigen. Daher können wir Ihr Angebot nicht annehmen.

Die zugesandten Muster entsprechen nicht unseren Vorstellungen.

Wir haben uns für ein günstigeres Angebot eines Mitbewerbers entschieden, kommen aber im Bedarfsfall gern auf Sie zurück.

Da intern eine Veränderung vorliegt, sehen wir derzeit von einer Bestellung so großer Mengen ab.

Präzision bei der Bestellung

Seien Sie sehr sorgfältig, **kontrollieren Sie Ihre Bestellung** und gegebenenfalls auch das Angebot, bevor Sie Ihren Brief absenden. Es ist sehr unangenehm, plötzlich den gesamten Lagerraum mit einer versehentlich bestellten Menge Ware blockiert zu haben, und es kostet viel Geld, alles wieder retour zu schicken.

Setzen Sie auch ganz deutlich **ein Datum**, bis wann Sie spätestens mit der Lieferung rechnen. Das hilft Ihnen, Engpässe in der eigenen Lieferfähigkeit zu vermeiden.

Reservieren

Dienstleistungen oder Service werden meist reserviert, insbesondere Hotelübernachtungen. Genaue Informationen sind für beide Seiten nötig, um einen reibungslosen Ablauf zu gewährleisten. Zunächst erfolgt eine unverbindliche **Anfrage**.

→ siehe Musterbrief ‚Reservierungsanfrage' S. 81

Auf die Reservierungsanfrage reagiert das Hotel mit einem **Angebot**.

→ siehe Kapitel ‚Angebote schreiben' S. 61
→ siehe Musterbrief ‚Angebot zur Reservierungsanfrage' S. 82

Mit der **schriftlichen Bestätigung** wird die Reservierung verbindlich. Auch wenn Sie bereits vorab alle Details mündlich geklärt haben, erledigen Sie das Reservieren nochmals schriftlich. Wie oft ist man vor Ort froh, eine Zusage schwarz auf weiß im Gepäck zu haben.
Weisen Sie im Schreiben darauf hin, wenn Sie nach 18 Uhr anreisen (sonst könnte Ihr Zimmer bereits vergeben sein) oder ein Zimmer vor 12 Uhr nutzen möchten (meist fängt dann der Reinigungsservice bei Ihrem Zimmer an).

Oft kann man bestimmte **Annehmlichkeiten** nach der verbindlichen Reservierung auch per Telefon mit dem Hotel verhandeln, z. B. ein „Late Check-out" nach 11 Uhr, wenn Sie erst später am Tag abreisen möchten.
Denken Sie auch daran, vorab zu klären, ob Raucher/Nichtraucherzimmer verfügbar sind, und lassen Sie sich das auf der schriftlichen Bestätigung vermerken.

Wenn Sie mit den öffentlichen Verkehrsmitteln reisen, lohnt es sich oft, nach einem **Shuttle-Service** zum Hotel zu fragen, der günstiger als ein Taxi ist, manchmal sogar gratis.

→ siehe Musterbrief ‚Reservierung' S. 83

Reservierungsanfrage

Lager und Mehr GmbH

Hotel Luna
Mondscheinstraße 23
19467 Lehnsdorf

Ihr Zeichen, Ihre Nachricht vom	Unser Zeichen	Tel.	Datum
	PS	-13	20.06.2010

Anfrage zur Reservierung

Sehr geehrte Damen und Herren,

unser Unternehmen erwartet anlässlich der Logistikmesse im Oktober 2010 fünf Kunden, die in der Nähe untergebracht werden sollen.

Ihr Haus wurde uns mehrfach empfohlen, und so möchte Sie ich heute um folgende Informationen bitten:

Haben Sie fünf freie Einzelzimmer für die Zeit vom 12. bis 15. Oktober 2010?
Welche Rate könnten Sie uns bei Zahlung auf Rechnung einräumen?
Welche Stornierungsfristen sind in Ihrem Hause üblich?

Bitte fügen Sie Ihrem Angebot 5 Prospekte des Hotels bei, die wir dann unseren Kunden weitergeben könnten.

Für Fragen stehe ich Ihnen gerne zur Verfügung; bitte rufen Sie mich an.

Ich freue mich auf Ihre Antwort; für unsere weitere Planung wäre Ihre Information bis zum 25.06.2010 sehr hilfreich.

Mit nachbarschaftlichen Grüßen

Peter Sander

Peter Sander

Angebot zur Reservierungsanfrage

Hotel Luna
Mondscheinstraße 23
19467 Lehnsdorf

Herr Peter Sander
Lager und Mehr GmbH
Holzgasse 14
19467 Lehnsdorf

23.06.2010

Ihr Zeichen, Ihre Nachricht vom	Unser Zeichen	Tel.	Datum
PS, 20.10.2010	sm	-24	30.06.2010

Reservierung

Sehr geehrter Herr Sander,

vielen Dank für Ihre Anfrage!

Für die Zeit vom 12. bis 15. Oktober 2010 können wir Ihnen fünf Doppelzimmer zur Einzelzimmerbenutzung anbieten; Ihre Gäste haben entsprechend geräumige Zimmer mit WLAN-Anschluss.
Unser Haus bietet den Komfort einer Design-Wellnessabteilung, die unsere Gäste kostenlos nutzen können.

Unser Preis pro Zimmer pro Nacht beträgt 43,– Euro inklusive 7 % MwSt., für das reichhaltige Bio-Frühstücksbuffet kommen pro Person pro Nacht 7,- Euro inklusive 19 % MwSt. hinzu.

Sie haben selbst bei einer Direktbuchung eine kostenfreie Stornierungszeit bis zum 12. Oktober 2010, 12 Uhr. Bei Anreise nach 18 Uhr bitten wir um die Angabe einer Kreditkarte.

Damit Sie sich selbst von der Qualität unseres Hauses überzeugen können, möchte ich Sie die nächsten Tage zu einem Business-Lunch ins **Luna** einladen; seien Sie unser Gast! Dabei lassen sich auch die restlichen Dinge besprechen und Fragen bei einer Hausbesichtigung klären.

Ich freue mich auf Ihre Antwort!

Mit freundlichen Grüßen

Sandra Melchior

Sandra Melchior

Reservierung

Lager und Mehr GmbH

Hotel Luna
Mondscheinstraße 23
19467 Lehnsdorf

Ihr Zeichen, Ihre Nachricht vom	Unser Zeichen	Tel.	Datum
	PS	-13	30.06.2010

Reservierung

Sehr geehrte Frau Melchior,

begeistert von der Gastfreundschaft und dem Komfort Ihres Hauses möchte ich für unsere Messebesucher verbindlich reservieren:

Vom 12. bis 15. Oktober 2010 fünf Doppelzimmer zur Einzelzimmerbenutzung zum Preis von 80 Euro inklusive MwSt. und Frühstücksbuffet pro Zimmer pro Nacht.

Die Damen und Herren werden erst nach 18 Uhr, nach Messeschluss, bei Ihnen eintreffen. Bitte akzeptieren Sie hierfür folgende Kreditkarte zu Ihrer Sicherheit:
Mastercard Nr. 2345 5678 3456 1234, gültig bis 12/12.

Bitte senden Sie mir mit Abreise der Gäste eine Rechnung über die Logiskosten inklusive Frühstück.

Mit vielen Grüßen

Peter Sander

Peter Sander

Textbausteine

Eine Unterkunft suchen

Ich möchte ... reservieren.

Wir suchen ein gutes/geeignetes Hotel in Zentrumsnähe.

Reservieren, buchen, mieten

ein Einzel-/Doppelzimmer reservieren/buchen

Ich möchte die Luxussuite reservieren.

Wir haben einen Tisch für 7 Personen reservieren lassen.

Plätze für einen Flug nach ... buchen.

ein Auto/ein Boot mieten

Eine Reservierung bestätigen

Gerne bestätigen wir Ihre telefonische Buchung eines Doppelzimmers von ... bis ...

Wir freuen uns, Ihre Reservierung des Mietwagens von 1. bis 30. Juni 2010 bestätigen zu können.

Wir haben den von Ihnen gewünschten Flug nach ... für Sie gebucht.

Eine Reservierung ablehnen

Wir bedauern, Ihnen mitteilen zu müssen, dass wir im gesamten Monat Mai ausgebucht sind.

Leider konnten wir für die Vorstellung am Samstag, 13.05., für Sie keine Karten mehr bekommen.

Auf Grund der Immobilienmesse sind im August keine Flüge unter 250 Euro mehr erhältlich.

Eine Alternative vorschlagen

Eventuell kann Ihnen das Hotel „Sonne" (Adresse, Telefonnummer, Homepage) noch eine adäquate Unterkunft für diesen Zeitraum anbieten.

Wir können Ihnen aber fünf Plätze für die Vorstellung um 17:30 Uhr buchen.

Bitte versuchen Sie es beim Fremdenverkehrsamt Rottach-Egern (Adresse, Telefonnummer, Homepage), das Ihnen vielleicht weiterhelfen kann.

Einen Wunsch äußern

Ich benötige zusätzlich ...

Wir wären an ... interessiert.

Ich wäre Ihnen für ... dankbar.

Könnten Sie mir ... besorgen?

Eine Dauer, einen Zeitraum angeben

von 19. bis 26. Februar 2010

ab dem 2. Mai 2010

für den gesamten Mai

für fünf Wochen, ab dem 20. Juli

Ein Zimmer beschreiben

ein Zimmer mit Ausblick

ein Zimmer zum Garten/zum Hof

ein klimatisiertes Zimmer

ein Businesszimmer mit WLAN-Anschluss und direkter Telefondurchwahl

ein Zimmer mit Bad/Dusche/Klimaanlage

ein Zimmer mit Eignung für Rollstuhlfahrer

Eine Bestätigung erbitten

Könnten Sie bitte Ihre Bestätigung an folgende Adresse senden: ...

Ich freue mich auf Ihre Bestätigung!

Nach dem Preis fragen

Bitte teilen Sie uns Ihre Rate pro Tag/Nacht/Woche/Monat mit.

Bitte senden Sie mir Ihre Preisliste.

Wie viel berechnen Sie für ...?

Inklusive?

Frühstück

Vollpension/Halbpension

Dreiviertelpension (= Frühstück, Nachmittagssnack, Abendessen)

Mehrwertsteuer

Saunabenutzung

Falls Sie noch nicht genau wissen, ob Sie reisen

Viele Reservierungszentralen im Internet bieten den Service, dass Sie eine Buchung bis um 12 Uhr des ersten reservierten Tages **stornieren** können, oder Ihre Reservierung kostenfrei verfällt, wenn Sie bis 18 Uhr nicht im Hotel eintreffen. Das ist sehr angenehm, wenn Sie die Bestätigung einer Reise erst sehr spät erhalten!

Verbindliche und unverbindliche Reservierung

Wenn Sie bei Ihrer Reservierung eine **Bankverbindung** oder eine **Kreditkartennummer** angeben, gibt das dem Hotel eine Sicherheit und garantiert Ihnen eine verbindliche Reservierung. Darüber hinaus erhalten Sie eventuell ein Upgrade in die nächstbessere Zimmerkategorie, wenn freie Kapazitäten im Haus vorliegen.
Ohne die Angaben zu einer Bankverbindung oder einer Kreditkarte ist oft nur eine unverbindliche Reservierung möglich.

Wenn Sie krank werden

Überlegen Sie bei der Reservierung oder Buchung eines Hotels oder einer kompletten Reise, ob sich eine **Reiserücktrittversicherung** lohnen könnte, und halten Sie dies in der Reservierung fest.
Oft bekommen Sie für einen geringen Preisaufschlag die Kosten Ihrer Reise erstattet, wenn ein oder mehrere Mitreisende zu Anfang oder während der Tour erkranken und Sie die Reise nicht antreten können oder abbrechen müssen.

Verträge

Manchmal genügen ein Angebot und eine Lieferung, um ein Rechtsgeschäft gültig zu machen. Oft werden aber Verträge abgeschlossen, um beiden Parteien die rechtliche Sicherheit einer **schriftlichen Form** zu geben.
Der Vertrag wird in der Regel zusammen mit einem Begleitschreiben verschickt.

→ siehe Musterbrief ‚Begleitbrief zum Vertrag' S. 89

Im Handel gibt es verschiedene Musterverträge als Vordrucke. Im Geschäftsleben werden Verträge meist von Juristen an die Bedürfnisse der Beteiligten angepasst. Es gilt: Pacta sunt servanda – **Verträge sind bindend**. Wenn ein Vertrag einmal unterschrieben ist und nichts Sittenwidriges darin steht, müssen sich alle Unterzeichner daran halten. Deshalb ist es sehr wichtig, welche Details der Vertrag enthalten soll. Dabei kann auch auf die allgemeinen Geschäftsbedingungen verwiesen werden.

→ siehe Muster ‚Beispielvertrag' S. 90

Liefer- und Zahlungsbedingungen

Im Vertrag werden, sofern sie nicht in den allgemeinen Geschäftsbedingungen stehen, die **Liefer- und Zahlungsbedingungen** festgehalten.

→ siehe Kapitel ‚Angebote schreiben' S. 61

Anlagen zu Verträgen

Anlagen, die zum Vertrag gehören, werden an das Ende des Vertrages gehängt. Die Seitennummerierung wird fortgeführt, die Anlagen werden vor den Unterschriften stichwortartig genannt.

Begleitbrief zum Vertrag

Lager und Mehr GmbH

Belle Epoque Stilmöbel KG
Waldorfgasse 34
94673 Bad Kleinheim

Ihr Zeichen, Ihre Nachricht vom	Unser Zeichen	Tel.	Datum
p	lg	-13	15.07.2010

Ihr Vertrag

Lieber Herr Nansen,

vielen Dank für Ihren Auftrag. Wir freuen uns sehr, die kontinuierliche Pflege und Wartung Ihres neuen Lagers übernehmen zu dürfen.

Sie erhalten als Anlage den Wartungsvertrag, Ihre Wünsche wurden eingebaut. Bitte senden Sie uns eine Ausfertigung unterschrieben zurück.

Wenn Sie noch Fragen haben, rufen Sie mich bitte einfach an!

Viele Grüße

Lena Gering

Lena Gering

Beispielvertrag

Vertrag

zwischen der Werbeagentur Reich & Schön GmbH, nachfolgend „Agentur" genannt, und Goldham Bodycare Ltd., nachfolgend „Auftraggeber" genannt.

Allgemeine Bedingungen

- Die Agentur und der Auftraggeber schließen einen Kooperationsvertrag.
- Die Agentur verpflichtet sich, nicht für die direkte Konkurrenz des Auftraggebers zu arbeiten.
- Der Auftrag der Agentur erstreckt sich auf das Gebiet der Bundesrepublik Deutschland.
- Die Agentur übernimmt sämtliche Aktivitäten, die dazu dienen, die Produkte des Auftraggebers besser bekannt zu machen und den Verkauf zu fördern.
- Die Agentur wird in Absprache mit dem Auftraggeber Konzepte entwickeln und Maßnahmen durchführen, die für einen wirtschaftlichen Erfolg der Produkte des Auftraggebers nötig sind. Dies schließt Übersetzung, Herstellung und Präsentation von Katalogen, Kundenvorführungen, die Durchführung von Marketing- und Werbekampagnen sowie die Vorbereitung von Messeveranstaltungen ein.
- Der Auftraggeber zahlt für diese Tätigkeiten ein Grundhonorar on 50.000 Euro pro Kalenderjahr, zuzüglich durch Beleg nachgewiesener Spesen. Für die Zahlung gelten die Absätze 12 - 14 der allgemeinen Geschäftsbedingungen des Auftraggebers.
- Der Vertrag ist zunächst auf zwei Jahre befristet und kann auf der Grundlage einer alljährlichen Bewertung der Tätigkeit der Agentur verlängert werden.
- Der Vertrag kann mit dreimonatiger Frist von jedem Vertragspartner gekündigt werden.

James Brown
Dr. James Brown
Goldham Bodycare Ltd.

Rita von Großfuß
Rita von Großfuß
Reich & Schön GmbH

Reklamieren

Manchmal kommt eine Lieferung nicht so an, wie man es sich vorgestellt hat. Teile sind beschädigt, oder das Produkt ist vertauscht worden.

In einem Unternehmen hat der Disponent, der die Lieferungen in Empfang nimmt, die Pflicht, sie **sofort zu prüfen**. Bei Kleinteilen genügen Stichproben.

Ist etwas nicht in Ordnung, muss eine sogenannte **Mängelrüge** geschrieben werden. Das ist der kaufmännische Begriff für Reklamation, der so auch in der Rechtsprechung verwende wird. Sie haben im Fall einer berechtigten Beanstandung laut Gesetz das Recht auf

a) Nachlieferung (Sie bekommen ein neues, mängelfreies Produkt geliefert)
b) Nachbesserung (das Teil wird repariert)
c) Wandelung (Sie können vom Vertrag zurücktreten)
d) Minderung (Sie bezahlen für das schadhafte Teil einen geringeren Preis)
e) Schadensersatz (Sie bekommen zusätzlich zu a), b) oder c) noch eine gewisse Summe vom Lieferanten erstattet)

→ siehe Musterbrief ‚Reklamation' S. 92

Leistungsverzug

Nach § 286 BGB kommt der Lieferant in einen Leistungsverzug (→ siehe Kapitel ‚Zahlungsverzug' S. 106), wenn er die bestellte Ware nicht zum vereinbarten Zeitpunkt liefert. Diese Leistung kann angemahnt und eingefordert werden, wenn eine (Nach-)Lieferung sinnvoll ist, ansonsten kann er zu Schadenersatz verpflichtet werden.

Reklamation

LTS Productions GmbH
Metallverarbeitung

Vorab per E-Mail

SAV Automotive AG
Felsenstraße 4
03657 Diesten

Ihr Zeichen, Ihre Nachricht vom	Unser Zeichen	Tel.	Datum
kf	HM	-736	04.03.2010

Dringende Reklamation, Kundennummer 234

Sehr geehrte Frau Dr. Festle,

gestern Nachmittag kam Ihre Lieferung der 4 Paletten spezialgehärteter Metallösen termingerecht in unserem Hause an.

Unser Disponent entnahm Stichproben und musste feststellen, dass an nahezu jedem der Teile Rostspuren zu finden sind, die es uns unmöglich machen, sie weiterzuverarbeiten.

Das bringt uns in eine problematische Lage, wir haben unsere Liefertermine einzuhalten und benötigen innerhalb der nächsten 24 Stunden diese Ösen.

Bitte setzen Sie sich umgehend mit mir in Verbindung, ich habe Sie leider gestern und heute nicht erreichen können!

Mit freundlichen Grüßen

Hartmut Mohn

Hartmut Mohn

Textbausteine

Grundlage der Reklamation

Unsere Bestellung vom 12.10.2010 wurde von Ihnen am 15.10.2010 bestätigt.

Ihre Lieferung ist am ... in unserem Haus eingetroffen.

Wir haben Ihre Sendung Nr. ... am ... erhalten.

In Ihrer Filiale in der Sonnenstraße hat unser Disponent 100 Stück der Nr. ... gekauft.

Mängel und Reklamationsanlass

Leider ist die Lieferung immer noch nicht bei uns eingetroffen.

Bei der Wareneingangskontrolle fehlten einige Kisten, andere waren defekt.

Bei der Annahme Ihrer Lieferung stellten wir fest, dass die Kisten aufgebrochen und Teile daraus entfernt worden waren.

Bei der Prüfung Ihrer Lieferung mussten wir feststellen, dass statt der bestellten Schrauben Größe 4 die Schrauben Größe 6 geliefert worden waren.

Wir müssen Ihnen mitteilen, dass uns Ihre Lieferung heute Morgen in sehr mangelhaftem Zustand ausgehändigt wurde. Eine detaillierte Aufstellung aller beschädigten Teile liegt bei.

Bereits unternommene Schritte

Unsere telefonische Nachfrage blieb bislang ohne Erfolg.

Die festgestellten Schäden wurden auf dem Lieferschein vermerkt.

Wir haben eine Mängelliste zusammengestellt und Ihnen diese umgehend zugemailt.

Der Spediteur, dem wir die Mängel unverzüglich mitteilten, verwies uns an Sie.

Ich habe mit Ihrem Verkäufer Herrn Baltes darüber gesprochen.

Den Empfang der beschädigten Ware haben wir abgelehnt.

Forderungen

Wir erwarten, dass Sie die Angelegenheit umgehend regeln und weiteren Schaden verhindern.

Die schadhafte Lieferung steht auf unserem Firmengelände abholbereit. Bitte sorgen Sie für eine zügige Entfernung und die Ersatzlieferung bis zum ...

Bitte nehmen Sie die schadhaften Teile zurück. Ich erwarte die volle Erstattung des Kaufpreises sowie die Begleichung der Reparaturrechnung des beschädigten Gerätes.

Im Interesse unserer Geschäftsbeziehungen würden wir es begrüßen, wenn Sie diese unangenehme Sache möglichst schnell aus der Welt schaffen.

Wir erwarten eine großzügige Regulierung des Schadens.

Konsequenzen

Wir würden nur ungern unseren Lieferanten wechseln.

Wir sehen uns gezwungen, unsere Ware künftig von einem anderen Lieferanten zu beziehen.

Bitte nehmen Sie zur Kenntnis, dass wir Sie für die Lieferverzögerung und für den entstandenen Schaden haftbar machen.

Sollten Sie dieser Forderung nicht nachkommen, werde ich unseren Rechtsbeistand mit der Wahrnehmung weiterer Schritte beauftragen. In jedem Fall kann ich Ihr Haus auf Grund der schlechten Produktqualität und Ihres Verhaltens nicht mehr weiterempfehlen.

Schluss

Es würde mich freuen, bis zum ... von Ihnen zu hören.

Ich weiß, dass Sie bestimmt alles tun werden, um diese Angelegenheit bis zum ... zu klären.

Bis zum ... erwarten wir eine Behebung des Schadens.

Vermeiden Sie eine Eskalation

Es ist natürlich sehr ärgerlich, wenn man auf eine Lieferung gewartet hat und eventuell selbst in Lieferverzug gerät, weil die Artikel Mängel aufweisen oder zu spät kommen.
Bleiben Sie trotzdem höflich bei der Reklamation. Druck erzeugt nur Gegendruck, und Sie müssen sich zusätzlich mit weiteren Unannehmlichkeiten herumschlagen.
Reklamieren Sie energisch, detailliert, aber **bleiben Sie sachlich und professionell** und stellen Sie keine utopischen Forderungen.

fff

Dativ ohne -e

Früher schrieb man *in unserem Hause, zum Zwecke näherer Prüfung*. Heute entfällt in Briefen dieses als veraltet geltende Dativ-e.

Reklamationen bearbeiten

„Reklamationen sind eine gute Chance."

Solche und ähnliche Sätze liest man in vielen Ratgebern. Manchmal ist dies aber schwer zu glauben, insbesondere wenn sich der Reklamierende zu Unrecht bei Ihrem Unternehmen beschwert und versucht, Ihnen seinen Fehler zuzuschieben.

Die Statistik besagt, dass von fünf unzufriedenen Kunden nur ein Kunde reklamiert. Gut? Nein, denn die anderen vier suchen sich einen anderen Lieferanten.
Dieser eine reklamierende Kunde gibt Ihnen mit seiner E-Mail oder seinem Brief zwischen den Zeilen zu verstehen, dass er eigentlich gerne weiter mit Ihnen zusammenarbeiten möchte, momentan aber etwas nicht stimmt.

Das ist Ihre Chance! Je kulanter, je verständnisvoller Sie auf das Schreiben eingehen, desto besser fühlt sich der Kunde bei Ihnen betreut. So haben Sie über die Reklamationsbearbeitung ein Werkzeug zur stärkeren **Kundenbindung** in der Hand.
Dies gilt vor allem für den Fall, dass der Fehler auf Ihrer Seite liegt.
→ siehe Musterbrief ‚Antwort auf eine berechtigte Reklamation' S. 97

Liegt der **Fehler auf Kundenseite**, versuchen Sie, den Kunden ins Boot zu holen. Der Reklamierende sollte nie das Gefühl bekommen, durch seinen Fehler sein Gesicht zu verlieren, denn mit einem schlechten Bauchgefühl bleibt Ihr Kunde als willkommene Beute für die Konkurrenz zurück.

Haben Sie die Reklamation gut bearbeitet, werden Sie in diesem Kunden künftig einen überzeugten Anhänger Ihres Unternehmens haben. Er wird kostenlos für Sie **Werbung** machen, indem er seinen Bekannten und Geschäftspartnern von der angenehmen Art berichtet, wie die Probleme gelöst wurden.
→ siehe Musterbrief ‚Antwort auf eine nicht berechtigte Reklamation' S. 98

Antwort auf eine berechtigte Reklamation

SAV Automotive AG
Felsenstraße 4
03657 Diesten

Vorab per E-Mail

LTS Productions GmbH
Metallverarbeitung
Herr Hartmut Mohn
Winkelweg 12- 14
19467 Lehnsdorf

Ihr Zeichen, Ihre Nachricht vom	Unser Zeichen	Tel.	Datum
HM, 04.03.2010	kf	-2	05.03.2010

Ihre Reklamation

Sehr geehrter Herr Mohn,

bitte entschuldigen Sie unseren Fehler!

Wie bereits vorhin am Telefon besprochen, tut es mir sehr leid, dass Sie solche Unannehmlichkeiten wegen unserer schadhaften Lieferung haben.

Ich habe **heute um 11:30 Uhr per UPS-Eilkurier bereits zwei Paletten der Metallösen zu Ihnen gesandt**, mit eigenhändiger vorheriger Prüfung der Teile, um Ihre Weiterverarbeitung nicht zu stoppen.

Wir erhalten morgen weitere Ösen, die ich ebenfalls per Eilkurier weitersende, sobald sie von mir geprüft wurden. Sie sollten also spätestens am 07.03. bei Ihnen eintreffen.

Die schadhaften Teile können Sie dem Lieferanten entweder zurückgeben, oder Sie vernichten sie vor Ort, ganz wie es für Sie am angenehmsten ist.

Selbstverständlich werde ich Ihnen in den nächsten Tagen einen Vorschlag zukommen lassen, wie unser Unternehmen diese Scharte wieder auswetzen kann, z. B. in Form eines großzügigen Preisnachlasses.

Ich melde mich heute bis 17 Uhr telefonisch noch einmal bei Ihnen, um sicherzustellen, dass Sie zumindest zwei Paletten fehlerfreie Ware zu Ihrer Verfügung haben.

Bis dahin freundliche Grüße

Karin Festle

Dr. Karin Festle

Antwort auf eine nicht berechtigte Reklamation

Software und Service KG

Frau Elke Pause
Postfach 2354
48010 Münster

Ihr Zeichen, Ihre Nachricht vom	Unser Zeichen	Tel.	Datum
04.03.2010	Ti	-46	07.03.2010

Ihre Reklamation, Entschuldigung

Sehr geehrte Frau Mustermann,

bitte entschuldigen Sie die Unannehmlichkeiten, die unser Produkt „JPX Jetprint", ein Highclass-Laserprinter, für Sie verursacht hat!

Gebrauchsanweisungen sind oftmals sehr irreführend , und es tut uns wirklich leid, dass Ihre Arbeiten durch den Ausfall des Druckers unterbrochen wurden.

Bitte lassen Sie uns die nächsten Tage darüber sprechen, wie wir die Probleme gemeinsam lösen können. Wir rufen Sie an; bei einem Gespräch können wir sofort auf die Fehler im Manual eingehen und den Drucker wieder in Ihren Arbeitsablauf integrieren.

Vielen Dank für Ihre Reklamation und die Chance, die Sie uns geben, weiterhin mit Ihnen zusammenzuarbeiten!

Freundliche Grüße

Renate Tiller

Renate Tiller

Textbausteine

Den Eingang der Reklamation bestätigen

Entschuldigung!

Es tut mir/uns leid!

Wir waren besorgt, als wir aus Ihrem Brief erfuhren ...

Vielen Dank für Ihren Brief!

Es tut uns leid, dass wir hören müssen ...

Lieferverzögerungen erklären

Wir bedauern, dass wir Ihre bestellte Ware wegen Produktionsausfällen in unserer Fabrik in Siena noch nicht liefern konnten.

Wir entschuldigen uns für die Verzögerung, unser Lager wurde durch ein Feuer am ... stark beschädigt.

Wir bitten Sie sehr, die Verzögerungen und Schwierigkeiten, die Ihnen entstanden sind, zu entschuldigen. Wir lassen Ihnen bis zum ... Ersatzware zugehen.

Die Verzögerungen sind durch Komplikationen beim Zoll bedingt, von denen alle Lieferungen aus den USA betroffen sind. Wir tun alles, was in unserer Macht steht, um eine möglichst schnelle Lieferung zu gewährleisten.

Diese Verzögerungen, die uns wirklich leid tun, wurden nicht von uns verschuldet. Deshalb haben wir Ihre Ansprüche an unsere Versicherung weitergeleitet, die sich in den nächsten Tagen mit Ihnen in Verbindung setzen wird.

Fehler einräumen

Es tut uns sehr leid, dass Sie Anlass zur Beschwerde hatten. Die Unstimmigkeiten in unserer Rechnung waren Folge unserer Rechnungslegung. Wir haben dies berichtigt und fügen die geänderte Rechnung bei.

Unsere Absicht war es, Ihnen die Lieferung schnell und unbürokratisch zukommen zu lassen. Dies ist uns offensichtlich nicht gelungen – wir bitten Sie dafür in aller Form um Entschuldigung.

Maßnahmen ergreifen

Wir bedauern zu erfahren, dass Sie mit dem Service unseres Wartungspersonals nicht zufrieden waren, und Ihr Ärger ist verständlich! Wir haben Nachforschungen eingeleitet und werden Konsequenzen ziehen.

Wir sind dabei, die Angelegenheit mit dem Spediteur zu besprechen, und werden Sie umgehend wieder kontaktieren.

Wir haben Schritte eingeleitet, um sicherzustellen, dass ein derartiger Fehler in Zukunft nicht mehr vorkommen kann.

Kulanz zeigen

Zwar sind von Herstellerseite alle Ansprüche ausgeschlossen, dennoch sind wir bereit, in Ihrem Fall auf Kulanzbasis Ersatz zu leisten.

Obwohl die Gewährleistung bereits abgelaufen ist, werden wir angesichts unserer langjährigen Geschäftsbeziehungen die beschädigten Geräte für Sie reparieren.

Die „*Wir*-Formel"

Mit der „*Wir*-Formel" können Sie schwierigen Situationen sprachlich die Spannung nehmen. Sie vermeiden damit ausdrückliche Schuldzuweisungen.

... lassen Sie *uns* gemeinsam besprechen, wie *wir* das Problem beheben können ...

Kundenbindung über Reklamationsmanagement

Statistiken zeigen, dass ein unzufriedener Kunde dem Unternehmen 10 - 15 Kunden über Mund-zu-Mund-Propaganda entziehen kann.
Zeigen Sie sich jedoch kulant und verständnisvoll, kann aus einem Ärgernis eine engere Kundenbindung erfolgen („hier kann man kaufen, selbst wenn mal was nicht stimmt, reagiert diese Firma richtig gut ... "), und: Ein zufriedener Kunde bringt dem Unternehmen 4 - 6 Neukunden!

Rechnungen

Mit oder nach der Lieferung der Produkte, nach Ausführung der Dienstleistung wird eine Rechnung erstellt.

Achten Sie beim Schreiben der Rechnung auf die gesetzlich vorgeschriebenen **Bestandteile**:

- Vollständige Adresse des Lieferanten
- Vollständiger Name des Unternehmens und Geschäftsform (AG, GmbH usw.) mit Steuernummer
- Vollständiger Name des Kunden, des belieferten Unternehmens
- Tag oder Tage der Lieferung
- Erfüllungsort der Lieferung (wohin wurde geliefert?)
- Durchlaufende Nummer der Rechnung
- Mehrwertsteuersatz (7 oder 19 %, Mehrwertsteuerbefreiung ja oder nein, inklusive oder zuzüglich)
- Genaue Produktbeschreibung, Anzahl der Teile
- Rechnungssumme
- Bankverbindungen, Zahlungsmöglichkeiten

Eine Rechnung muss also weder Anrede, Grußformel noch Unterschrift enthalten, um vom Finanzamt anerkannt zu werden. Oft werden aber **Grußformel** und **Unterschrift** unter eine Rechnung gesetzt.
→ siehe Musterbrief ‚Einfache Rechnung' S. 103

Noch empfängerfreundlicher ist Ihr Brief, wenn Sie zusätzlich zur eigentlichen Rechnung noch den einen oder anderen **freundlichen Satz** schreiben, das fördert die Kundenbindung.
→ siehe Musterbrief ‚Rechnung mit Dank, ausführlich' S. 104

Einfache Rechnung

Lager und Mehr GmbH

Belle Epoque Stilmöbel KG
Waldorfgasse 34
94673 Bad Kleinheim

Ihr Zeichen, Ihre Nachricht vom	Unser Zeichen	Tel.	Datum
p	R.-Nr. 234	-13	15.07.2010

Rechnung

Ihre Lieferung frei Haus am 29.06.2010:

Nr. 2468	Langregal à 1.895,- €	3 Stück	5.685,- €
Nr. 23	Kurzregal à 1.025,- €	4 Stück	4.100,- €
Nr. 33	Eckregal à 1.565,- €	2 Stück	3.130,- €
Verbindungs- und Montagezubehör			745,- €
			13.660,- €
	zzgl. 19 % MwSt.		2.595,40 €
			16.255,40 €

Bitte überweisen Sie die Summe bis zum 30.07.2010 abzüglich 3 % Skonto; ansonsten bitten wir Sie um die Begleichung der Rechnung ohne Abzug bis zum 17.08.2010.

Vielen Dank für Ihre Bestellung!

Mit freundlichen Grüßen

Peter Sander

Peter Sander

(Geschäftsangaben wie Umsatzsteuernummer etc.)

Rechnung mit Dank, ausführlich

Lager und Mehr GmbH

Belle Epoque Stilmöbel KG
Waldorfgasse 34
94673 Bad Kleinheim

Ihr Zeichen, Ihre Nachricht vom	Unser Zeichen	Tel.	Datum
p	R.-Nr. 234	-13	15.07.2010

Rechnung

Lieber Herr Nansen,

wir freuen uns sehr, dass Sie mit Ihren neuen Lagerregalen so gut zurechtkommen, und werden Sie in der nächsten Woche noch einmal anrufen, um eventuelle Fragen zum System zu klären.

Ihre Ware, frei Haus am 29.06.2010 geliefert:

Nr. 2468	Langregal à 1.895,- €	3 Stück	5.685,- €
Nr. 23	Kurzregal à 1.025,- €	4 Stück	4.100,- €
Nr. 33	Eckregal à 1.565,- €	2 Stück	3.130,- €
Verbindungs- und Montagezubehör			745,- €
			13.660,- €
	zzgl. 19 % MwSt.		2.595,40 €
			16.255,40 €

Bitte überweisen Sie die Summe bis zum 30.07.2010 abzüglich 3 % Skonto; ansonsten bitten wir Sie um die Begleichung der Rechnung ohne Abzug bis zum 17.08.2010.

Sie finden als Anlage eine Einladung für zwei Personen zur Logistikmesse im Oktober; wir würden uns freuen, Sie als Gast auf unserem Stand begrüßen zu dürfen!

Viele Grüße nach Bad Kleinheim

Peter Sander

Peter Sander

(Geschäftsangaben wie Umsatzsteuernummer etc.)

Textbausteine

Vielen Dank für Ihren Auftrag!

Wir danken Ihnen für Ihr Vertrauen und freuen uns auf unsere weitere Zusammenarbeit.

War alles zu Ihrer Zufriedenheit? Wir freuen uns auf unsere weitere Zusammenarbeit!

Vielen Dank für Ihr Vertrauen. Unser Kundenbetreuer Herr Müller wird Sie in den nächsten Tagen anrufen, um sicherzustellen, dass Sie mit uns zufrieden sind.

Das „Bonbon" zur Rechnung

Zu den oben genannten Bestandteilen, die eine Rechnung unbedingt enthalten muss, können Sie noch einen **freundlichen Abschlusssatz** hinzufügen, damit der Kunde nicht den Eindruck hat, das Geschäft ist abgeschlossen und Sie sind nur noch an seiner Zahlung interessiert.

Auch ein **kleines „Bonbon"** ist eine nette Geste, sei es nun wirklich eine Tüte Bonbons, eine aktuelle Fachzeitung oder sonst eine Überraschung. Hierbei gilt: Nicht der Wert, sondern die Geste zählt.

Zahlungsverzug

Sie haben die bestellten Waren rechtzeitig geliefert oder die vereinbarte Dienstleistung erbracht, es ergab sich keinerlei Reklamation, aber der Rechnungsbetrag ist nach Ablauf des Zahlungszieles nicht bei Ihnen eingegangen.

Bei einem neuen Kunden oder bei einem Kunden, der sonst stets pünktlich bezahlte, sollten Sie **vorsichtig anfragen** mit einer ersten Erinnerung. Schließlich kann es sein, dass

- der Kunde versehentlich an ein falsches Konto überwiesen hat.
- der Kunde die falsche Rechnungs- oder Kundennummer angegeben hat.
- sich die Zahlung bereits auf dem Weg befindet.

→ siehe Musterbrief ‚Erste Mahnung' S. 107
→ siehe Musterbrief ‚Erste Mahnung, modern' S. 108

Falls die Zahlung nach der ersten Mahnung immer noch auf sich warten lässt, müssen Sie **deutlicher werden**. Die Herzlichkeit des Schreibens sollte deutlich abnehmen, eine formelle Sprache ist angebracht, die an juristische Ausdrucksweisen erinnert.
Denn nun ist klar, dass es sich nicht mehr um ein Versehen oder eine Fehlüberweisung handeln kann, wenn Sie Ihr Geld noch nicht bekommen haben. Der Kunde hätte sich sonst längst bei Ihnen auf die erste Erinnerung hin gemeldet.
→ siehe Musterbrief ‚Zweite Mahnung' S. 109

In manchen Fällen lässt sich die **dritte Mahnung** nicht vermeiden. Der Ton wird noch ein wenig formeller, massive Konsequenzen werden angedroht (z. B. hat das Beauftragen eines Inkassoinstituts im Allgemeinen einen negativen Schufa-Eintrag zur Folge, damit leidet die Bonität eines Unternehmens).
→ siehe Musterbrief ‚Dritte Mahnung' S. 110

Erste Mahnung

SAV Automotive AG
Felsenstraße 4
03657 Diesten

LTS Productions GmbH
Metallverarbeitung
Herr Hartmut Mohn
Winkelweg 12- 14
19467 Lehnsdorf

Ihr Zeichen, Ihre Nachricht vom	Unser Zeichen	Tel.	Datum
HM	nd	-14	04.04.2010

Erinnererung

Lieber Herr Mohn,

in der Hektik des Büroalltags entzieht sich das eine oder andere schon einmal unserer Aufmerksamkeit.

So konnten wir bis heute leider noch keinen Zahlungseingang verzeichnen. Offen stehen

Rechnung Nr. 345	2.467,- €
Rechnung Nr. 346	1.378,- €

Bitte gleichen Sie Ihr Konto bis zum 12.04.2010 aus.

Mit freundlichen Grüßen

Nina Dorfer

Nina Dorfer

Erste Mahnung, modern

Lager und Mehr GmbH

Belle Epoque Stilmöbel KG
Waldorfgasse 34
94673 Bad Kleinheim

Ihr Zeichen, Ihre Nachricht vom	Unser Zeichen	Tel.	Datum
p	CF	-213	15.07.2010

Erinnerung

Hallo, psst, Herr Nansen,

ich bin's, der Computer von „Lager und Mehr"!

Im Moment wissen nur wir beide, dass da auf Ihrem Konto noch eine Rechnung offen steht.

Zwischen meinen Schalteinheiten meldet sich die

Rechnung Nr. 478 über 4.378,80 Euro

immer mal wieder. Können Sie das bis zum 20.07.2010 beheben?

Ich sag es auch nicht weiter!

Viele Grüße

Der Computer aus der Buchhaltung (gleich neben Claudia Färber)

Zweite Mahnung

SAV Automotive AG
Felsenstraße 4
03657 Diesten

LTS Productions GmbH
Metallverarbeitung
Herr Hartmut Mohn
Winkelweg 12- 14
19467 Lehnsdorf

Ihr Zeichen, Ihre Nachricht vom	Unser Zeichen	Tel.	Datum
HM	nd	-14	13.04.2010

2. Mahnung

Sehr geehrter Herr Mohn,

leider konnten wir trotz unserer Zahlungserinnerung vom 04.04.2010 immer noch keinen Zahlungseingang feststellen.
Daher möchten wir Sie nochmals wegen folgender überfälligen Zahlungen mahnen:

Rechnung Nr. 345	2.467,- €
Rechnung Nr. 346	1.378,- €
Mahngebühr	6,- €
Gesamt	**3.849,- €**

Bitte gleichen Sie Ihr Konto bis spätestens 16.04.2010 aus.
Alle weiteren Kosten für das Mahnverfahren werden Ihrem Unternehmen berechnet.

Mit freundlichen Grüßen

Nina Dorfer

Nina Dorfer

Dritte Mahnung

SAV Automotive AG
Felsenstraße 4
03657 Diesten

LTS Productions GmbH
Metallverarbeitung
Herr Hartmut Mohn
Winkelweg 12- 14
19467 Lehnsdorf

Ihr Zeichen, Ihre Nachricht vom	Unser Zeichen	Tel.	Datum
HM	nd	-14	18.04.2010

Letzte Mahnung

Sehr geehrte Damen und Herren,

leider konnten wir trotz unserer wiederholten Mahnungen immer noch keinen Zahlungseingang feststellen. Daher möchten wir Sie nochmals anmahnen, folgende überfälligen Zahlungen unverzüglich zu leisten:

Rechnung Nr. 345	2.467,- €
Rechnung Nr. 346	1.378,- €
Verzugszinsen	10,20 €
Mahngebühren	12,- €
Gesamt	**3.865,20 €**

Bitte gleichen Sie Ihr Konto bis spätestens 22.04.2010 aus. Ansonsten sehen wir uns gezwungen, die offenen Forderungen unserem Inkassobüro Druck & Partner zu übergeben.

Hochachtungsvoll

Nina Dorfer

Nina Dorfer

Textbausteine

Sich auf die erbrachten Lieferungen beziehen

Wahrscheinlich ist es Ihnen entgangen, dass die Rechnung Nr. ... noch offen steht.

Konnten wir Sie mit unseren Leistungen überzeugen? Dann können wir nun den Ausgleich unserer Rechnung Nr. ... bis zum ... erwarten.

Bei der Überprüfung der Salden stellten wir fest, dass Ihre Rechnung Nr. ... noch nicht ausgeglichen ist.

Beiliegend eine Kopie der Rechnung, die Ihnen am ... zuging.

Die Bezahlung folgender Rechnung ist leider noch nicht erfolgt.

Um Zahlung bitten

Da wir noch keinen Zahlungseingang verzeichnet haben, wären wir Ihnen für eine Begleichung der Rechnung bis zum ... dankbar.

Da Ihr Konto nicht ausgeglichen ist, bitten wir Sie um Ihre Überweisung bis zum ...

Da wir von unserer Bank noch keine Zahlungsmitteilung erhalten haben, bitten wir Sie, Ihre Rechnung bis zum ... zu begleichen.

Wir bitten Sie höflich den offenen Betrages mit dem beiliegenden Überweisungsträgers zu begleichen.

Wir möchten Sie an unser vereinbartes Zahlungsziel von 30 Tagen erinnern und bitten Sie um Begleichung der Rechnung bis zum ...

Bitte überweisen Sie bis zum ... den fälligen Betrag.

Bitte begleichen Sie die fällige Rechung bis spätestens zum ...

Falls der Kunde die Rechnung bereits bezahlt hat

Sollten Sie die Rechnung bereits beglichen haben, betrachten Sie diese Zahlungserinnerung bitte als gegenstandslos.

Sollte sich Ihre Bezahlung und unsere Erinnerung zeitlich überschnitten haben, betrachten Sie diese Zahlungserinnerung bitte als gegenstandslos.

Sollten Sie den Betrag schon bezahlt haben, wären wir Ihnen für eine kurze Mitteilung sehr dankbar, damit wir unsere Buchhaltung prüfen können.

Eine zweite Mahnung senden

Wir möchten Sie daran erinnern, dass unsere Rechnung vom ... immer noch nicht beglichen wurde! Bitte erledigen Sie die Angelegenheit bis zum ...

Da wir nichts von Ihnen gehört haben, bitten wir Sie zum wiederholten Male, den ausstehenden Betrag bis zum ... zu begleichen.

Wir fügen einen Kontoauszug bei und müssen darauf bestehen, dass ein Zahlungsausgleich bis zum ... erfolgt.

Eine dritte und letzte Mahnung schicken

Obwohl Ihnen am ... und am ... zwei Mahnungen zugingen, steht der Betrag Ihrer Rechnungen von ... Euro immer noch offen. Da diese Summe bereits seit 3 Monaten überfällig ist, müssen wir rechtliche Schritte gegen Sie einleiten, wenn die Rechnungen nicht bis zum ... bezahlt werden.

Sollten wir Ihre Zahlung nicht bis zum ... erhalten, werden wir die Angelegenheit unseren Anwälten/unserem Inkassobüro übergeben.

Da wir es vermeiden möchten, gerichtliche Schritte gegen Sie einzuleiten, möchten wir Sie ein letztes Mal bitten, die fällige Rechnung bis spätestens zum ... auszugleichen.

Persönlicher Kontakt

Spätestens nach der letzten Mahnung sollten Sie versuchen, mit Ihrem Kunden zu sprechen. Bei einem **Telefonat** lassen sich Unstimmigkeiten, aber auch Zahlungsengpässe leichter ausdrücken, und Sie können sich möglicherweise besser einigen.

Mahnbescheid

Wenn Sie einen säumigen Kunden mahnen, sollten Sie **mindestens ein Schreiben** per Post oder per E-Mail senden. Sie können auch anrufen, aber halten Sie das auch in einer schriftlichen Notiz fest. Damit haben Sie Ihrem Kunden nach dem Gesetz eine „ernsthafte Forderung zur Leistung" seiner Zahlung überbracht.

Allerdings ist die **Angabe eines Zahlungszieles** (→ siehe Tipp ‚Skonto und Zahlungsziel' S. 67) ebenso eine Forderung zur Leistung. Wenn keine Zahlung erfolgt, können Sie nach Ablauf des Zahlungsdatums sofort einen gerichtlichen Mahnbescheid beantragen. Das geht auch im Internet unter www.online-mahnantrag.de.

Die **Kosten** für einen gerichtlichen Mahnbescheid mit Anwaltsbeteiligung liegen bei ca. 10 % der ausstehenden Summe; die Kosten für ein Inkassobüro liegen etwa bei 20 % der Summe. Jedoch bekommen Sie vom Inkasso-Unternehmen kurze Zeit später Ihr Geld; beim Mahnbescheid erst, wenn das Gericht die Summe erhalten hat; das kann bei einem Einspruch sehr lange dauern.

Sie sind Schuldner?

Wenn Ihnen eine Mahnung zugeht, ist es ratsam, schnell zu reagieren. Entweder **Sie bitten um Zahlungsaufschub**:

Wir entschuldigen uns für die Unannehmlichkeiten und versichern Ihnen, dass die Zahlung in Kürze bei Ihnen eingehen wird.

Wir entschuldigen uns für die Verzögerung bei der Zahlung Ihrer Rechnung Nr. ..., aber es ergaben sich in letzter Zeit einige Cashflow-/ Liquiditätsprobleme. Wir wären Ihnen sehr dankbar, wenn Sie uns einen weiteren Kredit von 30 Tagen einräumen könnten.

Oder **Sie erklären das Problem**:

Leider lässt sich die Rechnung Nr. ... nicht auffinden. Wir wären Ihnen sehr dankbar, wenn Sie uns eine Kopie dieser Rechnung zukommen lassen könnten, so dass wir die nötige Zahlung veranlassen können.

Die Verzögerung bei der Begleichung der Rechnung Nr. ... wurde durch einen Computerfehler in unserer Kreditorenabteilung hervorgerufen.

Andernfalls kann das Unternehmen, dem Sie etwas schulden, auf Ihre Kosten Klage erheben.

Referenzen und Empfehlungsschreiben

Sie hatten in Ihrem Unternehmen einen Praktikanten oder einen Werkstudenten, mit dem Sie sehr zufrieden waren? Ein externer Berater braucht für seine weitere Karriere Referenzen, die Sie ihm gerne ausstellen?

Sehr junge und unerfahrene Praktikanten und Studenten vergessen es manchmal oder getrauen sich nicht, um eine Bestätigung oder ein Zeugnis zu bitten. Professionelle Personalabteilungen verabschieden Kurzzeit-Arbeitskräfte automatisch mit einer schriftlichen **Bewertung**, die auch in der Firma gespeichert wird, falls es Fragen gibt.

Formulieren Sie Ihr Schreiben **sehr sorgfältig**, um zu vermeiden, dass Sie ein nicht beabsichtigtes Urteil darin verstecken.
→ siehe Kapitel ‚Arbeitszeugnis' S. 120

Der **Empfehlungsbrief** sollte enthalten:

- Vor- und Zuname des Empfängers und Beschäftigungsdauer
- Kurze Beschreibung der Tätigkeiten
- Besondere Leistungen oder Fähigkeiten
- Zufriedenheitsbekundung
- Ausstellungsdatum

→ siehe Musterbrief ‚Empfehlungsbrief' S. 116

Das **Empfehlungsschreiben** sollte enthalten:

- Vor- und Zuame des externen Beraters und Projektdauer
- Kurze Beschreibung der Tätigkeiten
- Besondere Leistungen oder Fähigkeiten
- Zufriedenheitsbekundung
- Ausstellungsdatum

→ siehe Musterbrief ‚Referenzschreiben' S. 117

Empfehlungsbrief

Hotel Luna
Mondscheinstraße 23
19467 Lehnsdorf

Empfehlungsschreiben

Julia Dorfer war von 01.02. bis 28.02.2010 bei uns als Praktikantin tätig.

Frau Dorfer hat alle ihr übertragenen Aufgaben stets zu unserer vollsten Zufriedenheit erledigt. Sie war immer pünktlich, ordentlich und vertrauenswürdig.

Gäste, Geschäftsleitung und Kollegen schätzten sie gleichermaßen wegen Ihrer Freundlichkeit und Hilfsbereitschaft.

Zu den Aufgaben von Frau Dorfer zählte unter anderem:

das Säubern der Badezimmer,
das Auffüllen der Minibars mit dem entsprechenden Kontakt mit den Gästen,
das Getränke- und Speisenmanagement im Wellnessbereich,
Aushilfe beim Service im Restaurant,
Rezeptionsdienste.

Wir waren überaus zufrieden mit Frau Dorfer und bedauern sehr, dass ihr Praktikum zum 28.02. endete.

Für die Leistungen danken wir ihr herzlich und wünschen ihr für die Zukunft alles Gute.

12. März 2010

Sandra Melchior

Sandra Melchior

Referenzschreiben

SAV Automotive AG
Felsenstraße 4
03657 Diesten

Referenz

Herr Carlo Kater ist seit 8 Jahren kontinuierlich in unserem Hause als externer Trainer und Coach für Kommunikation und Führungskräfte-Entwicklung.

Wir schätzen Herrn Kater auf Grund seiner Zuverlässigkeit und seiner effizienten Lehrmethodik.

Unsere Geschäftsleitung und unsere Mitarbeiter vertrauen ihm uneingeschränkt; er hat sich im Laufe der Jahre für unser Unternehmen als unentbehrliche Stütze erwiesen.

Seine Freundlichkeit, seine Geduld und seine tiefe Menschenkenntnis beeindrucken uns immer wieder, und dank dieser Fähigkeiten wird er öfter auch bei Konflikten als Mediator zu Rate gezogen.

Wir können Herrn Kater als Trainer und Coach im vollsten Umfang empfehlen, er ist in jedem Fall die richtige Wahl.

Darüber hinaus freuen wir uns auf die weitere Zusammenarbeit mit Herrn Kater.

12.02.2010

Karin Festle

Dr. Karin Festle

Textbausteine

Eine Bezugsperson benennen

Frau/Herr ... war/ist von ... bis ... in unserem Hause als Praktikant/in tätig.

Frau/Herr ... war/ist von ... bis ... in unserem Unternehmen als Werkstudent/in beschäftigt.

Frau/Herr ...ist seit sechs Jahren bei uns als freie/-r Mitarbeiter/-in im ...-Bereich.

Qualifikationen unterstreichen

Frau/ Herr ... hat eine schnelle Auffassungsgabe und arbeitete sich in kürzester Zeit in komplexe Aufgaben ein.

Frau/Herr ... hat ihre/seine Aufgaben stets zu unserer vollsten Zufriedenheit erledigt.

Bei der Geschäftsleitung, den Kunden und den Kollegen war Frau/Herr ... gleichermaßen beliebt/geschätzt.

Frau/Herr ... war immer pünktlich und zuverlässig.

Wir schätzten die Präzision und den Ordnungssinn von Frau/Herrn ...

Aufgaben kurz darstellen

Frau/Herr ... übernahm in unserem Hause folgende Aufgaben:

Frau/Herr ... war in unserem Unternehmen an folgenden Projekten beteiligt:

Frau/Herr ... erledigte für uns diese Arbeiten:

Frau/Herr ... ist seit ...Jahren für unser Unternehmen freiberuflich als ... tätig.

Wir konnten Frau/Herrn ... auf Grund ihres/seines Organisationstalentes bereits Aufgaben aus dem übergeordneten Gebiet ... übertragen.

Abschluss

Da wir überaus zufrieden mit Frau/Herrn ... sind/waren, bedauern wir es sehr, dass ihr/sein Praktikum bei uns am ... endet.

Wir möchten auf die Mitarbeit von Frau/Herrn ... in unserem Hause nicht verzichten.

Frau/Herr ... verlässt leider am ... unser Unternehmen. Wir wünschen ihr/ihm für die Zukunft alles Gute.

Das Datum bei Zertifikaten und Zeugnissen

Im Gegensatz zu anderen Schriftstücken trägt das Zertifikat oder das Zeugnis **das Datum direkt unter dem Text**, und zwar wahlweise vor oder nach der handschriftlichen Unterschrift.

Den Praktikanten selbst zu Wort kommen lassen

Wenn Sie nicht genau wissen, was Sie in eine Bestätigung für einen Praktikanten schreiben sollen, fragen Sie sie/ihn. Oft weiß sie/er genau, was für die Ausbildungsinstitution in diesem Zeugnis stehen muss, und kann Ihnen vielleicht sogar ein Muster zur Verfügung stellen.

Arbeitszeugnis

Ein Arbeitnehmer, der das Unternehmen verlässt, hat nach § 630 BGB **Anspruch auf ein Arbeitszeugnis**, das Art und Dauer der Beschäftigung bescheinigt. Überdies kann er ein qualifiziertes Arbeitszeugnis fordern, in dem auch Leistungen und Führung/Verhalten beschrieben werden.

Die Angaben im Zeugnis müssen der Wahrheit entsprechen, dürfen aber **keine negative Formulierung** enthalten. Daher werden in der Praxis Umschreibungen und bestimmte Ausdrücke oder Codes verwendet, die Personalfachleute entsprechend deuten können.

Ein abschließender Blick auf alte Zeugnisse

Wenn Sie ein Zeugnis ausstellen und Anregung suchen, lohnt sich ein Blick in die älteren Zeugnisse des Arbeitnehmers. Gerade die Beschreibung der persönlichen Eigenschaften und des Verhaltens sind oft mit ein paar kleinen Änderungen gut zu übernehmen.

Im Zeugnis müssen folgende **Informationen** auf jeden Fall angegeben werden:

- der ausstellende Arbeitgeber,
- der Arbeitnehmer mit Vor-, Zunamen und Geburtsdatum
- der Beginn und das Ende des Arbeitsverhältnisses.

Den **Abschluss** des Zeugnisses bildet eine eigenhändige Unterschrift einer berechtigten Person mit Datum der Ausstellung.

→ siehe Musterbrief ‚Positives Zeugnis' S. 121
→ siehe Musterbrief ‚Neutrales Zeugnis' S. 122

Positives Zeugnis

Zeugnis

Herr Nikolas Krinde, geboren am 10. November 1986, war seit dem 1. Oktober 2006 in unserer Firma als Verkäufer für Sportartikel beschäftigt.

Zu seinem Aufgabenbereich zählte insbesondere die Abteilung „Mountains and More" mit der breiten Palette an entsprechenden Ausstattungen und Zubehör sowie die Schuhabteilung zu diesem Fach.

Herr Krinde erfüllte die gestellten Anforderungen stets zu unserer vollsten Zufriedenheit und zeigte bei der Beratung der Kunden viel Geschick und hervorragende Sachkenntnis. Bei Vorgesetzten und Kollegen war er gleichermaßen geschätzt.

Herr Krinde verlässt unser Haus auf eigenen Wunsch, um sein Studium an der Universität München zu beginnen.

Wir bedauern sein Ausscheiden und wünschen Ihm für die Zukunft alles Gute.

Thomas Horn

Thomas Horn
20.04.2010

Neutrales Zeugnis

Zeugnis

Frau Gerda Gleichen, geboren am 21.03.1986, war seit dem 1. Oktober 2006 in unserer Firma als Verkäuferin für Sportartikel beschäftigt.

Frau Gleichen hat sich mit großem Eifer an diese Aufgabe herangearbeitet und war erfolgreich. Wegen ihrer Pünktlichkeit war sie stets ein gutes Vorbild.

Wir bestätigen gern, dass Frau Gerda Gleichen auf Grund ihrer anpassungsfähigen und freundlichen Art stets für das gute Betriebsklima sorgte.
Ihr Verhalten gegenüber den Kollegen war stets höflich und korrekt.

Das Arbeitsverhältnis mit Frau Gleichen wird in gegenseitigem Einvernehmen zum 01.04.2010 beendet.

Thomas Horn

Thomas Horn
01.04.2010

Textbausteine

Leistungsbeurteilung

Frau/Herr ... hat die übertragenen Aufgaben stets zu unserer vollsten Zufriedenheit erledigt. = sehr gut, 1

Frau/Herr ... hat die übertragenen Aufgaben stets zu unserer vollen Zufriedenheit erledigt. = gut, 2

Frau/Herr ... hat die übertragenen Aufgaben zu unserer vollen Zufriedenheit erledigt. = befriedigend, 3

Frau/Herr ... hat die übertragenen Aufgaben zu unserer Zufriedenheit erledigt. = ausreichend, 4

Frau/Herr ... hat die übertragenen Aufgaben im Großen und Ganzen zu unserer Zufriedenheit erledigt. = mangelhaft, 5

Führungsbeurteilung

Sein Verhalten gegenüber Vorgesetzten, Kollegen und Kunden war stets vorbildlich. = sehr gut, 1 (Bitte beachten Sie die Reihenfolge der Bezugspersonen; Vorgesetzte nehmen immer den ersten Platz in guten Beurteilungen ein.)

Sein Verhalten zu Vorgesetzten, Kollegen und Kunden war vorbildlich. = gut, 2

Sein Verhalten zu Kollegen und Mitarbeitern war vorbildlich. = befriedigend, 3

Sein Verhalten zu Kollegen war vorbildlich. = ausreichend, 4 (Vorgesetzte und Kunden werden nicht genannt!)

Sein persönliches Verhalten war insgesamt einwandfrei. = mangelhaft, 5

Sonstige Codes

Alle Arbeiten mit großem Fleiß erledigt = eifrig, aber nicht besonders intelligent

Hat sich im Rahmen seiner Fähigkeiten eingesetzt = es ist nicht viel bei seinen Bemühungen herausgekommen

Wegen seiner Pünktlichkeit war er stets ein Vorbild = in jeder Hinsicht eine Niete

In gegenseitigem Einvernehmen getrennt = wir haben ihm nahegelegt zu kündigen

Sie war bemüht, den Anforderungen gerecht zu werden = sie hat versagt

Zeigte für die Arbeit Verständnis = war faul und hat nichts geleistet.

Mit seinen Vorgesetzten ist er gut zurechtgekommen = ein Mitläufer, der sich gut zu verkaufen weiß.

Durch seine Geselligkeit trug er stets zur Verbesserung des Betriebsklimas bei = exzessiver Alkoholgenuss

Er bewies immer Einfühlungsvermögen für die Belange seiner Mitarbeiter = suchte ständig Sexualkontakte zu Mitarbeiterinnen

Für die Belange der Belegschaft bewies er/sie immer umfassendes Verständnis = homosexuelle Aktivitäten im Unternehmen

Im Kollegenkreis galt er als toleranter Mitarbeiter = für den Vorgesetzten war er ein harter Brocken

Sie verfügte über ein gesundes Selbstvertrauen = geringes Fachwissen, aber eine große „Klappe"

Er war Neuem gegenüber stets aufgeschlossen = aber nicht, um es zu integrieren, sondern um es auszusondern; Rassismus

Sehr beweglicher Mitarbeiter, der bemüht war, die Aufgaben in seinem und im Interesse der Firma zu lösen = er hat die Firma geschickt bestohlen

Seine anpassungsfähige und freundliche Art ... = Alkoholprobleme

Was tun bei einem mangelhaften Zeugnis?

Wenn Sie ein Zeugnis bekommen haben, das Ihrer Meinung nach ungerechtfertigt ist und Formulierungen enthält, die Sie diskreditieren, haben Sie das Recht, eine **Nachbesserung** von Ihrem ehemaligen Arbeitgeber zu **verlangen**. Tun Sie dies, bis Sie wirklich zufrieden sind. Schlagen Sie eventuell vor, das Zeugnis vorzuformulieren.

Zwischenzeugnis

Bitten Sie Ihren Vorgesetzten um ein Zwischenzeugnis, wenn dieser aus der Firma ausscheidet, da es möglich ist, dass ein neuer Chef Ihre Arbeit anders beurteilt. Ein Zwischenzeugnis ist auch in Krisenzeiten sinnvoll, um für eine neue Stelle schon frühzeitig eine Empfehlung in der Hand zu haben.

Eine Arbeitsbestätigung ist wichtig

Wenn Sie eine Stelle verlassen, achten Sie darauf, dass Sie ein Zeugnis erhalten oder zumindest eine Arbeitsbestätigung. Oft wird ein solcher Nachweis von Ämtern (Arbeitsamt, Sozialamt, Kindergeldstelle) oder Versicherungen (Krankenversicherung, Rentenversicherung) verlangt, und Sie haben Nachteile, wenn Sie ihn nicht vorweisen können.

Eine Stelle ausschreiben

Ein Arbeitsplatz in Ihrem Unternehmen ist frei geworden oder neu geschaffen worden, nun soll so schnell wie möglich die optimale Person für diesen Platz gefunden werden.

Je spezifischer die Stelle ist, je höher die Qualifizierung der geeigneten Person sein muss, desto schwieriger ist es, den oder die Richtige zu finden.

Eine Stellenausschreibung ist **eine Art der Werbung** für Ihr Unternehmen. Sie muss die Menschen neugierig auf Ihre Firma machen, man muss Lust bekommen, bei Ihnen zu arbeiten.

Versetzen Sie sich in den Leser des Stellenmarktes einer Tageszeitung. Was würde Sie auf den ersten Blick ansprechen?

Denken Sie beim Verfassen einer Stellenausschreibung an folgende **Einzelheiten**:

- Beschreibung Ihres Unternehmens
- Wann ist die Stelle zu besetzen?
- Wo ist der Arbeitsplatz?
- Kurze Stellenbeschreibung
- Titel (Sachbearbeiter, Projektassistent)
- Erforderliche Qualifikationen (Sprachen, EDV, Abschlüsse, Ausbildung)
- Softskills (Stressbelastbarkeit, Organisationsfähigkeit, kommunikative Fähigkeiten, Teamarbeiter)
- Berufserfahrung erwünscht?
- Quereinsteiger akzeptiert?
- Eventuelle Gehaltswünsche
- Schriftliche Bewerbung oder Onlinebewerbung

→ siehe Muster ‚Stellenausschreibung' S. 128

Die **Einladung zu einem Gespräch** ist der erste persönliche Kontakt zwischen dem Bewerber und Ihrem Unternehmen. Sie sollte die Motivation des Bewerbers fördern und sein Selbstvertrauen stärken, dass Ihr Unternehmen genau die Firma ist, für die er oder sie arbeiten möchte.
Oftmals wird hier der Grundstein gelegt für eine spätere tiefe Corporate Identity, für die **Identifizierung** des Arbeitnehmers mit dem Unternehmen, für ein **Wir-Gefühl**.
→ siehe Musterbrief ‚Bewerber einladen' S. 129

Wenn Sie sehr viele **Zusendungen** auf eine Ausschreibung hin erhalten haben, kann es länger dauern, alle Unterlagen durchzusehen. Seien Sie fair und machen Sie Ihren Bewerbern eine kurze Mitteilung, um zu verhindern, dass diese ungeduldig werden.
→ siehe Musterbrief ‚Zwischenbescheid' S. 130

Bitte denken Sie daran, dass mancher Bewerber bereits mehrere hundert Bewerbungsbriefe versandt hat und viele negative Antworten bekam. Geben Sie ihm mit Ihrer **Absage** eine Chance, die Bewerbungsmappe und damit seine Möglichkeiten am Arbeitsmarkt zu verbessern. Wenn Sie einen offensichtlichen Fehler bemerken oder Sie etwas massiv stört, teilen Sie das dem Bewerber mit. Vielleicht hört er diesen Einwand zum ersten Mal.
→ siehe Musterbrief ‚Bewerbern absagen' S. 131

Manchmal bekommt ein Unternehmen unaufgefordert eine Bewerbung. Diese kann aufbewahrt werden, wenn sie interessant für die Firma klingt. Dann sollte der Bewerber einen Zwischenbescheid erhalten über die Lage der Dinge.
Wenn die **Blindbewerbung** jedoch nicht den Vorstellungen der Firma entspricht, sollte eine freundliche Absage gesandt werden.
→ siehe Musterbrief ‚Absage an Initiativbewerber' S. 132

Stellenausschreibung

Wir sind eine internationale Spedition im Großraum Stuttgart und transportieren seit über 75 Jahren Güter schnell und zuverlässig.

Zum 01.05.2010 suchen wir

eine/n Sachbearbeiter/in
Assistent/-in des Leiters der Disposition

Sie sind geprüfte Speditionskaufmann/-kauffrau IHK und verfügen über gute EDV-Kenntnisse (MS Office, SSW Data, Paisley III).

Auf Grund der internationalen Handelsbeziehungen unseres Hauses sprechen Sie englisch und französisch oder italienisch. Sie arbeiten teamorientiert und sind flexibel und zuverlässig. Termindruck lässt Sie noch präziser arbeiten.

Ihr Aufgabengebiet umfasst die stellvertretende Koordination unserer Disposition und die Erledigung der anfallenden Verwaltungsarbeiten.

Bitte richten Sie Ihre Bewerbung an:

Spedition Rasa GmbH & Co.
Personalabteilung
Wiesenweg 9
74675 Vaihingen

Bewerber einladen

Spedition Rasa GmbH & Co.
Personalabteilung
Wiesenweg 9
74675 Vaihingen

Frau Elke Pause
Leichtstraße 12
48010 Münster

Ihr Zeichen, Ihre Nachricht vom	Unser Zeichen	Tel.	Datum
12.04.2010	AP	-123	18.04.2010

Einladung

Sehr geehrte Frau Pause,

vielen Dank für Ihre detaillierte Bewerbung, sie hat uns wirklich neugierig gemacht.

Wir würden uns freuen, wenn Sie uns am 23.04.2010 besuchen würden. Gerne möchten wir Sie bei dieser Gelegenheit persönlich kennen lernen, Ihnen die Möglichkeit geben, unser Haus zu besichtigen, und uns über den offenen Arbeitsplatz unterhalten.

Bitte geben Sie uns bis zum 21.04.2010 Bescheid, ob Sie kommen können; selbstverständlich sollte auch ein Alternativtermin kein Problem darstellen.

Mit freundlichen Grüßen nach Münster

Antonia Paulig

Antonia Paulig

Zwischenbescheid

Spedition Rasa GmbH & Co.
Personalabteilung
Wiesenweg 9
74675 Vaihingen

Herr Rainer Berger
Dieselstraße 49
74662 Vaihingen

Ihr Zeichen, Ihre Nachricht vom	Unser Zeichen	Tel.	Datum
15.04.2010	AP	-123	18.04.2010

Unser Stellenangebot

Sehr geehrter Herr Berger,

vielen Dank für Ihre Bewerbung!

Auf Grund der zahlreichen Zuschriften sind wir im Moment mit der Sichtung der Unterlagen beschäftigt, die in eine engere Auswahl kommen.

Daher bitten wir Sie um Geduld bis zum 30.04.2010. Danach werden wir unsere Entscheide an die Bewerber senden – vielleicht lernen wir uns dann bald persönlich kennen?

Mit freundlichen Grüßen

Antonia Paulig

Antonia Paulig

Bewerbern absagen

Spedition Rasa GmbH & Co.
Personalabteilung
Wiesenweg 9
74675 Vaihingen

Herr Rudolf Maurer
Hochstraße 124
71294 Stuttgart

Ihr Zeichen, Ihre Nachricht vom	Unser Zeichen	Tel.	Datum
15.04.2010	AP	-123	18.04.2010

Unser Stellenangebot

Sehr geehrter Herr Maurer,

vielen Dank für Ihre aussagekräftige Bewerbung.

Leider können wir Ihnen keine Zusage geben. Nach Prüfung und Vergleich aller Eingänge haben wir uns für einen Mitbewerber entschieden, der durch sein Alter mehr berufliche Erfahrung in diesem Bereich mitbringt.

Für Ihre weiteren Bewerbungsbemühungen wünschen wir Ihnen baldigen Erfolg!

Ihre Unterlagen erhalten Sie beiliegend zurück – hierzu ein Tipp: Die Mappe lässt sich leider nur schwer öffnen, und dabei fallen Ihre Papiere unkontrolliert heraus ...

Mit freundlichen Grüßen nach Stuttgart

Antonia Paulig

Antonia Paulig

Absage an Initiativbewerber

Spedition Rasa GmbH & Co.
Personalabteilung
Wiesenweg 9
74675 Vaihingen

Frau Iris Gärtner
Lotstraße 2
72365 Nürtingen

Ihr Zeichen, Ihre Nachricht vom	Unser Zeichen	Tel.	Datum
15.03.2010	AP	-123	18.03.2010

Unser Stellenangebot

Sehr geehrte Frau Gärtner,

vielen Dank für Ihre Bewerbung.

Da wir zurzeit keine entsprechende Stelle zu besetzen haben, müssen wir Ihnen bedauerlicherweise eine Absage erteilen.

Ihre Unterlagen erhalten Sie als Anlage zurück.

Für Ihre weiteren beruflichen Bemühungen wünschen wir Ihnen alles Gute.

Mit freundlichen Grüßen

Antonia Paulig

Antonia Paulig

Textbausteine

Bewerber einladen

Bitte kommen Sie bitte am Dienstag, den 3. September 2010 um 10 Uhr in unsere Geschäftsstelle. Wir würden Sie gerne persönlich kennen lernen.

Wir laden Sie zu einem Besuch in unser Werk ein und schlagen folgenden Termin vor: ...

Bitte kommen Sie am ... in unser Werk in Bremen. Sollten Sie verhindert sein, vereinbaren Sie bitte einen anderen Termin mit Frau Müller, Tel. ...

Die Bewerber der engeren Wahl möchten wir möglichst objektiv beurteilen und laden Sie zu einem Test und einem individuellen Bewerbungsgespräch am ... um ... ein.

Wir fügen zu Ihrer Orientierung eine Anfahrtsskizze bei.

Selbstverständlich erstatten wir Ihnen Ihre Fahrkosten.

Da uns Ihre Unterlagen sehr zusagen, möchten wir gern persönlich mit Ihnen sprechen.

Absagen

Leider ist die Stelle schon vergeben.

Leider müssen wir Ihnen mitteilen, dass wir Sie bei der Auswahl auf Grund von ... nicht berücksichtigen konnten.

Ihre Bewerbung ist in die engere Auswahl gekommen, doch nach Prüfung und Vergleich aller Unterlagen haben wir uns für einen Mitbewerber entschieden, da er die gewünschten Spezialkenntnisse mitbringt.

Da wir uns bereits für einen Bewerber entschieden hatten, als Ihre Unterlagen bei uns eintrafen, senden wir Ihnen heute Ihre Kopien zurück.

Absage an Initiativbewerber

Wir haben leider momentan keine Stelle frei.

Nach eingehender Prüfung müssen wir Ihnen leider mitteilen, dass in unserem Hause keine entsprechende Position zu besetzen ist.

Eine Ihren Fähigkeiten und Kenntnissen entsprechende Stelle können wir Ihnen zurzeit leider nicht anbieten.

Leider ist im Moment in unserem Hause keine entsprechende Stelle frei. Gerne behalten wir trotzdem Ihre Unterlagen; sie sind sehr interessant für uns, und wir kommen im Bedarfsfall auf Sie zurück.

Überraschungseffekt „Anruf"

Wenn Sie einen interessanten Bewerber zu einem Gespräch einladen möchten, können Sie dies auch telefonisch tun. Sie erfahren dabei viel über ihren/seinen Umgang mit unvorhergesehenen Ereignissen, über ihr/sein Selbstmanagement und über die Stressbelastbarkeit.

Mehr zum Thema ‚Bewerbung'

Musterbriefe für Bewerber finden Sie im Kapitel ‚Die Bewerbung' (→ S. 282).

Informationen zur **Onlinebewerbung** finden Sie im Kapitel ‚Online-bewerben' (→S. 329).

Die Presse informieren

Eine Veränderung in größeren Unternehmen oder eine besondere Aktion einer Firma, z. B. eine Benefizgala, wird durch Briefe und durch die Presse bekannt gemacht. Hierzu müssen Sie die Journalisten adäquat informieren.

→ siehe Kapitel ‚Mitteilungen und Wünsche zu besonderen Anlässen' S. 138

Beantworten Sie mit Ihrem **Informationsschreiben** folgende Fragen:

- Wer produziert, veranstaltet, stellt her oder vertreibt?
- Was gibt es Neues davon zu berichten?
- Wo findet das Ereignis statt?
- Wann findet das Ereignis statt?
- Warum ist das Ereignis für die Leser dieser Zeitung interessant?
- Wie ist das Ereignis abgelaufen?
- Wie gestalteten sich die genauen Umstände?

Beginnen Sie wie ein Journalist mit einer Schlagzeile und kürzen Sie die Mitteilung auf die wichtigsten Punkte.

→ siehe Muster ‚Pressemitteilung' S. 136

Adresssammlung

Legen Sie sich eine Datei an, in der Sie die Kontaktdaten und alles andere, was Sie zu einzelnen Journalisten wissen (Schwerpunkte, Lieblingsthemen), speichern. So können Sie beim nächsten Anlass leichter einen geeigneten Ansprechpartner kontaktieren und sparen eine Menge Zeit.

Pressemitteilung

SONNENSCHEIN UND CO. als Partner der TAFEL

Die Münchner Niederlassung der Firma Sonnschein und Co. glänzt nicht nur durch die neuen Räumlichkeiten, sondern auch durch ihre sozialen Aktivitäten.

Am 04.07.2010 laden die Firmenleitung und alle Mitarbeiter bedürftige Anwohner zu einem großen Mittagessen mit anschließendem Kaffee ein. Als Organisationspartner helfen hier die kompetenten Fachleute der Organisation „Die Tafel e. V."

Für die Kinder wurde ein Clown eingeladen, der nach der Vorführung kleine Geschenke verteilt.

Sonnenschein und Co. freuen sich auf einen regen Besuch!

Dagmar Leipold

V. i. S. d. P. Dagmar Leipold, Fa. Sonnenschein und Co.

Textbausteine

Am ... findet bei ... ein großes Ereignis statt.

Wieder ist ... auf der Handelsmesse vertreten.

Sie können sich von der Qualität der Produkte am ... persönlich überzeugen, kommen Sie vorbei!

Wir freuen uns, alle Kunden am ... zu einem verkaufsoffenen Sonntag begrüßen zu dürfen.

Besucher erhalten zur Begrüßung einen alkoholfreien Cocktail.

Von ... bis ... laden wir unsere Kunden ein, uns im Rahmen der Sporttage zu besuchen. Sie erhalten auf jeden Kauf 10 % Sonderrabatt!

An unserem Tag der Offenen Tür am ... findet wieder die große Tombola zu Gunsten der Stiftung „Ein Herz für Kinder" statt. Namhafte Hersteller spendeten großzügig verlockende Gewinne.

Wohin mit meiner Pressemitteilung?

Wenn Sie Neuigkeiten für potenzielle Kunden haben oder eine größere (Werbe-)Veranstaltung planen, nimmt die **Lokalpresse** das normalerweise sehr gern in ihre Zeitungen auf. Rufen Sie kurz bei der Pressestelle Ihrer Wahl an und erfragen Sie, auf welchem Weg Sie einen Artikel am besten einreichen können: per E-Mail, per Fax oder persönlich.

Kontaktpflege

Bleiben Sie in Kontakt mit der Presse. Wenn Sie die Verbindung einmal hergestellt haben, lassen Sie „Ihren" Journalisten Informationen zukommen, wenn es Neuerungen in Ihrer Firma gibt oder etwas Besonderes vorgeht (auch wenn es vielleicht nicht in der Zeitung stehen soll). Dann müssen Sie beim nächsten wichtigen Vorgang nicht lange erklären, sondern nur mehr aktualisieren.

Mitteilungen und Wünsche zu besonderen Anlässen

Manchmal tritt in einem Unternehmen eine Veränderung ein, von der Kunden und Mitarbeiter Kenntnis bekommen sollen, bevor sie es durch die Presse oder über die Gerüchteküche erfahren.

Gerade in der heutigen Zeit ist **Transparenz** großgeschrieben. Auch wenn es manchmal schwierige Neuigkeiten sind, die ein Unternehmen mitzuteilen hat, ist es besser, direkt zu informieren und um Verständnis zu bitten, als einen Vertrauens- und Imageverlust zu riskieren.

Ein Unternehmen sollte mit Mitteilungen an Partner und Mitarbeiter nicht geizen, der **Informationsfluss stärkt die Bindung** an das Unternehmen. Psychologisch gesehen fördert es innerbetrieblich die Motivation, denn so laufen Prozesse nicht „im stillen Kämmerchen“ ab und werden nur von oben her aufgesetzt, sondern die Angestellten können teilhaben und fühlen sich als echte Partner - die Corporate Identity, das Gefühl der Zusammengehörigkeit des gesamten Unternehmens, wächst.

→ siehe Musterbrief ‚Mitteilung an Geschäftspartner‘ S. 139

Wenn einer Ihrer Kunden oder Geschäftspartner ein wichtiges Ziel erreicht hat, einen Preis bekommt oder privat etwas Erfreuliches zu verzeichnen ist, versetzen Sie sich in seine Lage. Freuen Sie sich mit ihm und **gratulieren Sie** ohne Bedenken - man wird sich beim *Ihrem* nächsten Glücksmoment daran erinnern und sich mit Ihnen freuen. Sie wissen ja: Die Freude und die Liebe sind die einzigen Dinge, die wachsen, wenn man sie weitergibt.

→ siehe Musterbrief ‚Zu einem Preis gratulieren‘ S. 140
→ siehe Musterbrief ‚Gratulation, modern‘ S. 141
→ siehe Musterbrief ‚Weihnachtswünsche‘ S. 142

Mitteilung an Geschäftspartner

Wilhelm Tell Service GmbH
Winterweg 5
70707 Stuttgart

Reich & Schön GmbH
Konstanzer Allee 14
70258 Stuttgart

15.04.2010

Sehr geehrte Geschäftspartner,

wir möchten Sie darüber informieren, dass mit Wirkung zum 30.04.2010 alle Tochterfirmen der MAP-Gruppe mit der Wilhelm Tell Service GmbH verschmolzen werden.

Der Geschäftssitz aller Niederlassungen wird somit Stuttgart.

Im Handelsregister ist diese Unternehmensgruppe nun unter der Nummer 7809 eingetragen.

Wir freuen uns weiterhin auf eine gute Zusammenarbeit mit Ihnen!

Mit freundlichen Grüßen

Ralf Rudolf

Ralf Rudolf
Vorstandssprecher der Wilhelm Tell Service GmbH

Zu einem Preis gratulieren

Lager und Mehr GmbH

Fam. Tessa und Erhard Luna
Hotel Luna
Mondscheinstraße 23
19467 Lehnsdorf

Ihr Zeichen, Ihre Nachricht vom	Unser Zeichen	Tel.	Datum
	PS		03.07.2010

Glückwunsch!

Liebe Familie Luna,

wie wir aus der Presse entnehmen konnten, haben Sie vor wenigen Tagen den Gastronomiepreis 2010 erhalten.

Wir gratulieren Ihnen recht herzlich zu dieser Auszeichnung, die Sie sich mit viel Energie, Sorgfalt und harter Arbeit ehrlich verdient haben.

Mit Stolz und Freude zählen wir Sie zu unseren Geschäftspartnern und empfehlen Ihr Haus immer wieder gerne.

Für Ihre weitere Arbeit wünschen wir Ihnen und Ihrem ganzen Team alles Gute und sehen unserer nächsten gemeinsamen Aktion (Workshop Lagerlogistik 2010) erwartungsfroh entgegen.

Herzliche Grüße

Peter Sander

Peter Sander

Gratulation, modern

Sportevent und Fun

Hotel Luna
Geschäftsleitung
Mondscheinstraße 23
19467 Lehnsdorf

Ihr Zeichen, Ihre Nachricht vom	Unser Zeichen	Tel.	Datum
	nicky		05.07.2010

Liebes Luna-Team,

was für eine tolle Leistung!! Sie haben den Gastronomiepreis 2010 bekommen, und wir gratulieren Ihnen voll kollegialer Freude!

Diese Auszeichnung zu erhalten bedeutet, dass Ihr Haus sich weit abhebt von allen anderen, was Service, Qualität und Ambiente betrifft. Das ahnen Laien, wir Insider der Branche wissen es. Wir wissen auch, dass man so etwas nicht geschenkt bekommt, sondern dass es viel Kraft und Herz braucht, um das zu schaffen.

Unser Respekt gilt allen Mitarbeitern des Hotels Luna, und wir möchten Ihnen zurufen: Machen Sie weiter so, Sie sind auf einem großartigen Weg!

Viele Grüße,

Nicky Holborn

Nicky Holborn für das das Team von Sportevent und Fun

Weihnachtswünsche

Hotel Luna
Mondscheinstraße 23
19467 Lehnsdorf

Herr Peter Sander
Lager und Mehr GmbH
Holzgasse 14
19467 Lehnsdorf

Ihr Zeichen, Ihre Nachricht vom	Unser Zeichen	Tel.	Datum
			22.12.2010

Ihre Zufriedenheit ist unser Weihnachtswunsch!

Lieber Herr Sander,

Weihnachten ist die Zeit der Wünsche, und auch die Zeit des Dankens:

Danke für Ihr Vertrauen!

Unsere Zusammenarbeit war auch 2010 wieder sehr erfolgreich; darüber haben wir uns sehr gefreut, das motiviert uns und macht uns stolz.

Wir wünschen uns, dass Sie auch im Jahr 2011 wieder so zufrieden sind mit unseren Leistungen wie bisher.

So verabschieden wir Sie mit einer kleinen Überraschung in die Ferien und senden Ihnen und Ihren Lieben die besten Weihnachtsgrüße

Erhard und Tessa Luna

Erhard und Tessa Luna

Textbausteine

Informieren

Mit diesem Schreiben möchten wir Sie darüber informieren, dass ...

Es wird Sie interessieren, dass wir gerade eine Sortimentserweiterung durchgeführt haben. Sie können nun bei uns auch über ... verfügen.

Wir freuen uns, die Eröffnung unserer neuen Zweigstelle im Stadtzentrum bekanntgeben zu können.

Unsere Firma und die Firma DT Computers fusionierten zum ...

Wir freuen uns sehr, Ihnen unsere neue Büromöbelserie vorstellen zu können.

Zusätzlich auf etwas aufmerksam machen

Zu diesem Anlass bieten wir ... (Sonderpreise, Rabatte).

Aus diesem Anlass erhalten Sie gratis zu jeder Bestellung ein Geschenk.

Vorteile hervorheben

In Folge dieser Fusion können wir Ihnen eine wesentlich breitere Produktpalette und beträchtliche Preisnachlässe gewähren.

Sie werden feststellen, dass dieses neue Modell noch leistungsfähiger/genauer/anwenderfreundlicher/leiser ist.

Unsere neue Zweigstelle bietet den Vorteil, dass sie mitten in der Industriezone liegt – mit vielen Gratisparkplätzen!

Glückwünsche aussprechen

Auf diesem Wege möchte ich/möchten wir Ihnen die herzlichsten Glückwünsche zu Ihrer neuen Funktion als ... übermitteln.

Wir haben uns gefreut zu hören, dass Sie in den Vorstand der Firma berufen wurden, und wünschen Ihnen alles erdenklich Gute bei der neuen Herausforderung.

Wir haben soeben von dem freudigen Ereignis gehört. Ihnen und Ihrer Frau/Ihrem Mann die herzlichsten Glückwünsche von uns allen zur Geburt Ihrer kleinen Tochter/Ihres kleinen Sohnes.

Mit dieser kleinen Aufmerksamkeit möchten wir unsere herzlichsten Glückwünsche zu Ihrer Eheschließung ausdrücken.

Wir freuen uns mit Ihnen.

Wir gratulieren Ihnen sehr herzlich zu ihrem Jubiläum!

Unsere besten Wünsche zur bestandenen Promotionsprüfung und alles Gute für Ihre akademische Zukunft.

Gute Wünsche zum Jahreswechsel

Wir wünschen Ihnen und Ihrer Familie ein frohes Weihnachtsfest und ein glückliches neues Jahr.

Wir möchten uns bei all unseren Kunden für die gute Zusammenarbeit bedanken und Ihnen ein schönes Weihnachtsfest und alles Gute für das neue Jahr wünschen.

Wie schön, dass wir wieder mit Ihnen ein Jahr der erfolgreichen und guten Zusammenarbeit abschließen konnten! Wir freuen uns auf das neue Jahr, auf viele weitere gemeinsame Projekte und wünschen Ihnen ein frohes Weihnachtsfest.

Sie können Ihren Glückwünschen auch mit Zitaten oder Sprichwörtern eine **persönliche Note** verleihen (→ siehe Tipp S. 212).

Einladungen und Dankschreiben

Im Geschäftsbereich werden Kunden und Kollegen eingeladen, Entscheidungsgruppen zusammengerufen und Betriebsversammlungen angekündigt.

Für all diese Anlässe sind Einladungen nötig, die persönlich, aussagekräftig und informativ, präzise, so kurz wie möglich sowie der Etikette gerecht sind.
→ siehe Musterbrief ‚Einzelpersonen einladen' S. 146

Wenn man eine **Einladung an mehrere Personen** formuliert, die nicht auf derselben Hierarchiestufe stehen, kommt man manchmal ins Grübeln. Die Kolleginnen, mit denen man per Du ist, und den Vorstand des Unternehmens mit einer Einladung ansprechen - wie gelingt das, ohne im Ton danebenzugreifen?
→ siehe Musterbrief ‚Mehrere Personen einladen' S. 147

! ***Ihr* oder *Sie*?**

Sie orientieren sich beim Formulieren immer an der **ranghöchsten Person**, an die diese Einladung gerichtet ist. Verwenden Sie keine Mischformen wie ~~ihr/Sie~~ oder ~~du/Sie!~~

Für Geschenke, Glückwünsche, Einladungen, kleinen oder großen Hilfestellungen **bedanken Sie sich** am besten umgehend und persönlich.
Auch kleine Präsente machen Mühe, kosten meist etwas, und man hat an Sie gedacht. Wenn keine Antwort kommt, denkt der Absender eventuell, Sie haben seine Gabe nicht erhalten, oder Sie mögen sie nicht. Oder, schlimmer für Sie: Der Absender geht davon aus, dass Ihnen das gute Benehmen und der Stil fehlen. Und das möchte wohl niemand ...
→ siehe Musterbrief ‚Dankschreiben' S. 148

Einzelpersonen einladen

Hotel Luna
Mondscheinstraße 23
19467 Lehnsdorf

12.03.2010

Sehr geehrter Herr Dr. Kunze,

nach längeren Umbaumaßnahmen können wir in wenigen Wochen unseren neuen Seminar- und Tagungsbereich eröffnen.

Es wäre uns eine Ehre, Sie bei dem festlichen Einweihungsakt als Gast begrüßen zu dürfen.

Bitte lassen Sie uns wissen, ob Sie (gerne mit einer Begleitperson) am

Sonntag, den 11.04.2010, um 18:30 Uhr

an unseren Feierlichkeiten teilnehmen können.

Wir beginnen mit einem speziell kreierten Dinner. Es folgt nach den Festreden der beteiligten Unternehmensvorstände eine Führung durch den neuen Gebäudetrakt. Anschließend unterhält uns der bekannte Pianist Herr Paul Launig beim gemütlichen Get-Together in unserer Lounge.

Wir freuen uns auf Sie!

Mit freundlichen und erwartungsfrohen Grüßen,

Erhard und Tessa Luna

Erhard und Tessa Luna

PS Um Antwort bis zum 01.04.2010 wird gebeten.

Mehrere Personen einladen

Einladung zur Betriebsversammlung 15. März 2010

Sehr geehrte Damen und Herren,

der Betriebsrat möchte Sie gerne am

Mittwoch, 7. April 2010, um 14 Uhr, in die große Aula zur Betriebsversammlung

einladen.

Es werden Kuchen, Kaffee/Tee und Kaltgetränke gereicht.

Bitte informieren Sie uns bis spätestens 31. März 2010, falls Sie nicht kommen können.

Wir freuen uns auf Ihre Teilnahme!

Mit kollegialen Grüßen

Petra Reichelt

Petra Reichelt

Dankschreiben

Hotel Luna
Mondscheinstraße 23
19467 Lehnsdorf

Herr Peter Sander
Lager und Mehr GmbH
Holzgasse 14
19467 Lehnsdorf

Ihr Zeichen, Ihre Nachricht vom	Unser Zeichen	Tel.	Datum
PS			13.04.2010

DANKE!

Lieber Herr Sander,

wir haben es sehr bedauert, dass Sie uns für unsere Eröffnungsfeier absagen mussten.

Umso mehr waren wir überrascht, als uns am Morgen des Festtages Ihr Paket und Ihre guten Wünsche erreichten. Wir haben uns so sehr darüber gefreut!

Vielen Dank für die Aufmerksamkeiten, wir werden die kleinen Delikatessen in der nächsten ruhigen Stunde gemeinsam genießen.

Herzliche Grüße

Erhard und Tessa Luna

Erhard und Tessa Luna

Textbausteine

Formelle Einladungen

Der Vorsitzende und der Vorstand freuen sich, Sie am ... um 20 Uhr zur Weihnachtsfeier der Firma ins Hotel Luna in Lehnsdorf einzuladen.

Wir laden Sie herzlich ein zu einem Mittagessen mit unseren Mitarbeitern am ...

Wir möchten Sie herzlich zu einem Besuch unserer Geschäftsräume einladen.

Wir würden uns freuen, Sie auf der Cocktailparty im Anschluss an die Konferenz begrüßen zu dürfen.

Um Antwort bitten

Um Antwort bis zum ... wird gebeten.

Bitte geben Sie mir/uns bis zum ... Bescheid, ob Sie kommen können.

Wir würden uns über Ihre Zusage bis zum ... freuen!

Dankesformeln

Ich möchte Ihnen für ... danken.

Wir möchten uns ganz herzlich für ... bedanken.

Es war sehr freundlich von Ihnen, uns in dieser Sache zu unterstützen.

Wir möchten Ihnen unseren aufrichtigen Dank für ... aussprechen.

Ich bin Ihnen sehr dankbar für Ihre Hilfe und Gastfreundschaft während meines Aufenthaltes in ...

Ein Gegenangebot aussprechen

Ich hoffe, dass ich bald Gelegenheit habe, Ihre Gastfreundschaft zu erwidern.

Nun ist die Reihe an Ihnen, und ich hoffe, Sie im nächsten Monat bei uns begrüßen zu dürfen.

Bitte zögern Sie nicht, auch unsere Dienste in Anspruch zu nehmen.

Wir würden uns freuen, wenn wir uns für Ihre Großzügigkeit einmal revanchieren könnten.

Eine Einladung annehmen

Gerne nehme ich Ihre Einladung an und werde pünktlich dort sein.

Vielen Dank für Ihre nette Einladung, die wir gerne annehmen.

Eine Einladung ablehnen

So sehr ich es bedauere, aber ich kann leider nicht an ... teilnehmen.

Leider bin ich zu diesem Termin verhindert.

Da ich in dieser Woche auf der Messe in ... bin, muss ich leider absagen.

Bei **firmeninternen Nachrichten** sind Sie nicht gezwungen, sich an die DIN 5008/676 zu halten; es sei denn, dazu besteht eine interne Betriebsvereinbarung.

Echtes Interesse signalisieren

Wenn Sie eine **Einladung ablehnen** müssen, ist es oftmals gut, dies **per Telefon** zu tun und im Gespräch einen **anderen Besuchstermin anzubieten**. Das zeigt dem Gastgeber, dass Ihnen wirklich an einem Kontakt gelegen ist und Sie nicht nur aus fadenscheinigen Gründen absagen.

Mit Zitaten oder Sprichwörtern verleihen Sie Ihren Briefen eine **besondere Note** (→ siehe Kapitel ‚Private Korrespondenz', S. 211 ff.).

Kondolenzschreiben

Ein Todesfall, unabhängig davon, ob man den Verstorbenen gut oder weniger gut gekannt hat, erinnert immer ein wenig an die eigene Vergänglichkeit. Vielleicht fällt es deshalb so schwer, hier die geeigneten Worte zu finden. Lassen Sie den Empfänger des Kondolenzschreibens ruhig spüren, dass Sie ergriffen sind, dass Sie mit den Worten ringen; genau das macht ein solches Schreiben persönlich und ehrlich.

→ siehe Musterbrief ‚Beileidsbrief' S. 152

Die letzte Ehre erweisen

Bitte wählen Sie für ein Beileidsschreiben **kein Geschäftspapier** – um einem Menschen die letzte Ehre zu erweisen, darf und soll man von DIN-Normen und Vordrucken Abstand nehmen.

Ein besonderes Mittel in einer solchen Situation ist der **handschriftliche Brief** (→ siehe Kapitel ‚Private Korrespondenz' S. 211 und ‚Genesungswünsche und Beileidsschreiben' S. 244).

Sammeln für den Bedarfsfall

Oft können Sie in Todesanzeigen schöne Zitate und Sätze lesen. Kopieren Sie, schneiden Sie aus, schreiben Sie ab und legen Sie sich so eine Sammlung an, denn wenn Sie ergriffen sind von einer traurigen Nachricht, ist es meist schwierig, spontan gute Formulierungen zu finden.

Beileidsbrief

Sehr geehrte Frau Glockner,

Ihr Mann ist von uns gegangen - wir sind stumm vor Trauer.

Gerade ein solcher Unfall lässt uns fassungslos zurück, wir können nur schwer akzeptieren, aber niemals verstehen.

Wenn über Sie, liebe Frau Glockner, der Alltag in seiner ganzen Unbarmherzigkeit wieder hereinbricht, denken Sie daran: Sie sind nicht allein!

Unter der Telefonnummer 75030 werden Sie immer jemanden von uns finden, der Ihnen mit Rat und Tat zur Seite steht - so, wie Ihr Mann es für seine Kollegen immer getan hat. Bitte melden Sie sich!

In stiller Anteilnahme

Hartmut Werres

Dr. Hartmut Werres für Vorstand und Belegschaft
von Lager und Mehr

Textbausteine

Einleitende Worte

Die Nachricht vom Tode Ihres Mannes hat uns alle sehr bestürzt.

Der plötzliche Tod Ihrer Frau hat mich sehr getroffen.

Die Nachricht vom Tod Ihrer Geschäftsführerin Frau Dr. Renate Appelt ist für uns alle unfassbar.

Gestern hat uns die Nachricht vom Tod Ihrer Mutter erreicht und uns mit tiefer Trauer erfüllt.

Worte der Wertschätzung

Er war für viele ein Vorbild.

Sein Engagement und seine Kreativität waren stets ein Vorbild.

Auf Grund Ihrer freundlichen und warmherzigen Art waren ihr die Mitarbeiter freundschaftlich verbunden.

Wir verdanken es seinem unermüdlichen Einsatz, dass ...

Wir haben ihn als ehrlichen und kompetenten Geschäftspartner gekannt, der sich stets unseres Respektes und unserer höchsten Wertschätzung sicher sein konnte.

Sie war eine Bereicherung im Leben eines jeden, der sie kannte.

Ihre herzliche Art ließ jeden, der sie kennen lernen durfte, spontan Vertrauen zu ihr fassen.

Worte der Anteilnahme

Sie wird uns sehr fehlen.

Er hinterlässt eine große Lücke. Wir alle trauern um ihn.

Wir werden ihm ein gutes Andenken bewahren.

Wir nehmen in tiefer Dankbarkeit Abschied und werden Sie in guter Erinnerung behalten.

Er bleibt stets in unseren Gedanken.

Wir werden sie vermissen.

Viele trauern mit uns.

Wir trauern um einen wertvollen Menschen.

Ich teile mit Ihnen den Schmerz und die Trauer um Ihre Frau.

Trauer und Bestürzung sind überall im Unternehmen zu spüren.

Es fehlen die Worte, um die Trauer auszudrücken.

Abschließende Formel

In stiller Anteilnahme

In tiefer Anteilnahme

Aufrichtiges Beileid

Sie können Ihren Beileidsbrief durch **Zitate** oder **Sprichwörter** ergänzen (→ siehe Kapitel ‚Private Korrespondenz', S. 211 ff.).

Hilfe von Kollegen und/oder dem Betriebsrat

Gerade Kollegen, der Betriebsrat oder Vorgesetzte können den Hinterbliebenen weiterhelfen, indem sie Benachrichtigungen an die Rentenkasse, an Lebensversicherungen, Berufsgenossenschaften oder Sterbegeldkassen übernehmen.
Öfter werden von solchen Institutionen die Begräbniskosten übernommen. Auch sollten Kollegen es übernehmen, die Hinterbliebenen von aktiven Arbeitnehmern davon zu informieren, wenn es betrieblich vereinbart ist, nach dem Ableben noch 2 bis 3 Gehälter zu bezahlen.

HALBPRIVATE KORRESPONDENZ

Formelle Briefe von Privatpersonen

Halbprivate Briefe sind Briefe einer Privatperson an eine Firma, Behörde oder Institution. Für diese Briefe gelten ebenso wie für die Geschäftskorrespondenz **bestimmte Regeln**, die die schriftliche Kommunikation vereinfachen (→ siehe Kapitel ‚Geschäftliche Korrespondenz' S. 45).

Halbprivate Briefe benötigen **alle formalen Elemente**, die auch ein Geschäftsbrief aufweist: Absenderangaben, Empfänger, Datum, Betreff, Anrede, gut gegliederten Text, Schlussgruß, Unterschrift (→ siehe Kapitel ‚Grundlagen des Briefaufbaus' S. 9).

Als Privatperson haben Sie **keinen Briefkopf mit Logo** wie bei Geschäftsbriefen und unterliegen nur der DIN 5008 (→ siehe Kapitel ‚Der halbprivate Brief nach 5008' S. 12).

Oft werden halbprivate Briefe sehr steif und altmodisch geschrieben, weil man denkt, man müsse sich besonders gut ausdrücken und durch lange Sätze und Fremdwörter den Eindruck von hoher Kompetenz vermitteln. Bitte versuchen Sie auch hier, möglichst **nahe am gesprochenen Wort** zu bleiben; alles andere klingt künstlich und wichtigtuerisch. Und Sie wissen ja, das verzögert nur die Bearbeitung Ihres Schreibens!

Aufbau und Stil eines halbprivaten Briefs entsprechen den Empfehlungen für Geschäftsbriefe (→ siehe Kapitel , Briefe schreiben heute – der erste Eindruck zählt' S. 45 und ‚Mit dem Schreibstil zum Lesen motivieren' S. 48).

Wie unterschreiben?

Bei halbprivaten Briefen reicht eine **handgeschriebene** Unterschrift aus. Sollte Ihre Handschrift allerdings völlig **unleserlich** sein, so können Sie die **maschinengeschriebene** Unterschrift darunter hinzufügen.

Wie viele Leerzeilen?

In das normgerecht vorbereitete Seitenlayout (→ siehe S. 12) fügen Sie Ihren Text am besten mit folgenden Abständen ein (Leerzeilen sind mit ¶ markiert):

Betreff
¶ oder Bezugszeile
¶
Anrede
¶
Brieftext
¶
Grußformel
¶
handschriftliche Unterschrift
¶
(eventuell maschinengeschriebene Unterschrift → siehe Tipp unten)
¶
Anlagen oder PS
¶
(eventuell Verteiler = wer bekommt eine Kopie dieses Briefes)

→ für einzelne Textabschnitte siehe ‚Grundlagen des Briefaufbaus' S. 9 ff.

Wie lange müssen Sie schriftliche Dokumente aufbewahren?

Zu Ihrem eigenen Vorteil ist es gut, bestimmte Papiere aufzuheben. Sie brauchen Sie zum allgemeinen Nachweis, für Garantien, für ein Einspruchsrecht oder zur Klärung von Sachverhalten.

Kassenzettel	→ 2 Jahre
Kontoauszüge, Rechnungen (z. B. Telefon, Arzt)	→ 3 Jahre
Steuerbescheide	→ 10 Jahre
Kreditunterlagen, Gerichtsurteile, Mahnbescheide	→ 30 Jahre
Arbeitsverträge, Zeugnisse, Gehaltsabrechnungen	→ bis zum Rentenbeginn
Versicherungsunterlagen	→ gesamte Laufzeit
Arztgutachten, Pass, Geburtsurkunde, Familienbuch, Taufschein, Führerschein	→ lebenslang

Kündigen

Wenn Sie eine Dienstleistung oder einen Vertrag kündigen, dann **beschreiben Sie in der Betreffzeile** (→ siehe S. 24) **genau** die Leistung bzw. den Vertrag mit der Vertragsnummer. Ergänzen Sie eventuell auch Ihre Kundennummer, sofern Sie Ihnen bekannt ist, bei Telefonverträgen auch Ihre Rufnummer.
Denken Sie daran, den **Kündigungstermin** zu **nennen**, das ist das genaue Datum, zu dem Sie kündigen.
→ siehe Musterbrief ‚Eine Dienstleistung kündigen' S. 160

Eine Kündigung bedeutet für den geschäftlichen Partner den Verlust eines Kunden und damit eine finanzielle Einbuße, deshalb wird man vielleicht versuchen, Sie schriftlich oder telefonisch zur Rücknahme der Kündigung zu bewegen.
Sie können deshalb einen **Kündigungsbrief durch eine Begründung ergänzen**, die der Empfänger nachvollziehen kann. Erforderlich ist das nicht. Auch ohne Begründung muss das Unternehmen Ihre Kündigung annehmen, sofern die vorher vereinbarte Kündigungsfrist eingehalten wird.
→ siehe Musterbrief ‚Eine Wohnung kündigen' S. 161
→ siehe Musterbrief ‚Einen Handy-Vertrag kündigen' S. 162
→ siehe Musterbrief ‚Ein Zeitungsabonnement kündigen' S. 163

Ein Begründung wird nur dann zwingend nötig, wenn Sie eine **Kündigung außerhalb der vereinbarten Kündigungsfristen** erreichen wollen.
→ siehe Musterbrief ‚Bei einem Fitness-Studio kündigen' S. 164

→ für Kündigung eines Versicherungsvertrages siehe Musterbrief ‚Einen Versicherungsvertrag kündigen' S. 169

Verträge schriftlich abschließen

Privatpersonen wird es sehr leicht gemacht, einen Vertrag abzuschließen: Ein Ja am Telefon genügt für einen neuen Handytarif, nach ein paar Klicks im Internet besitzen Sie eine neue Lebensversicherung.

Bitten Sie gleich nach dem **Vertragsabschluss am Telefon** oder **per E-Mail** um **eine schriftliche Bestätigung** des Vertrages und haken Sie nach, wenn diese innerhalb einer Woche nicht in Ihrem Briefkasten liegt.

Verträge schriftlich kündigen

Schwieriger als der Abschluss gestaltet sich oft die **Kündigung** von Verträgen, die Sie am Telefon oder per E-Mail abgeschlossen haben. Das Kleingedruckte wird gut versteckt oder am Telefon schnell und nicht deutlich erzählt, Vordrucke für Kündigungen sind schwer zu finden oder nicht vorhanden.
Ihre Kündigung darf **formlos** sein, das heißt, sie muss keiner DIN folgen, aber **grundsätzlich schriftlich** beim Unternehmen eingehen. Sie sollte Folgendes enthalten:

- Ihren Namen und Ihre komplette Adresse
- Namen und Adresse der Firma
- Die Nummer Ihres Vertrages, Ihre Kundennummer
- Den ausdrücklichen Wunsch zu kündigen
- Eventuell das Datum des Vertragsabschlusses

Manchmal genügt eine **E-Mail** als Schriftform, das können Sie im Vertrag oder unter den Allgemeinen Geschäftsbedingungen (AGB) nachlesen. Ein **Fax** ist nach wie vor rechtlich nicht anerkannt.
In einigen Fällen, z. B. bei einem Sportverein, genügt eine **mündliche Kündigung** per Telefon oder persönlich.

Lassen Sie sich Ihre **Kündigung grundsätzlich schriftlich bestätigen**!

Eine Dienstleistung kündigen

Lothar Krämer
Sinderweg 7
87398 Altbaden

12.05.2010

Musikschule Gutmann
Wonderstraße 23
87398 Altbaden

Kündigung
Cellounterricht meines Sohnes Maximilian

Lieber Herr Gutmann,

leider kann mein Sohn Maximilian ab 01.09.2010 die Cellostunden Ihrer Musikschule nicht mehr besuchen, deshalb kündige ich den Vertrag vom 01.03.2006 zum 31.08.2010.

Bitte bestätigen Sie mir kurz den Eingang dieser Kündigung; vielen Dank!

Mit freundlichen Grüßen

Lothar Krämer

Eine Wohnung kündigen

Ina Herter
Salbeistraße 12
63829 Krautstadt

12.03.2010

Herr
Thomas Holzapfel
Zielstraße 34
64876 Holling

Kündigung meiner Wohnung zum 30.06.2010

Sehr geehrter Herr Holzapfel,

seit fast 12 Jahren war ich zufriedene Mieterin in der Salbeistraße.

Heute sende ich diese Kündigung, weil ich nach meiner Eheschließung vor 2 Monaten mit meinem Mann ein Haus gekauft habe.

Bitte lassen Sie mich wissen, wann ich Ihnen die Schlüssel übergeben kann und welche Teile der Wohnung Sie renoviert haben möchten (Wandfarbe, Teppichreinigung).

Die Singlezeit in Ihrer gemütlichen Wohnung war sehr schön! Mit Dank und den besten Wünschen für Sie erwarte ich Ihre Antwort.

Viele Grüße

Ina Herter

Einen Handy-Vertrag kündigen

Ina Herter
Salbeistraße 12
63829 Krautstadt

12.03.2010

Nordische E2
Postfach 23 45
28199 Harden

Kündigung meines Vertrages Nr. 2345-456/123
Kundennummer 3456 98 705

Sehr geehrte Damen und Herren,

die Konkurrenz schläft nicht!

Schade, dass Sie mich nach mehreren Anfragen nicht besser beraten konnten; ich hätte mir einen Vertrag gewünscht, bei dem mein hohes Aufkommen an Auslandsgesprächen berücksichtigt würde und sich meine Kosten dadurch etwas reduzierten.

Ihre Konkurrenz war in der Lage, mir diesen Service schnell und unkompliziert anzubieten.

So kündige ich fristgerecht zum 30.06.2010 meinen Vertrag mit Ihrem Unternehmen und erwarte bis zum 25.04.2010 eine Bestätigung.

Bitte sehen Sie von weiteren Beratungsanrufen ab, ich habe bereits einen anderen Vertrag unterzeichnet!

Mit freundlichen Grüßen

Ina Herter

Ein Zeitungsabonnement kündigen

Ina Herter
Salbeistraße 12
63829 Krautstadt

12.03.2010

Verlag Hund & Katze
Randstraße 23
20187 Hafenstadt

Kündigung meines Abonnements „Moderne Tierhaltung"
Abonnement Nummer 129856

Sehr geehrte Damen und Herren,

seit einigen Jahren bin ich treuer Leser Ihrer Zeitschrift.

Leider fällt mir seit etwa zwei Jahren auf, dass sich Ihre Themen ganz offensichtlich wiederholen; es finden sich kaum Neuigkeiten in Ihrem Magazin.

Da sich diese Entwicklung auch nach einem Leserbrief von mir an Ihre Redaktion nicht änderte, möchte ich heute zum nächstmöglichen Termin kündigen.

Bitte bestätigen Sie mir den Erhalt dieses Schreibens und teilen Sie mir mit, wann die letzte Lieferung erfolgen wird.

Mit freundlichen Grüßen

Ina Herter

Bei einem Fitness-Studio kündigen

Ina Herter
Salbeistraße 12
63829 Krautstadt

12.03.2010

Fit-for-Fun Studio
Essenstraße 23
63829 Krautstadt

Kündigung meines Vertrages Nr. 123-7 wegen Krankheit

Liebes Fit-for-Fun-Team,

nachdem ich mich die Jahre über bei Euch wohl gefühlt habe, muss ich heute schweren Herzens kündigen.

Mein Arzt stellte bei der jährlichen Gesamtkontrolle eine Gleichgewichtsstörung fest, die bei schnellen Bewegungen und Belastungen zu schweren Unfällen führen kann.

So lege ich das Attest bei und hoffe auf Euer Verständnis – sollte sich mein Gesundheitszustand wieder bessern, lasse ich natürlich etwas von mir hören!

Viele Grüße

Ina Herter

Textbausteine

Kündigen

Nach ... Jahren möchte ich die Mitgliedschaft/das Abonnement/den Vertrag kündigen, weil ...

Fristgerecht zum ... kündige ich mein Abonnement.

Zum Jahresende wünsche ich keine Verlängerung meiner Mitgliedschaft.

Um eine Bestätigung bitten

Bitte bestätigen Sie meine Kündigung.

Bitte senden Sie mir eine kurze Bestätigung, dass Sie meine Kündigung erhalten haben.

fff

_Du_ und _euch_ groß oder klein?

Sie haben bei der persönlichen Anrede die Auswahl, ob Sie *du, dir, dein, euch, eure, euer* etc. groß- oder kleinschreiben möchten (→ siehe Kapitel ‚Rechtschreibung' S. 397).

!

Unbekannter Kündigungstermin

Wenn Sie nicht genau wissen, wann der Vertrag endet oder wie lang die Kündigungsfrist ist, reicht es, wenn Sie in Ihrem Brief schreiben:

Ich kündige zum nächstmöglichen Termin.

!

Kündigung überprüfen

Vergewissern Sie sich außerdem, dass kein Geld mehr von Ihrem Konto abgebucht wird und keine Leistungen vom Lieferanten erbracht werden, damit nicht eine **stillschweigende Verlängerung** des Vertrages eintritt.

Schreiben an Versicherungen

Als Privatperson schließen Sie in der Regel verschiedene Versicherungen ab und wenden sich in bestimmten Fällen schriftlich an ein Versicherungsunternehmen.

Bevor man eine Versicherung abschließt, lohnt es sich, **mehrere Angebote einzuholen**. Oftmals bieten Gesellschaften maßgeschneiderte Konditionen an, die Ihnen hohe Kosten ersparen können.

→ siehe Musterbrief ‚Ein Versicherungsangebot einholen' S. 167

Bei **Schadensfällen** oder bei **Kündigung einer Versicherung** sollten Sie zunächst mit Ihrem Versicherungsvertreter telefonieren. Meist existiert bereits ein Formular, das Ihnen die Versicherung zur Verfügung stellt, um alle notwendigen Punkte zu erfassen. Wenn Sie ein solches Formular ausgefüllt haben, kopieren Sie es für Ihre Unterlagen; in Zweifelsfällen oder bei Fragen können Sie dann nachsehen!

→ siehe Musterbrief ‚Einen Schaden melden' S. 168

Meist unterliegen Versicherungsverträge bestimmten **Kündigungsfristen** (→ S. 158). Sie sollten sich aber dadurch nicht abhalten lassen, Ihre Kündigung zu schreiben, wann immer Sie es für sinnvoll erachten. Wenn Sie durch eine Jahresrechnung daran erinnert werden, dass Sie immer noch eine Vollversicherung für Ihr Auto bezahlen, obwohl es bereits 14 Jahre alt ist, schreiben Sie die Kündigung sofort. Sie bezahlen dann zwar noch für das aktuelle Jahr, aber danach ist die Sache erledigt.

→ siehe Musterbrief , Einen Versicherungsvertrag kündigen' S. 169

Bei einem Schadensfall muss man manchmal nachhaken und **gegen die erste Entscheidung widersprechen**, um an sein Geld zu kommen. Dabei ist man gut beraten, vorab mit einem Versicherungsvertreter zu sprechen, weshalb der erste Antrag abgelehnt wurde. Eventuell hat ein wichtiger Punkt in der Begründung gefehlt oder es wurde etwas missverständlich ausgedrückt.

→ siehe Musterbrief , Einen Widerspruch bei einer Versicherung einlegen ' S. 170

Ein Versicherungsangebot einholen

Lothar Krämer **23.05.2010**
Sinderweg 7
87398 Altbaden

Allesversicherungs AG
Am Torf 2 - 4
29685 Mappen

Anfrage KFZ-Versicherung

Sehr geehrte Damen und Herren,

gestern schloss ich bei meinem KFZ-Händler den Kaufvertrag für ein neues Auto ab, das Ende April geliefert werden soll.

Können Sie mir folgende Versicherung anbieten:

Fahrzeugtyp „Lio" des Herstellers Dalia, 46 KW
Vollkasko, eventuell mit Selbstbeteiligung
Der Pkw wird in einer Einzelgarage geparkt; meine Frau und ich werden beide damit fahren,
jedoch kein Fahrer unter 23 Jahre.

Wenn ich bei einem Schaden eine bestimmte Werkstatt aufsuche, bekomme ich Sonderkonditionen?

Gerne würde ich einen Service-Vertrag bei Ihnen abschließen, falls ich unterwegs einmal einen Schaden haben sollte.

Derzeit bin ich mit einem Schadensfreiheitsrabatt von 45 % bei einer anderen Gesellschaft versichert.

Bitte machen Sie mir ein detailliertes Angebot!

Mit freundlichen Grüßen

Lothar Krämer

Einen Schaden melden

Inge Krämer
Sinderweg 7
87398 Altbaden

23.05.2010

Allesversicherungs AG
Am Torf 2 - 4
29685 Mappen

Schadensmeldung Haftpflicht
Versicherungsnummer 253 486/5

Sehr geehrte Damen und Herren,

mein Sohn Alexander verursachte am 21.05.2010 unabsichtlich einen Glasschaden am Haus eines Nachbarn.

Alexander und zwei andere Jungen spielten am Nachmittag auf der Wiese vor unserem Haus. Er hatte einen Ball in den Händen, als er über eine Baumwurzel stolperte und den Ball im Fallen losließ.

Unglücklicherweise entwickelte der Ball durch den Sturz eine hohe Geschwindigkeit und Kraft und durchschlug ein Erdgeschossfenster des Hauses von Familie Eder, Vogelstraße 3.

Bitte teilen Sie mir mit, wie ich weiter verfahren soll:

Soll ich die Reparatur von Familie Eders Fenster einstweilen bezahlen?
Benötigen Sie weitere Angaben?

Mit freundlichen Grüßen

Inge Krämer

Einen Versicherungsvertrag kündigen

Peter Sontheimer **24.05.2010**
Stanstraße 7
87398 Berchtesgaden

Allesversicherungs AG
Am Torf 2 - 4
29685 Mappen

Kündigung meiner KFZ-Versicherung Nr. 56 389 90

Sehr geehrte Damen und Herren,

nachdem ich mein Auto mit dem Kennzeichen BGL-E-1324 verschrottet habe und nicht plane, mir wieder ein Fahrzeug zu kaufen, kündige ich meine Versicherung zum heutigen Datum, 24.05.2010.

Bitte bestätigen Sie mir diese Kündigung und senden Sie mir einen Auszug meines Kundenkontos, das ein Guthaben aufweisen müsste.

Vielen Dank für die Jahre Ihrer guten Betreuung!

Mit freundlichen Grüßen aus Berchtesgaden

Peter Sontheimer

Einen Widerspruch bei einer Versicherung einlegen

Lothar Krämer **23.05.2010**
Sinderweg 7
87398 Altbaden

Allesversicherungs AG
Am Torf 2 - 4
29685 Mappen

Widerspruch gegen Bescheid Nr. 234 352 vom 24.06.2010
Versicherungsnummer 253 486/5

Sehr geehrte Damen und Herren,

heute erhielt ich leider Ihre Absage, für den Glasschaden, den mein Sohn Alexander unabsichtlich verursachte, Schadensersatz zu leisten.

Ihre Begründung, die Kinder seien bei ihrem Spiel unbeaufsichtigt gewesen, kann ich nicht akzeptieren. Meine Frau saß während der ganzen Zeit im Vorgarten, der an diese Spielwiese angrenzt, und hatte die Jungen im Auge. Aus diesem Grund kann ich auch mit Sicherheit sagen, dass dieser Schaden nicht wegen eines aggressiven Fußballspiels, sondern wegen eines Sturzes entstand.

So bitte ich Sie, den Fall noch einmal zu prüfen - gerne können Sie sich auch vor Ort von den Gegebenheiten überzeugen.
Für Fragen stehen wir Ihnen unter der Nummer 0727 94657 zur Verfügung.

Mit freundlichen Grüßen

Lothar Krämer

Textbausteine

Einen Schaden melden

Am ... ereignete sich folgender Schadensfall:

Den geschilderten Vorfall möchte ich als Schadensfall bei Ihnen melden und bitte um Prüfung und Ersatz der entstandenen Kosten.

Bitte senden Sie mir ein Formular zur Anzeige des Schadensfalles.

Prüfen Sie bitte das beiliegende Schadensformular und teilen Sie mir mit, was Ihr Unternehmen ersetzen kann.

Eine Versicherung kündigen

Zum ... möchte ich meine Versicherung kündigen.

Fristgerecht kündige ich meinen Vertrag zum ...

Den Schaden genau beschreiben

Falls Sie kein Formular zur Hand haben, beschreiben Sie den Schaden so exakt wie möglich.

Fristlose Kündigung

Nach einem Schadensfall oder bei Erhöhung der Versicherungsprämien können Sie eine Versicherung **mit sofortiger Wirkung kündigen** (→ siehe Kapitel ‚Versicherungen' S. 158).

Banken und Sparkassen

Es geht um Ihr Geld!
Egal, ob Sie Ihr Konto oder zugehörige Karten sperren lassen möchten oder ob Sie bestimmte Transaktionen stoppen oder beauftragen, Sie werden von Ihrer Bank gebeten, dies **schriftlich** zu tun oder eine **Bestätigung** nachzureichen.

Wenn Sie eine neue Karte von Ihrer Bank erhalten, ist im Begleitschreiben fast immer eine Telefonnummer oder eine E-Mail-Adresse angegeben, mit der Sie die **Karte bei Verlust sperren lassen** können. Danach sind Sie nicht mehr für die eventuell missbräuchlichen Einsätze haftbar; Ihr Konto ist geschützt. Nutzen Sie die Möglichkeit, die Karte sperren zu lassen, sobald Sie den Verlust bemerken – Sie können die Sperrung jederzeit widerrufen, wenn Sie die Karte wiederfinden. Bitte bedenken Sie, wenn Sie eine EC-Karte sperren lassen, wird damit automatisch Ihr Girokonto gesperrt.
→ siehe Musterbrief ‚Eine Kreditkarte oder EC-Karte sperren lassen' S. 173

Gerade wenn man größere Beträge transferiert, bemerkt man, dass z. B. die Wertstellung der Summe erst Tage später erfolgt. Oder Sie fühlen sich bei einer Anlage schlecht beraten, haben zu viele Depotgebühren zu zahlen. Hier lohnt sich zu **reklamieren**; meist erstattet man Ihnen ohne große Umstände Teile oder die gesamte Summe Ihrer Kosten zurück.
→ siehe Musterbrief ‚Bei einer Bank reklamieren' S. 174

Nachdem man meist persönlich mit seinem Bankberater die **Kreditmöglichkeiten** erläutert hat, möchte das Kreditinstitut manchmal eine **schriftliche Anfrage**. Dabei gilt es, sich den Geschäftscharakter klarzumachen. Man möchte etwas, aber ist auch bereit, dafür Zinsen zu bezahlen.
→ siehe Musterbrief ‚Nach einem Kredit fragen' S. 175

Eine Kreditkarte oder EC-Karte sperren lassen

Lothar Krämer **15.06.2010**
Sinderweg 7
87398 Altbaden

Treuhandbank AG
Stadtplatz 2
88576 Badersheim

Sperrung meiner EC-Karte Nr. 01828-36573 und meiner Visa-Karte Nr. 2345 2324 5674 5869
Bezugskonto Nr. 3757-8079-57

Sehr geehrte Damen und Herren,

leider hat man mir am 14.06.2010 hier in Großfirnheim meine Geldbörse gestohlen.

Ich habe sofort, nachdem ich das bemerkt hatte, meine EC-Karte und die Visa-Karte telefonisch sperren lassen.

Nun möchte ich dies schriftlich bestätigen, zumal man mir auf dem Polizeirevier sagte, dass auf dem Jahrmarkt im Moment eine Bande auf derlei Diebstähle spezialisiert sei.

Bitte halten Sie die Sperre für beide Karten aufrecht und erstellen Sie mir so schnell wie möglich eine neue EC-Karte und eine neue Visa-Karte.

Herzlichen Dank für Ihre Hilfe!

Viele Grüße

Lothar Krämer

Bei einer Bank reklamieren

Lothar Krämer
Sinderweg 7
87398 Altbaden

20.05.2010

Treuhandbank AG
Stadtplatz 2
88576 Badersheim

Überweisung vom Konto Nr. 243-235779

Sehr geehrter Herr Müller,

seit vielen Jahren bin ich zufriedene Kundin Ihrer Bank.

Leider musste ich gestern feststellen, dass meine Überweisung

an Firma Immobau KG
Konto Nr. 230897
BLZ 567 345 00
Handelsbank Hinterfringen

über 125.000 €

am 12.05.2010 immer noch nicht beim Empfänger eingegangen war.

Obwohl ich die Überweisung am 02.05.2010 bei Ihrer Bank persönlich abgab und man mir versicherte, dass der Betrag spätestens am nächsten Tag transferiert würde, erhielt ich nun eine „Erinnerung" mit einer Mahngebühr über 12 € von Firma Immobau.

Ich ersuche Sie dringend, diesen Betrag zu überweisen und mir die Mahngebühren auf mein Konto gutzuschreiben. Desweiteren erwarte ich eine schriftliche Erklärung dieses Fehlers, den ich meinem Bauträger vorlegen kann.

Mit freundlichen Grüßen

Lothar Krämer

Nach einem Kredit fragen

Lothar Krämer
Sinderweg 7
87398 Altbaden

14.07.2010

Treuhandbank AG
Stadtplatz 2
88576 Badersheim

Konsumentenkredit - Anfrage
Unser Telefonat am 13.07.2010

Sehr geehrter Herr Bauer,

vielen Dank für unser nettes Gespräch gestern!

Hier erhalten Sie die konkreten Daten:

Ich plane den Kauf eines Klaviers. Die Kosten inklusive Lieferung betragen ca. 13.000 Euro, die ich gerne über Ihre Bank finanzieren möchte.

Für die Abzahlung könnte ich pro Monat 400 Euro erbringen.

Zur Sicherheit habe ich meine letzten drei Gehaltsabrechnungen beigefügt.

Bitte erstellen Sie mir ein Angebot, aus dem die Laufzeit und die Gesamtsumme (inklusive eventueller Gebühren) des Kredits hervorgehen, darüber hinaus sollten die Nominal- und die Effektivzinsen ersichtlich sein.

Für Fragen stehe ich Ihnen unter der Telefonnummer 0372 4638 zur Verfügung. Ich freue mich auf Ihre Antwort!

Mit freundlichen Grüßen

Lothar Krämer

Textbausteine

Eine Karte sperren lassen

Nachdem ich soeben den Verlust meiner Brieftasche bemerkt habe, möchte ich Sie um die Sperrung meiner Kreditkarte ... und EC-Karte ... bitten.

Wie vorhin telefonisch vereinbart, bestätige ich den Verlust meiner Kreditkarte Nr. ... und bitte Sie um die Sperrung.

Einen Betrag zurückfordern

Die Gebühr von ... € ist laut Vertrag nicht gerechtfertigt; ich bitte Sie um Rücküberweisung des Betrages bis zum ...

Bitte holen Sie den Betrag von ... € der Lastschrift Nr. ... vom ... wieder von Firma ... auf mein Konto zurück.

Nach einem Kredit fragen

Wir interessieren uns für einen Kredit, wie er in Ihrem Prospekt „Überbrücken von Engpässen" angeboten wird.

Ich freue mich auf einen Termin, um persönlich mit Ihnen über den möglichen Kreditrahmen zu sprechen!

i **Rückholen von Lastschriften**

Sie können eine Lastschrift, die per Einzugsverfahren von Ihrem Konto abgebucht wurde, innerhalb von **6 Wochen nach dem Buchungsdatum** von Ihrer Bank zurückholen lassen. Im Allgemeinen genügt dafür ein Anruf.

Briefe an Krankenkassen

Da die Krankenkassen zunehmend sparsamer bei ihren Leistungen werden, ist es wichtig, dass Sie Ihre Anliegen **effizient und detailliert schildern**, um eine gewünschte Reaktion hervorzurufen.

Versuchen Sie, die vollmundigen **Versprechen der Kasse aufzugreifen**; bewahren Sie die Infohefte auf, in denen meist die „Familienfreundlichkeit" oder die „außergewöhnlichen Serviceleistungen" betont werden. Berufen Sie sich darauf, zeigen Sie, dass Sie sich gut informiert haben; holen Sie sich vielleicht auch per Internet die entsprechenden Erstattungssummen der Konkurrenzunternehmen.

Wenn Sie **Kosten erstattet** haben möchten, versetzen Sie sich an die Stelle des Sachbearbeiters in der Krankenkasse. Weshalb sollte er/sie zustimmen? Welchen Vorteil bringt das der Kasse? Hier ist das **Prinzip der Vorbeugung** ein wichtiger Punkt – wenn Ihre Maßnahme größeren Problemen vorbeugt, kann die Krankenkasse für die Zukunft Geld sparen und wird Ihrem Gesuch zustimmen.
→ siehe Musterbrief ‚Erstattungsgesuch' S. 178

Krankenbehandlungen und Krankenhausaufenthalte kosten einiges, das in der Regel die Kasse übernimmt. Lassen Sie den Mitarbeitern **Informationen über Veränderungen Ihrer Situation**, Ihrer Kontaktdaten oder Ähnlichem zukommen. Ein guter Informationsfluss zum „Mitarbeiter Ihres Vertrauens" kann Ihnen viel Geld sparen!
→ siehe Musterbrief ‚Information an eine Krankenkasse weitergeben' S. 179

Wenn Sie zu bestimmten Dingen **mehr** von Ihrer Krankenkasse **wissen** möchten, formulieren Sie Ihr Anliegen so präzise wie möglich, um die passenden Unterlagen zu erhalten.
→ siehe Musterbrief ‚Informationen von einer Krankenkasse einholen' S. 180

Erstattungsgesuch

Lothar Krämer
Sinderweg 7
87398 Altbaden

01.03.2010

Allersatzkasse
Schmidweg 45
82919 München

Antrag auf Kostenübernahme, Versicherungsnummer 0203675986
Einsatz einer Keramikkrone

Sehr geehrter Damen und Herren,

meine Zahnärztin Frau Dr. Meitner empfahl mir heute, einen Zahn zu überkronen.

Ich füge ihren Heil- und Kostenplan bei, ebenso wie mein Bonusheft als Kopie.

Wie viel können Sie mir erstatten?

Bei Fragen stehe ich Ihnen gern unter der Nummer 0375 4967 zur Verfügung.

Mit freundlichen Grüßen

Lothar Krämer

Information an eine Krankenkasse weitergeben

Ellie Stabmann
Bernsteinstraße 65
56949 Timmingen

25.05.2010

Allersatzkasse
Schmidweg 45
82919 München

Studienwechsel meines Sohnes
Versicherungsnummer 231088503957

Sehr geehrte Damen und Herren,

nach einem Semester in der Fachrichtung Maschinenbau wechselt mein Sohn Oliver nun auf das Studienfach Physik.

Er ist nach wie vor an der Technischen Universität Paderborn immatrikuliert und hat außer seinem monatlichen Geld, das er von mir erhält, kein eigenes Einkommen.

Benötigen Sie noch weitere Einzelheiten? Bitte lassen Sie es mich wissen!

Mit freundlichen Grüßen

Ellie Stabmann

Informationen von einer Krankenkasse einholen

Sabine Sommer 14 .06.2010
Bernsteinstraße 23
56949 Timmingen

Allersatzkasse
Schmidweg 45
82919 München

Versicherungsmöglichkeit für Selbstständige

Sehr geehrte Damen und Herren,

am 07.06.2010 habe ich mein Gewerbe angemeldet und mich mit einem kleinen Büroservice auf eigene Beine gestellt.

Bis zu diesem Zeitpunkt war ich bei meinem Mann Georg Sommer mitversichert unter der Versicherungsnummer 080862458687.

Gibt es eine Möglichkeit, dass ich mich bei Ihrem Unternehmen zu günstigen Konditionen weiterversichere?

Bitte senden Sie mir Informationsmaterial und teilen Sie mir mit, welche Angaben Sie von mir benötigen, um mir den monatlichen Beitrag nennen zu können.

Vielen Dank im Voraus!

Mit freundlichen Grüßen

Sabine Sommer

Textbausteine

Mein Arzt/mein Zahnarzt empfahl mir ... (Behandlung/Medikament)

Würde die ... (Krankenkasse) diese Kosten übernehmen?

Besteht die Möglichkeit, dass Sie diese Kosten teilweise erstatten?

Welche Unterlagen benötigen Sie, um mir die Kosten zu erstatten?

Bitte teilen Sie mir mit, wie der Verlauf der Prüfung und Erstattung des Heil- und Kostenplanes vor sich geht.

Da durch die Teilnahme an dem Ayurveda-Kochkurs die Gesundheit meiner ganzen Familie gefördert wird, würde ich mich über eine Zuzahlung sehr freuen.

Fragen sind immer erlaubt!

Gerade wenn Kürzungen im Gesundheitsbereich an der Tagesordnung sind, sollten Sie ruhig ganz **individuell** bei Ihrer Krankenkasse **anfragen**, ob man Ihnen die eine oder andere Leistung ersetzen kann. Oft benötigen Sie hierfür nur eine bestimmte Bescheinigung, und z. B. die Kosten für Ihren Fitnesskurs oder für ein bestimmtes Medikament werden übernommen.

Eine Frage des Blickwinkels

Wenn Sie Ihren Krankenkassen-Mitarbeiter überzeugen möchten, versetzen Sie sich in seine Lage. Sie/er ist angewiesen zu sparen. Was kann ihn nun dazu bewegen, ausgerechnet Ihren Antrag zu bewilligen? Machen Sie die Vorteile deutlich, wenn sie/er Ihren Antrag genehmigt, und erklären Sie, wenn durch diese Zuschüsse spätere Kosten hinfällig werden, z. B. weil Sie dadurch geheilt werden können.

Rund um Reise und Hotel

Für die schönsten Wochen im Jahr möchte man natürlich ein Optimum an Komfort, und die Ferienwochen sollten genau den Vorstellungen und Wünschen entsprechen. Eine **gute Planung** und die **detaillierte** Korrespondenz bewahrt oft vor unwillkommenen Überraschungen.

Meist hat man **genaue Vorstellungen**, wie das Zimmer aussehen sollte, in dem man seinen Urlaub verbringt, ob mit Seeblick oder mit einer Badewanne statt einer Dusche. Je genauer Sie **nachfragen**, desto eher bekommen Sie Ihre Wunschunterkunft reserviert.
→ siehe Musterbrief ‚Nach einem Zimmer fragen' S. 183

Wenn Sie sich sicher sind, dass das angebotene Zimmer Ihren Vorstellungen entspricht, sollten Sie **nicht mehr zu lange überlegen**. Gerade in Ferienzeiten kann eine schöne Unterkunft sehr schnell ausgebucht sein.
→ siehe Musterbrief ‚Ein Zimmer reservieren' S. 184

Ab und an möchte man **etwas Zusätzliches** auf seinem Zimmer oder benötigt aus Gesundheitsgründen etwas, das nicht im Angebot enthalten ist. Telefonieren Sie mit dem Hotel, mit der Pension Ihrer Wahl; selten wird man Ihnen einen **Extrawunsch** abschlagen. Natürlich kann es sein, dass Sie einen Aufpreis bezahlen müssen. In diesem Fall ist es gut, alles schriftlich festzuhalten.
→ siehe Musterbrief ‚Besondere Wünsche und Bedürfnisse' S. 185

Trotz guter Vorbereitung gibt es manchmal Anlass zu einer **Beanstandung**. In einem solchen Fall können Sie schriftlich reklamieren. → siehe Kapitel ‚Reklamationen' S. 187

→ für Musterbriefe und Tipps für geschäftliche Reisen siehe Kapitel ‚Reservieren' S. 80

Nach einem Zimmer fragen

Martha und Joschi Kramer 14.04.2010
Frühlingsstraße 12
46578 Dortmund

Pension Schäfer
Im Himmelreich 5
47689 Glatt

Anfrage Reservierung

Sehr geehrte Familie Schäfer,

wie jedes Jahr möchten wir unseren Urlaub von 24.05. bis 14.06.2010 wieder bei Ihnen am Neckar verbringen.

Haben Sie zu dieser Zeit noch ein Doppelzimmer mit Waldblick frei?
Wie viel kostet es mit Halbpension?

Gerne würden wir auch wieder die Fahrräder bei Ihnen ausleihen. Ist das möglich, und zu welchem Preis?

Wir freuen uns auf Ihre Antwort und senden Ihnen viele Grüße aus Dortmund

Martha Kramer

Ein Zimmer reservieren

Martha und Joschi Kramer 18.04.2010
Frühlingsstraße 12
46578 Dortmund

Pension Schäfer
Im Himmelreich 5
47689 Glatt

Bestätigung Ihres Angebotes

Sehr geehrte Frau Schäfer,

vielen Dank für die schnelle Antwort auf meine Anfrage!

Gerne bestätige ich Ihnen unsere Reservierung.

1 Doppelzimmer mit Waldblick
inklusive Halbpension und Nachmittagskaffee mit Kuchen
pro Nacht zu 84,- Euro

2 Fahrräder für den gesamten Zeitraum zu 65,- Euro

Wir reisen am 24.05.2010 am späten Nachmittag an.

Sollten Sie noch Fragen haben, erreichen Sie mich unter 0356 5763.

Wir freuen uns auf ein Wiedersehen im Mai!

Herzliche Grüße

Martha Kramer

Besondere Wünsche und Bedürfnisse

Martha und Joschi Kramer
Frühlingsstraße 12
46578 Dortmund

25.04.2010

Pension Schäfer
Im Himmelreich 5
47689 Glatt

Unsere Reservierung zum 24.05.2010

Liebe Frau Schäfer,

wir können unseren Urlaub bei Ihnen kaum mehr erwarten!

Leider wurde bei meinem Mann jetzt eine Hausstauballergie festgestellt. Nun möchte ich Sie fragen, ob Sie uns mit einem Zimmer ohne Teppich (Parkett oder Laminat) weiterhelfen können. Auch entsprechendes Bettzeug wäre eine große Hilfe für meinen Mann.

Ich freue mich auf Ihre Antwort! Vielen Dank im Voraus.

Mit Frühlingsgrüßen aus Dortmund

Martha Kramer

Textbausteine

Nach einem Zimmer oder Angebot fragen

Wir würden unseren Urlaub von ... bis ... gerne bei Ihnen verbringen.

Haben Sie von ... bis ... noch ein Doppelzimmer mit Meerblick/Waldblick frei?

Gilt dieses Angebot für die Sportwoche mit Gratis-Leihrädern noch, das Sie mir per Post am 12. Mai zusandten?

Besondere Wünsche

Ich benötige für das gebuchte Zimmer allergiefreie Bettwäsche/einen rollstuhlgeeigneten Zugang/einen Internetzugang.

Könnten Sie uns am ... einen Ihrer Tische mit Blick auf den Rhein romantisch eindecken; wir feiern unseren Hochzeitstag.

Das Kleingedruckte

Bei Reiseveranstaltungen oder Hotelbuchungen sollten Sie sich stets die Mühe machen und vor Ihrer Unterschrift **das Kleingedruckte** im Katalog oder im Vertrag **genau durchlesen**. So wird Ihre Reise zum gewünschten Erholungsurlaub - und wenn nicht, haben Sie eine Chance, konkret die Mängel anzuprangern, so dass Ihre Reklamation (→ siehe S. 187) auch die gewünschten Konsequenzen hat.

Bei Extras sind die Kleinen oft ganz groß

Gerade kleine Hotels und Pensionen haben ihren „großen" Konkurrenten oftmals voraus, dass sie viel flexibler auf Sonderwünsche der Gäste eingehen können. So machen sie zum Teil die Vorsprünge der Hotelketten wett, und der Kunde kann trotz umfassendem Service Geld sparen.

Reklamationen

Als Privatperson haben Sie ein umfangreiches Recht, einen **Schaden** an einer Lieferung oder einer Dienstleistung zu **reklamieren**. Für offenen oder versteckten Mangel bietet Ihnen das Gesetz Verbraucherschutz. Da Privatpersonen den Verbraucherschutz für Mängel an Waren bis zu 2 Jahren in Anspruch nehmen können, sollten Sie Kaufbelege und Rechnungen jeder Art auf jeden Fall über diesen Zeitraum aufbewahren (→ siehe Tipp ‚Wie lange müssen Sie schriftliche Dokumente aufbewahren?' S. 157). Wenn ein Geschäft oder ein Unternehmen seinen Pflichten nicht nachkommt, können Sie dies einklagen.

Ihr Brief ist für das Unternehmen, das Sie anschreiben, ein Geschäftsbrief; bleiben Sie **sachlich und höflich**, auch wenn Sie sich vielleicht ärgern.

Das Verkaufspersonal hat meist nicht die Befugnis, eine Reklamation direkt abzuwickeln. Wenn Sie vor Ort nicht an eine kompetente und entsprechend bevollmächtigte Person kommen, richten Sie Ihre **Beschwerde schriftlich** an die Unternehmensleitung.
→ siehe Musterbrief , Bei einem Kaufhaus reklamieren' S. 188
→ siehe Musterbrief ‚An eine Autowerkstatt' S. 189
→ siehe Musterbrief ‚An einen Handwerksbetrieb' S. 190

Nach **Reisen** (→ siehe Kapitel ‚Rund um Reise und Hotel' S. 182) gibt es leider ebenfalls oft Anlass zu Reklamationen.
→ siehe Musterbrief , Reklamation an ein Hotel' S. 191
→ siehe Musterbrief , Reklamation an einen Reiseveranstalter S. 192

Bei einem Kaufhaus reklamieren

Lothar Krämer **14.07.2010**
Sinderweg 7
87398 Altbaden

Markt & Kauf GmbH
Geschäftsleitung
Industriestraße 12
87398 Altbaden

Reklamation

Sehr geehrte Damen und Herren,

seit über 15 Jahren bin ich zufriedener Kunde Ihres Kaufhauses.

Leider nimmt dies seit der Renovierung Ihres Hauses kontinuierlich ab.
Das Warensortiment ist sehr unübersichtlich gegliedert (weshalb befindet sich das Regal mit dem Tierbedarf direkt neben der Kühltheke für das Frischfleisch; der Käse ist jedoch in einer ganz anderen Abteilung?)

Am meisten enttäuscht mich jedoch die Verfügbarkeit der Waren.
Wenn ich montags zu ihnen fahre, kann ich mittlerweile davon ausgehen, die Hälfte meines Einkaufszettels nicht zu bekommen und vor leeren Fächern zu stehen.

Die letzten beiden Wochen habe ich mich nun gefragt, weshalb ich nicht gleich alles zusammen bei einem anderen Einkaufscenter kaufe.

Warum läuft die Logistik in Ihrem Hause nicht mehr so reibungslos wie früher?

Ich würde mich freuen, wenn ich bald – wie vor Ihrer Renovierung – wieder meinen gesamten Einkauf bei Ihnen machen könnte!

Mit freundlichen Grüßen

Lothar Krämer

An eine Autowerkstatt

Mary Scott-Rischner
Waldplatz 5
26476 Dost

27.06.2010

Autohaus Feininger
Industriestraße 34
26476 Dost

Überhöhte Reparaturkosten
Ihr Kostenvoranschlag vom 12.05.2010

Sehr geehrter Herr Feininger,

gestern erhielt ich Ihre Rechnung für den Austausch der Stoßdämpfer meines Wagens.

Sie machten mir am 12.05.2010 mündlich im Beisein meines Mannes einen Kostenvoranschlag von 650 Euro, sämtliche Teile und Mehrwertsteuer inklusive.

Nun erhalte ich eine Rechnung von 1068 Euro von Ihnen, was die von Ihnen geschätzten Kosten um ein Vielfaches übersteigt! Gesetzlich festgelegt ist eine Abweichung von 10 %.

Bitte korrigieren Sie Ihr Schreiben entsprechend, zumal aus der Rechnung keinerlei Mehraufwand oder Extra-Reparaturen hervorgehen.

Ich erwarte Ihre Antwort bis zum 04.06.2010.

Mit freundlichen Grüßen

Mary Scott-Rischner

An einen Handwerksbetrieb

Lothar Krämer
Sinderweg 7
87398 Altbaden

14.07.2010

Malereibetrieb Schneider
Ostanstieg 2
87398 Altbaden

Reklamation - Ihr Anstrich

Sehr geehrter Herr Schneider,

vielen Dank für Ihre termingerechte Beendigung der Arbeiten in unserem Haus.

Leider ist der Anstrich der Wände in unserem Schlafzimmer nicht fehlerfrei. Die Basis ist genau, wie wir es bei ihnen in Auftrag gegeben hatten, nur wurden die Korrekturarbeiten nicht mit derselben Farbe ausgeführt. Jetzt sieht man (vor allem bei Sonnenschein) grellweiße Flecken auf der sonst pastellweißen Wand.

Bitte lassen Sie mich bis zum 24.07.2010 wissen, wann Sie diese Fehler ausbessern können.

Mit freundlichen Grüßen

Lothar Krämer

Reklamation an ein Hotel

Lothar Krämer **02.06.2010**
Sinderweg 7
87398 Altbaden

Hotel Sonnenschein
Geschäftsführung
Waldgasse 13
48679 Bad Hornach

Beschwerde wegen Baulärm
Unser Aufenthalt vom 14. bis 18.05.2010

Sehr geehrte Damen und Herren,

im Mai waren wir in Ihrem Hause, um ein paar Tage auszuspannen und die ländliche Ruhe zu genießen, die Sie in Ihrem Prospekt auf Seite 3 über drei Sätze lang beschreiben.

Als wir im April telefonierten, versicherten Sie mir nochmals, dass das Zimmer absolut ruhig gelegen sei und in Ihrem Hause größter Wert auf Entspannung gelegt werde.

Während unserer Ferientage jedoch war davon wenig zu merken – ein Trupp Bauarbeiter mit schwerem Gerät fing bereits morgens um 8 Uhr an, die Wände mit Bohrhämmern zu bearbeiten. Man erzählte uns, dass dieser Auftrag bereits seit November 2009 unterzeichnet war, das heißt, Sie hatten davon gewusst und uns absichtlich nicht gewarnt.

Wir sind deshalb sehr enttäuscht. Die Empfehlung des Verbraucherschutzes für uns war, mindestens 25 % unserer Kosten (also 120 Euro) zurückzuerwarten; ein Gutschein kommt nicht in Frage.

Bitte nehmen Sie bis zum 25.05.2010 dazu Stellung.

Mit freundlichen Grüßen

Lothar Krämer

Reklamation an einen Reiseveranstalter

Lothar Krämer **01.03.2010**
Sinderweg 7
87398 Altbaden

Adventure Tours GmbH
Geschäftsführung
Am Steilsteig 2
78493 Zwengen

Veranstaltung „Schneeschuhwandern im Allgäu“ 23. - 27.02.2010

Sehr geehrte Damen und Herren,

als Anfänger beim Schneeschuhwandern buchte ich bewusst Ihren Kurs, da in der Beschreibung extra darauf hingewiesen wurde, er „sei besonders geeignet für Anfänger:“

Leider erwies sich dies nicht als richtig - die leitende Bergführerin Frau Petzold nahm kaum Rücksicht auf die Situation der Gruppe. Ihr war wichtig, pro Tag mindestens drei Gipfel zu erklimmen, und wer nicht mehr weiterkonnte, wurde einfach nach hinten eingereiht und hatte dort weiterzugehen.

Das war kein Sporturlaub, das war ein Drill-Camp! So war es ganz und gar nicht in Ihrem Katalog ersichtlich. Aus diesem Grund erwarte ich eine Entschädigung für den entgangenen Urlaubsgenuss, sei es finanzieller Art oder in Form eines Gutscheines.

Ich würde mich über eine schnelle Antwort freuen!
Mit freundlichen Grüßen

Lothar Krämer

Textbausteine

Fehlerhafte Lieferungen

Bisher war ich mit Ihrem Service/Ihrem Angebot/Ihren Leistungen stets zufrieden.

Bereits die letzten Jahre zeichneten sich öfter Fehler in Ihren Lieferungen/Leistungen ab.

Ihre Lieferung/Arbeiten weisen folgende Fehler/Mängel auf: ...

Leider ist die Lieferung nicht einwandfrei.

Zu meinem Bedauern stellte ich fest, dass ... fehlt/defekt ist/fehlerhaft ist.

Schade, dass sich (schon wieder) ein Fehler eingeschlichen hat!

Eine Frist setzen

Bitte teilen Sie mir bis zum ... mit, wie Sie diese Fehler beheben wollen.

Ich erwarte bis zum ... Ihr Angebot zur Behebung des Schadens.

Welchen Schadensersatz bieten Sie mir an? Ich erwarte Ihre Antwort bis zum 03.04.2010.

Ich füge Ihnen den Kaufbeleg als Kopie bei und erwarte bis zum 15.05.2010 die Überweisung der Summe auf das unten genannte Konto.

Am ... sandte ich Ihnen die Reklamation zu meiner Autoreparatur vom ... Leider habe ich bis heute nichts von Ihnen gehört. Bitte melden Sie sich bis zum ..., um weitere Komplikationen zu vermeiden.

An der gesprochenen Sprache orientieren

Stellen Sie sich beim Schreiben eines halbprivaten Briefs vor, Sie würden dem Empfänger den Sachverhalt am Telefon erklären. Das hilft Ihnen, schwer verständliche Formulierungen zu vermeiden.

Da der Handstaubsauger nicht meinen Vorstellungen entspricht, beziehungsweise die Qualität nicht gut ist, erwarte ich eine Gutschrift oder, falls das nicht möglich ist, auch ein besseres Modell zum gleichen Preis an meine oben angegebene Adresse.

Besser:
Leider entspricht die Qualität Ihres Handstaubsaugers nicht meinen Vorstellungen. Ich erwarte Ihr Angebot zur Regulierung meiner Reklamation bis zum 12.05.2010.

Bleiben Sie ruhig!

Auch wenn der Schaden für Sie sehr ärgerlich ist, versuchen Sie immer, ruhig und sachlich zu bleiben. Gehen Sie davon aus, dass man den Fehler nicht absichtlich gemacht hat, und geben Sie Ihrem Gegenüber eine faire Chance. Setzen Sie aber in jedem Fall ein Datum, bis wann Sie die Behebung des Schadens erwarten.

Mitarbeiterbriefe an den Arbeitgeber

Im Tagesgeschäft gibt es verschiedene Gründe, sich schriftlich an seinen Arbeitgeber zu wenden.

Damit Sie ernst genommen werden, empfiehlt sich **eine korrekte Briefform** und kurze, aber höfliche Formulierungen.

Im Tagesgeschäft wird oft klar, dass man mit einer kleinen Veränderung eine echte **Verbesserung** für das Personal oder für das gesamte Unternehmen erreichen könnte. Teilen Sie es der Geschäftsleitung mit; es wird auch Ihnen zu Gute kommen!

→ siehe Musterbrief ‚Eine Verbesserung vorschlagen' S. 197

Mitarbeiter, die sich **weiterbilden** möchten, sind im Unternehmen gefragt. Heutzutage, da überall das Prinzip „Lebenslanges Lernen" vorherrscht, ist es für Vorgesetzte und Bildungsbeauftragte gut, wenn sie das Personal nicht zu Kursen nötigen müssen, sondern das Bedürfnis bereits besteht und auch geäußert wird.

→ siehe Musterbrief ‚Weiterbildungsanfrage' S. 198

Glücklicherweise ist der Chef nicht mehr der Halbgott, wie es früher oft war, sondern im besten Fall ein Kollege mit Führungsaufgabe. Wenn es Probleme oder Fragen gibt, ist es gut, sie im **Vier-Augen-Gespräch** zu klären, bevor etwas eskaliert.

→ siehe Musterbrief ‚ Terminanfrage' S. 199

Oft wird an Vorgesetzten kritisiert, dass sie kein **Lob** für die Mitarbeiter kennen. Die Gegenseite wird praktisch nie beachtet – wer lobt oder dankt den Vorgesetzten, der Unternehmensleitung? Vieles wird als selbstverständlich betrachtet. Dabei kann ein „Danke" zur rechten Zeit vieles bewegen!

→ siehe Musterbrief ‚Der Geschäftsleitung danken' S. 200

Mobbing führt durch bestimmte wiederholte Verhaltensweisen gegenüber einem Mitarbeiter, wie etwa Vorenthalten von Informationen oder ungerechtfertigte Kritik, zu sozialer Isolation innerhalb des Unternehmens und möglicherweise zur Kündigung.
Eine **Anzeige von Mobbing** ist eine sensible Angelegenheit und eine Gratwanderung zwischen Hilfestellung und Denunziation. Versuchen Sie, mit den Beteiligten im Vieraugengespräch die Situation zu klären, bevor Sie sich an vorgesetzte Stellen wenden!
→ siehe Musterbrief ‚Mobbing von Kollegen anzeigen' S. 201

Erster Ansprechpartner - der Betriebsrat

Sowohl bei Verbesserungsvorschlägen als auch bei Problemen zwischen Kollegen ist ein intakter Betriebsrat ein guter Anlaufpunkt. Suchen Sie den Kontakt und bitten Sie um Unterstützung; eine kurze schriftliche Notiz, die Sie zum ersten Gespräch mitbringen, erleichtert den Betriebsratsmitgliedern ihre Arbeit.

Sie sind selbst Opfer?

Wenn Sie selbst gemobbt werden, warten Sie nicht lange ab. Beim ersten größeren Verdacht sollten Sie sich an ein Mitglied des Betriebsrates wenden. Machen Sie für sich Notizen, in denen Sie die Vorkommnisse mit Datum, Uhrzeit und Namen notieren, um das Mobbing genau verfolgen zu können.

Eine Verbesserung vorschlagen

Peter Stabmann
Bernsteinstraße 65
56949 Timmingen

14.02.2010

Herr Dr. H. Tonsik
Geschäftsleitung
Alz Motorenwerke AG

Verbesserungsvorschlag für Wintermonate

Sehr geehrter Herr Dr. Tonsik,

auf der letzten Betriebsversammlung sprachen Sie die hohen Kosten für die Reinigungsfirma an, die jedes Jahr in unserem Unternehmen anfallen.

Mir fiel auf, dass jetzt im Herbst und Winter jeder Mitarbeiter beim Eintritt in die Pforte und in Vorräume der Montagehallen nach einer Möglichkeit sucht, seine Schuhe zu säubern und dem Schmutz und die Nässe abzustreifen.

Leider gibt es weder Fußmatten noch Bürsten, und der Boden ist weit in die Hallen hinein feucht, rutschig und voll Rollsplitt.

Könnte man in die Eingangsbereiche Matten mit kleinen Borsten anbringen, die dies verhindern würden? Das wäre sowohl der Sauberkeit als auch der Sicherheit dienlich, und die Kosten dafür würden bestimmt bald wieder ausgeglichen, da der Reinigungsdienst entsprechend weniger Zeit benötigt.

Ich würde mich über eine Antwort freuen!

Mit freundlichen Grüßen

Peter Stabmann

Weiterbildungsanfrage

Peter Stabmann
Bernsteinstraße 65
56949 Timmingen

14.02.2010

Herr B. Bierke, Personalentwicklung
Alz Motorenwerke AG

Anfrage wegen Fortbildungsmaßnahme
Ihr Angebot auf der letzten Betriebsversammlung

Sehr geehrter Herr Bierke,

vor ein paar Wochen auf der Betriebsversammlung sprachen Sie die momentan mindere Auslastung unseres Unternehmens an, und dass die Belegschaft diese Flaute zur Fortbildung nützen sollte.

Diese Anregung ging mir nicht mehr aus dem Kopf, zumal ich immer schon meine Ausbildung durch ein Studium vervollständigen wollte.

Ich ließ mir von der Fernuniversität Mülborn die Informationsunterlagen zum Betriebswirtschaftsstudium senden und sah, dass dies für mich in 6 Semestern berufsbegleitend möglich wäre.

Nun meine Frage: Würde das Unternehmen mich bei den Kosten dieses Studiums unterstützen? Sie können die Höhe der Gebühren aus den beigefügten Kopien ersehen.

Selbstverständlich würde ich sowohl meine neuen Kenntnisse und Fähigkeiten als auch meine Unterlagen aus dem Studium Kollegen und Vorgesetzten gern zur Verfügung stellen!

Ich freue mich auf Ihre Antwort.

Mit freundlichen Grüßen

Peter Stabmann

Terminanfrage

Peter Stabmann
Bernsteinstraße 65
56949 Timmingen

12.05.2010

Herr H.König, Personalentwicklung
Alz Motorenwerke AG

Termin zum Gespräch
Planung des Betriebsausfluges

Sehr geehrter Herr König,

Sie übertrugen mir Anfang April die Planung unseres Betriebsausfluges. Die Zeit vergeht sehr schnell, und meine Vorbereitung hat Gestalt angenommen.

Ich würde gern mit ihnen die Informationsunterlagen, die Zeitpläne und die Kostenvoranschläge durchgehen, um rechtzeitig die Reservierungen vornehmen zu können.

Wäre für Sie Dienstag, 23.05.2010, 13 Uhr in Ordnung?

Ich freue mich auf Ihre Antwort!

Viele Grüße

Peter Stabmann

Der Geschäftsleitung danken

Ellie Stabmann
Bernsteinstraße 65
56949 Timmingen

21.08.2010

Herr R. Siebert, Geschäftsleitung
Alz Motorenwerke AG

Danke!
Ihre Teambuilding-Maßnahme

Sehr geehrter Herr Siebert,

ich – wir – möchten Ihnen herzlichst danken für unseren Kurs „Teambuilding", den wir letzte Woche besuchen konnten.

Während dieses Trainings kamen alle Unstimmigkeiten einschließlich des Mobbings gegen Frau Kuhn zur Sprache. Der Trainer Herr Dr. Prinz half uns mit ausgezeichneter psychologischer Unterstützung, mit vielen Übungen und Selbsterfahrungs-Rollenspielen, die Probleme in unserer Abteilung in den Griff zu bekommen.

Wir wissen jetzt, wie wir verfahren müssen, damit es nicht mehr zu einer so schlechten Atmosphäre im unternehmen kommen kann.

Allen macht die Arbeit wieder viel mehr Spaß, und wir haben gelernt: Zusammen sind wir unschlagbar!

Im Namen der ganzen Debitorenabteilung möchte ich Sie zu Kaffee und Kuchen am 02.09.2010 gegen 14 Uhr einladen, um Ihnen Genaueres vom Kurs zu erzählen. Können Sie kommen? Wir würden uns freuen!

Mit freundlichen Grüßen

Ellie Stabmann

Mobbing von Kollegen anzeigen

Ellie Stabmann
Bernsteinstraße 65
56949 Timmingen

13.06.2010

Herr R. Siebert, Geschäftsleitung
Alz Motorenwerke AG

Bitte um Unterstützung
Mobbingversuche bei Frau Kuhn

Sehr geehrter Herr Siebert,

nachdem ich in mehreren Gesprächen vergebens versucht habe, zwischen den Kollegen der Abteilung Debitoren und Frau Kuhn die unterschwelligen Zwistigkeiten zu schlichten, wende ich mich heute an Sie.

Frau Kuhn wird seit etwa 6 Monaten von den Kollegen Huber, Neuner und Zinner geschnitten. Man enthält ihr Informationen vor, die sie benötigt, um ihre Arbeit erledigen zu können; Anrufe werden nicht weitergeleitet, Post wird vernichtet.

In den Gesprächen stritten die Kollegen dies ab, man konnte mir keinen Grund nennen außer „die ist halt so komisch".

Frau Kuhn leidet sehr unter diesen Anfeindungen; ich sehe mich aber allein nicht in der Lage, ihr zu helfen.

Bitte greifen Sie als unser zuständiger Geschäftsleiter schlichtend ein! Gerne können Sie diesen Brief als Grundlage verwenden, um die Situation zu klären.

Vielen Dank für Ihre Bemühungen!

Mit freundlichen Grüßen

Ellie Stabmann

Textbausteine

Seit einiger Zeit fällt mir ... (Sachverhalt) auf.

Zu dem Problem, das Sie am ... ansprachen, habe ich folgende Verbesserungsmöglichkeit: ...

Mir fiel vor Kurzem auf, dass ...

Gerne würde ich mich mit Ihnen persönlich darüber unterhalten.

Ich freue mich auf Ihre Antwort.

Bitte behandeln Sie diesen Brief mit Rücksicht auf Frau/Herrn ... diskret.

Die Kommunikation nicht abreißen lassen

Versuchen Sie, an Ihrem Arbeitsplatz **so viel wie möglich betriebsbezogen** zu **kommunizieren**. Besser, jemand ist überinformiert und hat vielleicht etwas zum zweiten Mal gehört oder gelesen, als dass jemand eine wichtige Information nicht bekommt und dadurch Fehler oder der Eindruck von Mobbing entstehen.

Die Betroffenen befragen

Bevor Sie das Mobbing von Kollegen beim Betriebsrat oder bei der Geschäftsleitung anzeigen, sollten Sie zuerst mit dem/der Betroffenen sprechen. Manchmal herrscht in Teams ein rauer Ton oder bestimmte Umgangsformen, die für Neue oder Außenstehende wie Mobbing erscheinen, für die Betroffenen aber kein Problem darstellen. Suchen Sie das Vier-Augen-Gespräch!

Briefe an Schulen

Sie haben schulpflichtige Kinder oder sind selbst noch in einer Schule oder Universität? Im Laufe eines Schuljahres sind öfter Schriftstücke zu verfassen, um Informationen auszutauschen.

Wegen der allgemeinen Schulpflicht müssen Schüler eine **Entschuldigung** vorlegen, wenn sie dem Unterricht – oder Teilen davon – fernbleiben.
→ siehe Musterbrief ‚Entschuldigung' S. 204
→ siehe Musterbrief ‚Entschuldigung für den Sportunterricht' S. 205

Will man sein Kind z. B. auf eine Geschäftsreise unter der Woche mitnehmen, erfordert dies eine rechtzeitige Eingabe bei der Schulleitung, die dann (falls keine wichtigen Gründe wie Prüfungen dagegen sprechen) die **Befreiung** genehmigt. Bitte denken Sie bei Befreiungen daran, dass die Schulpflicht für Kinder gleichrangig mit anderen staatsbürgerlichen Pflichten wie z. B. der Steuerpflicht ist und Sie nicht leichtfertig darum bitten sollten.
→ siehe Musterbrief ‚Befreiung vom Unterricht' S. 206

Wie überall, wo viele Menschen zusammentreffen, bleiben **Konflikte** nicht aus. Versuchen Sie, bei Schreiben an die Schule souverän und höflich zu bleiben; eine Eskalation zahlt sich selten aus.
→ siehe Musterbrief ‚Unstimmigkeiten in der Schule' S. 207
→ siehe Musterbrief ‚Um einen Termin bitten' S. 208

In der Schule hat etwas wunderbar geklappt, man freut sich über das gemeinsame Tun, und eine Lehrkraft hat sich durch besonderes Engagement hervorgetan. Drücken Sie Ihren **Dank** aus, loben Sie und tun Sie das schriftlich. Ein Dankesbrief ist eine schöne Anerkennung, die den Empfänger stolz macht und zu neuen Aktionen motiviert.
→ siehe Musterbrief ‚Bedanken' S. 209

Entschuldigung

Fam. Tobler
Waldplatz 7
26476 Dost

30.03.2010

Frau S. Holmer
Scholl-Gymnasium
Klinkerstraße 3
26476 Dost

Entschuldigung für den 15.06.2010

Liebe Frau Holmer,

mein Sohn Tobias konnte am 15.06.2010 leider nicht zum Unterricht kommen, weil er starkes Fieber hatte.

Sein Freund Leon Kühn brachte ihm die Unterlagen und Kopien bereits am Nachmittag vorbei, und mein Sohn ist dabei, den Stoff nachzuholen.

Mit freundlichen Grüßen

Jürgen Tobler

Entschuldigung für den Sportunterricht

Fam. Tobler
Waldplatz 7
26476 Dost

30.03.2010

Frau S. Holmer
Scholl-Gymnasium
Klinkerstraße 3
26476 Dost

Entschuldigung und Befreiung vom Schwimmunterricht

Liebe Frau Holmer,

nachdem Tobias letzte Woche sehr stark erkältet war und er nach wie vor mit einer Ohrentzündung kämpft, möchte ich ihn heute vom Schwimmunterricht befreien lassen.

Unser Hausarzt riet uns stark ab, Tobias diese Woche ins Schwimmbad zu lassen; die Erkältung könnte neu aufflammen.

Vielen Dank für Ihr Verständnis!

Mit freundlichen Grüßen

Jürgen Tobler

Befreiung vom Unterricht

Fam. Scott-Rischner
Waldplatz 5
26476 Dost

30.03.2010

Herr Oberstudiendirektor
Dr. H. Klein
Scholl-Gymnasium
Klinkerstraße 3
26476 Dost

Antrag auf Befreiung vom Unterricht

Sehr geehrter Herr Dr. Klein,

unsere Familie möchte am Donnerstag, 23.04.2010, zu einem verlängerten Wochenende nach Edinburgh aufbrechen, um unsere dort ansässigen Eltern zu besuchen und am Abend den 85. Geburtstag meiner Mutter zu feiern.

Da die Eltern bereits (wie erwähnt) in hohem Alter sind, ist es uns sehr wichtig, dass auch unser Sohn Matthias mitkommen kann, um seine Großeltern zu sehen und an der Feier teilzunehmen.

Bitte stellen Sie Matthias, Klasse 6 d, am 23. und 24.04.2010 vom Unterricht frei; er hat zu dieser Zeit nach momentaner Kenntnis keine Schulaufgaben.

Vielen Dank für Ihr Verständnis!

Mit freundlichen Grüßen

Mary Scott-Rischner

Unstimmigkeiten in der Schule

Fam. Tobler
Waldplatz 7
26476 Dost

20.11.2010

Frau S. Holmer
Scholl-Gymnasium
Klinkerstraße 3
26476 Dost

Stellungnahme zum Streit am Schulhof am 17.11.2010
Ihr Verweis für meinen Sohn Tobias, Klasse 6 d

Liebe Frau Holmer,

mit Bedauern erhielt ich gestern den Verweis für meinen Sohn.

Nach einem langen Gespräch können wir dieses Schreiben so nicht akzeptieren. Nach Tobias' Schilderung war er wegen einer Eisplatte gestürzt und hatte Mattias dabei gestoßen. Dieser fasste den Stoß wohl als Angriff auf und begann, Tobias zu attackieren, der sich natürlich wehrte.

Tobias nun für seinen Sturz zu bestrafen und dafür, dass er sich gegen die Schläge von Matthias wehrte, ist ungerecht und dient nicht der Disziplinierung der Kinder.

Bitte ziehen Sie den Verweis zurück; ich lege ihn diesem Brief unsigniert bei.

Für Fragen stehe ich Ihnen telefonisch oder persönlich in Ihrer Sprechstunde gern zur Verfügung.

Mit freundlichen Grüßen

Kerstin Tobler

Um einen Termin bitten

Fam. Scott-Rischner
Waldplatz 5
26476 Dost

27.06.2010

Herr Oberstudiendirektor
Dr. H. Klein
Scholl-Gymnasium
Klinkerstraße 3
26476 Dost

Bitte um eine Sprechstunde
Schulaufgabenkorrektur

Sehr geehrter Herr Dr. Klein,

am 24.06.2010 erhielt mein Sohn Matthias die Deutschschulaufgabe von Frau Holmer zurück.

Auf Grund diverser Rechtschreibfehler bewertete sie laut der Abschlussbemerkungen die Arbeit eine Note schlechter, und mein Sohn erhielt Note 6, ungenügend.

Alles in Allem schrieb Frau Holmer von einer „Themaverfehlung", was bei dem Thema Phantasieerzählung schon eine schwierige Beurteilung ist. Ich versuchte, in einer Sprechstunde mit der Lehrerin darüber zu sprechen, doch sie weigerte sich mit der Begründung, ich müsse einfach den Text unter der Schulaufgabe lesen, dann würde ich es schon verstehen.

So gestaltet sich die Kommunikation mit der Klassenleitung meines Sohnes zunehmend Besorgnis erregend, und ich wäre sehr froh, wenn Sie sich als Schulleiter vermittelnd einschalten könnten.

Ich freue mich auf einen Termin!

Mit freundlichen Grüßen

Mary Scott-Rischner

Bedanken

Fam. Scott-Rischner 27.06.2010
Waldplatz 5
26476 Dost

Frau S. Holmer
Scholl-Gymnasium
Klinkerstraße 3
26476 Dost

DANKE!

Liebe Frau Holmer,

nach unseren Unstimmigkeiten während des ersten Halbjahres habe ich mich sehr gefreut, Sie am Sommerfest zu sehen und mich mit Ihnen so nett zu unterhalten.

Das Theaterstück, das Sie mit den Kindern einübten, war phänomenal! Die Kinder zu solchen schauspielerischen Höhen zu führen, ist eine großartige Leistung; dafür möchte ich Ihnen mein Kompliment aussprechen.

Vielen Dank für Ihre Mühe und für die Freude, die Sie mir als Mutter an diesem Tag bereitet haben – die Fotos werden uns stets an dieses Ereignis erinnern.

Ich wünsche Ihnen erholsame Sommerferien und sende Ihnen herzliche Grüße

Mary Scott-Rischner

Textbausteine

Vom Unterricht befreien lassen

Mein Sohn/Meine Tochter soll am ... mit mir zu einer Familienfeier anlässlich ... kommen, deshalb bitte ich Sie um eine Befreiung von Unterricht an diesem Tage.

Bitte befreien Sie meine Tochter/meinen Sohn am ... vom Unterricht, sie/er ist an diesem Tage zu ... eingeladen.

Meine Tochter/mein Sohn muss am ... zum Kieferorthopäden. Bitte befreien Sie sie/ihn ab 13 Uhr vom Unterricht.

Meine Tochter/mein Sohn kann wegen ... bis zum ... leider nicht am Sportunterricht/Schwimmunterricht teilnehmen.

Um ein Gespräch bitten

Das Ergebnis der Klassenarbeit/der Verweis ist für mich unverständlich, ich möchte Sie daher um einen Termin für ein Gespräch bitten.

Ich würde mich gerne mit Ihnen über die schwankenden Leistungen meines Sohnes unterhalten; bitte geben Sie mir einen Termin für Ihre Sprechstunde.

Da meine Tochter derzeit sehr unwillig ihre Hausaufgaben in Ihrem Fach erledigt, möchte ich mich gerne mit Ihnen über die Möglichkeiten unterhalten, die es gibt, um Carla wieder zu motivieren.

PRIVATE KORRESPONDENZ

Persönlich und ohne Normen

Der Privatbrief unterscheidet sich in erster Linie durch das **Fehlen von Normen** vom halbprivaten Brief und von der Geschäftskorrespondenz.
Sie können eine kreisrunde Ansichtskarte aus dem Urlaub schicken oder für eine Einladung den Umschlag selbst basteln. Eine Bewertung richtig oder falsch gibt es nicht, Ihrer **Kreativität** sind keine Grenzen gesetzt. Nur das Porto kann teurer sein, wenn ein individueller Umschlag die Standardmaße für Briefumschläge übersteigt.

Nach wie vor ist ein **handgeschriebener Brief** etwas Besonderes. Das Bemühen um eine leserliche Schrift zeugt von Respekt gegenüber dem Empfänger. Können Sie sich an den letzten handschriftlichen Brief in Ihrem Briefkasten erinnern? Im Zeitalter des Internets ist ein echter Brief eine Herausforderung und ein besonderes Zeichen!

Die **klassische Briefform** ist noch immer die erste Wahl für einen Privatbrief. Ein Geburtstagsbrief, eine Glückwunschkarte oder ein Beileidsschreiben kann nicht durch eine E-Mail ersetzt werden. Elektronische Medien wirken in diesen Fällen deplatziert.

Handschrift mangelhaft?

Sollte Ihre Handschrift seit der Schulzeit gelitten haben, können Sie sich im Textverarbeitungssystem einen Schrifttyp auszusuchen, der einer Handschrift gleicht.
Passen Sie die Größe an, diese Schriftarten sind meist eher klein und können ruhig in 13 oder 14 Punkt gewählt werden.

Der private Stil

Für den **Inhalt** gilt im Wesentlichen das, was auch für geschäftliche Korrespondenz gilt (→ siehe Kapitel ‚Mit dem Schreibstil zum Lesen motivieren' S. 48). Zusätzlich kennzeichnet ein persönlicher und engagierter Stil den guten privaten Brief. Der Empfänger soll spüren, dass der Schreiber sich bemüht und Gedanken gemacht hat.

Besonders im privaten Bereich können Sie auf Floskeln, Füllwörter, Phrasen und formelhafte Ausdrücke verzichten. Schreiben Sie ehrlich und offen, bleiben Sie **nahe am gesprochenen Wort**. Lassen Sie Ihre Freude und Ihr Glück, aber auch Ihr Mitleid oder Ihre Enttäuschung spürbar einfließen, dadurch erreichen Sie eine lebendige Korrespondenz!

Zitate in privaten Briefen

Oft ist es schwierig, einen passenden Anfang zu finden. Ein Zitat erleichtert den Einstieg, ohne zu persönlich zu werden.

Sie finden bei den Musterbriefen auf den folgenden Seiten jeweils ein **Zitat als Vorspann**, das Sie benutzen, weglassen oder austauschen können, wie es Ihrem persönlichen Stil entspricht.
Weitere Zitate finden Sie jeweils bei den Textbausteinen im Anschluss an die Musterbriefe.

fff Kleines oder großes *DU*?

Nach der neuen Rechtschreibung können Sie auswählen, ob Sie die vertraulichen Anredepronomen ***du/dir/dein/euch/eure/euer*** usw. in Briefen klein- oder großschreiben möchten.

Die höfliche Anrede ***Sie/Ihr/Ihnen*** usw. bleibt verpflichtend groß.

Zu Familienfeiern gratulieren

In der Familie oder im Freundeskreis findet ein freudiges Ereignis statt. Wenn Sie guten Kontakt zu den Feiernden haben, wird es Ihnen leicht fallen, sich mit ihnen zu freuen. Handelt es sich eher um den erweiterten Freundeskreis, nutzen Sie die schöne Gelegenheit, Bekanntschaften aufzufrischen.

Ein persönlicher Brief zum **Geburtstag** drückt mehr aus als eine vorgedruckte Karte.
→ siehe Musterbrief ‚Geburtstag' S. 215

Man kann viele vorgefertigte Karten zum Thema Heirat im Handel finden. Doch nach einer **Hochzeit** wird das Brautpaar vor allem die Briefe genauer ansehen, die sich von der Massenware abheben. Gemeinsamkeiten, Erinnerungen und persönliche Anmerkungen zum Brautpaar, dazu ein gut gewähltes Zitat, machen eine solche Karte zu einem Glückwunsch, den man sich immer wieder gerne ansieht!
→ siehe Musterbrief ‚Heirat' S. 216

Die Zuschriften zu einer **silbernen Hochzeit** (25 Ehejahre) oder zu einer **goldenen Hochzeit** (50 Ehejahre) sind oft sehr formell oder in einem altmodischen Stil geschrieben, so dass es den Jubilaren keine große Freude macht, sie zu lesen. Brechen Sie aus diesem Muster aus und schreiben Sie einen lebendigen und ehrlichen Glückwunsch!
→ siehe Musterbrief ‚Silberne Hochzeit' S. 217

Das Leben aller Beteiligten ändert sich durch die **Geburt** eines Kindes. Neben viel Freude und Stolz über den neuen Erdenbürger gibt es auch die eine oder andere Sorge oder Unruhe.
Freuen Sie sich mit der frisch gebackenen Mutter und/oder dem Vater und lassen Sie sie wissen, wenn Sie im Bedarfsfall Hilfe anbieten können. Oft ist neuen Eltern schon mit einer Stunde Babysitting geholfen, in der sie in Ruhe essen gehen können.
→ siehe Musterbrief ‚Geburt' S. 218

Auch wenn Sie nicht religiös sind, können Sie den Tag der **Taufe** eines Kindes als Festtag würdigen. Die Taufe bedeutet eine Eingliederung in eine Glaubensgemeinschaft, die das Kind prägen wird und die den Eltern wichtig ist. Freuen Sie sich an diesem Tag mit den Eltern, die ihr Neugeborenes voll Stolz der Pfarrgemeinde präsentieren, und senden Sie Ihre Glückwünsche.
→ siehe Musterbrief ‚Taufe' S. 219

Zur **Kommunion** können Sie den Brief direkt an das Kind adressieren. Es ist wichtig, Ihren Stil an die Sprache des Kindes anzupassen, ohne es zu unterschätzen. Bitte denken Sie nicht, ein Geldschein allein genüge schon. Gerade Kinder freuen sich sehr, wenn sie ernst genommen werden, und ein gut formulierter Brief zeigt, dass Sie das Kind wertschätzen.
→ siehe Musterbrief ‚Kommunion S. 220

Zur **Konfirmation** (evangelisch) oder **Firmung** (katholisch) schreiben Sie den Glückwunsch an einen Jugendlichen, der aus der Sicht der Kirchen auf der Schwelle des Erwachsenseins steht. Mit der Feierlichkeit tritt er/sie in das Erwachsenenleben ein und kann selbst seine/ihre Religionszugehörigkeit wählen.
Schreiben Sie so, wie Sie mit dem Jugendlichen auch sprechen würden, und vermeiden Sie eine anbiedernde Pseudo-Jugendsprache.
→ siehe Musterbrief ‚Konfirmation, Firmung' S. 221

Freude und Wünsche für alle Religionen und Weltanschauungen

Gefeiert wird glücklicherweise überall auf der Welt, wenn auch aus den verschiedensten Gründen. Dabei gibt es eine Gemeinsamkeit: Jeder freut sich über gute Wünsche zu den Ereignissen, die ihm persönlich etwas bedeuten.
Wenn Sie sich über bestimmte Feste und die passenden Wünsche nicht sicher sind, informieren Sie sich im Internet, z. B. unter www.feste-der-religionen.de.

Geburtstag

„Das Glück besteht darin, zu leben wie alle anderen und doch wie kein anderer zu sein." (S. de Beauvoir)

Liebe Emily,

du bist einzigartig, und es macht mich sehr glücklich, einem solch unvergleichlichen Menschen heute zum 65. Geburtstag zu gratulieren!

Alles Liebe wünsche ich dir, lass dich verwöhnen und genieße deinen Ehrentag – wenn du wieder ein bisschen mehr Ruhe hast, hole ich dich ab und wir beide feiern bei einem Glas Wein in der Orangerie des Botanischen Gartens. Was hältst du davon?

Bis dahin eine gute Zeit und viele Grüße

deine Lisa

Heirat

„Besser sind zwei dran als ein einziger. Kommen sie nämlich zu Fall, kann der eine dem anderen wieder aufhelfen. Auch gilt: Legen sich zwei zusammen nieder, so wird ihnen warm, aber einem einzelnen, wie soll es ihm warm werden?" (Buch Prediger 4.9 ff.)

Liebe Tanja, lieber Tom,

ihr habt euch entschieden, euch „zu trauen", im wahrsten Sinne des Wortes.
Wir freuen uns so sehr für und mit euch und sind glücklich, diesen ganz besonderen Tag mit euch teilen zu dürfen.

Mögen sich eure Wünsche erfüllen und das Glück jeden Tag bei euch sein, möge euer gemeinsames Leben viele schöne Überraschungen für euch parat halten, das wünschen wir euch von ganzem Herzen.

Und wenn ihr uns braucht, sei es zum Blumengießen während eurer Flitterwochen, vielleicht irgendwann als Babysitter oder einfach nur als gute Freunde, mit denen man einen Spieleabend verbringt – wir sind für euch da!

Mit den besten Wünschen

Gaby und Klaus

Silberne Hochzeit

„Wer den anderen liebt, lässt ihn gelten, so wie er ist, wie er gewesen ist und wie er sein wird." (H. Heine)

Liebe Anna, lieber Siegfried,

als ihr vor 25 Jahren auf euren gemeinsamen Weg gestartet seid, gab es viele Zweifler, die nicht an eurer Glück glaubten. Ihr habt es allen gezeigt!

Allen Statistiken zum Trotz habt ihr es geschafft, dieses zarte Pflänzchen eurer Liebe zu hegen und zu pflegen, und es wurde ein solider Baum daraus, der auch mal einem heftigen Unwetter Stand hält.

Ihr seid zu Recht stolz auf alles, was ihr zusammen auf die Beine gestellt habt.

Wir feiern mit euch heute diesen Tag eurer Silberhochzeit, und ich freue mich darauf, euch beide – wie damals, an diesem kühlen Juni-Sonntag – in die Arme zu nehmen und euch von Herzen zu gratulieren.

Alles Gute für die nächsten 25 Jahre wünscht euch

eure Theresa

Geburt

„Eure Kinder sind nicht eure Kinder ... Obwohl sie mit euch sind, gehören sie euch doch nicht. Ihr dürft ihnen eure Liebe geben, aber nicht eure Gedanken, denn sie haben ihre eigenen Gedanken ... Ihr dürft euch bemühen, wie sie zu sein, aber versucht nicht, sie euch ähnlich zu machen ..." (K. Gibran)

Liebe Susanne, lieber Florian,

erste Aktion: Bitte küsst eure kleine Selina von mir und richtet ihr ein „Herzlich willkommen auf dieser Erde" von mir aus! (Ich hoffe, ich kann das bald persönlich nachholen.)

Wow, was habt ihr für eine hübsche kleine Tochter, ich kann mich an dem Bild gar nicht satt sehen – vielen Dank für das Foto und ein Lob dem Internet, das mir eure Kleine schon so kurz nach der Geburt präsentierte.

Ich freue mich riesig mit euch und wünsche euch dreien alles Glück dieser Erde.

Und ihr wisst ja: Anruf genügt, und ich stehe vor eurer Tür und kümmere mich um Selina (ich warte schon sehnsüchtig darauf!).

Ganz herzliche Grüße und bis bald

Antonia

Taufe

„Jedes Kind bringt die Botschaft mit sich, dass Gott die Menschheit noch nicht aufgegeben hat." (Tagore)

Liebe Heidi, lieber Peter,

heute wird eure kleine Simona getauft. Ein großer Tag im Leben einer jungen Familie – alle Verwandten und Freunde finden sich ein, um mit euch zu feiern, und für die Kleine wird es wohl ein wenig ungewohnt werden, ständig im Mittelpunkt zu stehen und von Arm zu Arm zu wandern.

Haltet ab und zu ein wenig inne, nehmt euch Zeit und zieht euch zurück. Ihr drei seid wichtig, eure Simona ist das Wichtigste überhaupt, und ihr habt dieses kleine Wunder in eure Arme gelegt bekommen. Werdet euch der Magie bewusst und genießt die Augenblicke des Glücks – das ist Leben!

Für Simona liegt eine Mappe bei. Da sie heute bestimmt viele Kuscheltiere, Spielzeug und Kleidung bekommt, habe ich etwas „Zukunftsträchtiges" gewählt. Dieser Pfandbrief wird wachsen und gedeihen wie Simona selbst, und wenn es so weit ist, soll dieses Wertpapier der Grundstock für den Führerschein sein.

Hütet euren kleinen Schatz und feiert diesen Tag. Ich sende euch dazu die herzlichsten Wünsche und freue mich auf die Fotos!

Liebe Grüße

euer Robert

Kommunion

„Wo das Wissen aufhört, da fängt der Glaube an."
(Augustinus)

Lieber Sebastian,

du hast heute die Feier deiner ersten Kommunion, und ich freue mich darüber, dass du mich dazu eingeladen hast.

In den nächsten Jahren wirst du bestimmt viele Fragen zu deinem Glauben, zur Kirche, zu Jesus, zu Gott und zu noch vielem mehr haben. Gerne versuche ich, dir die Fragen zu beantworten – wenn du magst, können wir die Antworten auch zusammen auf Wochenend-Ausflügen und gemeinsamen Nachmittagen suchen!

Nachdem ich weiß, wie gerne du deine Eisenbahn weiter ausbauen möchtest, bekommst du mit diesem Brief einen Gutschein für einen Samstag, den wir im Eisenbahnladen beim Einkaufen, bei McKings zum Mittagessen und danach im Kino (mit Popcorn und Cola natürlich!) verbringen werden. Bitte sage mir, wann du Zeit hast.

Für heute wünsche ich dir von Herzen alles Gute, lass dich verwöhnen und genieße deinen großen Tag.

Liebe Grüße

deine Tante Gitta

Konfirmation, Firmung

„Sagt nicht: Ich habe den Pfad der Seele gefunden. Sagt lieber: Ich habe die Seele auf meinem Pfad wandelnd getroffen."
(K. Gibran)

Liebe Jessica,

du hast den Pfad gewählt und besiegelst das heute mit deiner Konfirmation/Firmung.

Die letzten Jahre konnte ich dich als aufmerksame und nachdenkliche junge Frau beobachten, die ihren Weg sucht, und es erfüllte mich mit Freude, als ich deine Einladung zum heutigen Fest in Händen hielt.

Lass mich wissen, wenn du mich brauchst, ich freue mich immer, von dir zu hören.

Du hast mir gesagt, du möchtest gerne eine Armbanduhr haben. Diesen Wunsch erfülle ich dir sehr gerne, bedeutet doch eine Uhr das Sinnbild von Zeit. Mit einer Lehre von Augustinus möchte ich dir alles Gute für deine Zukunft wünschen, auf dass sich alle deine Träume verwirklichen – bis auf einen, denn man braucht schließlich immer etwas zum Träumen …

„Die Vergangenheit können wir nicht mehr beeinflussen, und auch in die Zukunft können wir nicht greifen. So bleibt uns einzig der jetzige Moment, in dem wir handeln können, und dieser Moment ist sogleich wieder Vergangenheit." Nutze diesen Moment!

Deine Christine

Textbausteine

Geburtstag

Herzlichen Glückwunsch zum Geburtstag!

Ich wünsche/Wir wünschen dir alles Gute zum Geburtstag.

Zu Ihrem Geburtstag senden wir Ihnen herzliche Glückwünsche und haben bei der guten Fee Gesundheit, Erfolg und viel Lächeln für Sie bestellt!

Alles Gute zum Geburtstag!

Man glaubt kaum, dass du den 40./50./60. Geburtstag feierst – sehen kann man es noch viel weniger!

Heirat

Ihr „traut" euch – herzlichen Glückwunsch!

Obwohl wir zum Fest leider nicht kommen können, denken wir an Euch, wenn Ihr miteinander Euren schönsten Tag feiert.

In der heutigen Zeit, in der sich niemand mehr festlegen will, habt ihr euch entschlossen, den Bund fürs Leben einzugehen. Unsere herzlichste Gratulation; wir wünschen euch alles Glück der Welt!

Ihr zwei gehört zusammen, das war von Anfang an klar. Jetzt besiegelt ihr das, und wir wünschen euch alles Liebe zu eurem Hochzeitsfest.

Silberne Hochzeit

25 Jahre, das soll Euch erst mal jemand nachmachen! Unsere herzlichsten Glückwünsche begleiten Euch zu Eurer Silberhochzeit.

Seit 25 Jahren zusammen wie Pech und Schwefel – da gratulieren wir ganz herzlich!

Zu Eurer Silberhochzeit gratulieren wir Euch herzlich und wünschen Euch alles Gute, Gesundheit und wenig Sorgen für die nächsten 25 Jahre.

Geburt

Ihr seid jetzt eine „richtige" Familie; herzlichen Glückwunsch zur Geburt eurer/eures kleinen ...

Euer kleines Engelchen ist zur Welt gekommen. Wir wünschen euch alles Glück der Erde und freuen uns, das „himmlische Geschenk" bald kennenzulernen!

Euer Baby ist da, und die Welt steht kopf! Wir wünschen euch alles Liebe, ruhige Nächte, lange Spaziergänge, und dass Ihr das Lächeln eurer/eures kleinen ... ausgiebig genießt!

Eure kleine Familie hat sich vergrößert, und wir freuen uns mit euch! Herzliche Glückwünsche zur Geburt eurer Tochter/eures Sohnes und Schwester/Bruder ...

Taufe

Ihr feiert morgen die Taufe Eurer kleinen/Eures kleinen ... Wir wünschen Euch alles Gute und einen wunderschönen Festtag!

Vielen Dank für Eure Einladung; gerne feiern wir mit Euch die Taufe Eurer Tochter/Eures Sohnes. Bitte lasst uns wissen, ob Ihr Euch etwas wünscht.

Alle guten Wünsche mögen Euch und Euer Baby am Tauftag begleiten!

Zu deinem ersten großen Fest nach der Taufe innerhalb der Gemeinde möchten wir dir die besten Wünsche senden.

Kommunion, Konfirmation, Firmung

Vielen Dank für eure Einladung; gerne feiern wir mit euch die Kommunion von ... Bitte lasst uns wissen, was ... sich wünscht.

Wir wünschen ... alles Gute zur Erstkommunion/Konfirmation/Firmung und wunderschöne Tage in der Gemeinde von St. Albert.

Alles Gute zu deiner Erstkommunion, wir freuen uns mit dir.

Du hast eine Entscheidung für deinen Glauben und deine Religion getroffen, zu der wir dir voll Respekt gratulieren.

In vielen Kulturen, und auch in unseren christlichen Glaubensgemeinschaften, bist du mit deiner Firmung/Konfirmation ein erwachsenes Mitglied der Gemeinde.

Wie schön, dass du dich entschieden hast, weiterhin am Gemeindeleben aktiv teilzunehmen, und dies mit deiner Konfirmation/Firmung besiegelst.

Wir freuen uns, mit dir deinen Firmungs-/Konfirmationstag zu feiern und wünschen dir alles Glück der Welt für deine Zukunft!

Zitate

Geburtstag

Unser eigentliches Vermögen: die Stunden, in denen wir nichts getrieben haben. Sie sind es, die uns formen, uns individualisieren, uns unterscheiden. (Augustinus)

Der Beweis für Weisheit ist beständig gute Laune. (M. d. Montaigne)

Heirat

Was man nicht im Bett tun kann, ist es nicht wert, getan zu werden. (Groucho Marx)

Um sich frei zu fühlen, gibt es ein einfaches Mittel: nicht an der Leine zerren! (anonym)

Was aus Liebe getan wird, geschieht immer jenseits von Gut und Böse. (F. Nietzsche)

Wenn wir heiraten, übernehmen wir ein versiegeltes Schreiben, dessen Inhalt wir erst erfahren, wenn wir auf hoher See sind. (schottisches Sprichwort)

Silberne/Goldene Hochzeit

Ich fühle, dass Kleinigkeiten die Summe des Lebens ausmachen. (Ch. Dickens)

Wenn A für Erfolg steht, lautet die Formel: A = X + Y + Z. X steht für Arbeit, Y ist die Muße, und Z heißt Mund halten. (A. Einstein)

Die Erfahrung lehrt uns, dass die Liebe nicht darin besteht, dass man einander in die Augen sieht, sondern dass man gemeinsam in die gleiche Richtung blickt. (A. d. Saint-Exupéry)

Geburt

Die kleinen Sterne scheinen immer, während die große Sonne jeden Tag untergeht. (aus Abessinien)

Den Menschen muss man nehmen, wie er ist, nicht, wie er sein sollte. (F. Schubert)

Wie es auch sei, das Leben, es ist gut. (J. W. v. Goethe)

Taufe

Lächle, denn es gibt einen Frühling in deinem Garten, der die Blüten bringt, einen Sommer, der die Blätter tanzen lässt, und einen Herbst, der die Früchte reifen lässt. (arabisches Sprichwort)

Jeder Mensch ist sein eigenes Land. (aus Tansania)

Kinder sind wie Bücher. Wir können in sie hineinschreiben und aus ihnen lesen. (P. Rosegger)

Gott spricht: Ich habe dich eingezeichnet in meine Hände. (Jesaja 49,16)

Jesus sagte: Lasst die Kinder zu mir kommen, hindert sie nicht daran! Denn Menschen wie ihnen gehört das Himmelreich. (Matthäus19,14)

Kommunion, Konfirmation, Firmung

Die Qualität deiner Ziele bestimmt die Qualität deiner Zukunft. (arab. Sprichwort)

Geh deinen Weg und lass die Leute reden. (D. Alighieri)

Müßiggang ist aller Laster Anfang, aller Tugenden Krönung. (F. Kafka)

Es darf ein bisschen mehr Text sein!

Wenn Sie zur Geburt eines Kindes ein Sparkonto eröffnen oder einen Gutschein schenken, sollten Sie dieses Geschenk durch einen gut formulierten Brief begleiten, sonst wirkt eine solche Gabe sehr materiell.

Die Verantwortung eines Taufpaten

Wussten Sie, dass nach alter bäuerlicher Tradition der Taufpate als Ziehvater oder Ziehmutter für die Eltern eintritt, wenn diese - bei Unfall, Krankheit oder Tod - nicht mehr für das Kind da sein können? Sprechen Sie mit den Eltern, wenn diese Würde an Sie herangetragen wird, und wenn es in Ihrem Sinne ist, kann das in Ihrem Taufglückwunsch durchaus erwähnt werden!

Liebe Simona, gerne trage ich dich heute zum Taufbecken und übernehme damit voll Freude die Ehre des Taufpaten. Wann immer du mich brauchst, werde ich für dich da sein. Du bist nie allein auf dieser Welt; in meinem Hause und meinem Leben hast du immer deinen Platz ...

Gute Wünsche zu Festtagen und besonderen Anlässen

Die vielen im Handel angebotenen **Weihnachtsbriefe und -karten** ähneln sich, und die Post stapelt sich mit kaum beachteten Wünschen. Sorgen Sie durch Sorgfalt und Überlegung beim Schreiben dafür, dass Ihre Sendung mit einem Lächeln komplett gelesen und vielleicht sogar noch herumgezeigt wird.

→ siehe Musterbrief ‚Weihnachtsgrüße' S. 229
→ siehe Musterbrief ‚Weihnachtsgrüße, modern' S. 230

Zu **Ostern** ist es weniger üblich als zu Weihnachten, Grüße zu versenden. Nützen Sie die Gelegenheit, lieben Menschen ein Zeichen zu geben, dass Sie an sie denken.

→ siehe Musterbrief ‚Ostergrüße' S. 231

Auch der Mensch, der Ihnen am allernächsten steht, freut sich über einen ganz persönlichen handschriftlichen **Liebesbrief**.

→ siehe Musterbrief ‚Brief für eine länger bestehende Partnerschaft' S. 232
→ siehe Musterbrief ‚Brief für eine erste Liebeserklärung' S. 233

Ein Brief, vor allem ein unerwarteter, kann am **Muttertag** einen Blumenstrauß durchaus ersetzen. Oft hat man beim Schreiben zusätzliche gute Ideen, und man kann ausdrücken, was man vielleicht immer schon sagen wollte, aber nie gesagt hat.

→ siehe Musterbrief ‚Grüße zum Muttertag' S. 234

Der **Vatertag** gewinnt zunehmend an Bedeutung in dem Maße, wie die Väter an Beachtung der Öffentlichkeit gewinnen. Warum nicht seinem Vater danken für all die Sorgen, Mühen, Aufmerksamkeiten in den vielen Jahren?

→ siehe Musterbrief ‚Brief zum Vatertag' S. 235

Nach zahlreichen Jahren der Arbeit freut sich ein Freund oder Bekannter auf den wohlverdienten Ruhestand. Bestimmt kommen auch Gedanken auf, ob ein Rentner genauso beliebt und geschätzt ist wie ein Erwerbstätiger. Nehmen Sie dem **Pensionär** die falschen Befürchtungen mit Ihrer Gratulation, die wie ein Startschuss in den neuen, aktiven Lebensabschnitt sein kann.

→ siehe Musterbrief ‚Ein Freund geht in Pension' S. 237

Ob der Führerschein, die Gesellenprüfung oder ein Abendstudium: Wenn man etwas **erfolgreich abgeschlossen** hat, ist die Freude groß. Glückwünsche vergrößern diese Freude noch, man spürt, dass Menschen, die nahestehen, dieses Hochgefühl teilen, und mit Wohlwollen den Abschluss würdigen.

→ siehe Musterbrief ‚Eine Prüfung ist bestanden' S. 238

Ein Extra hinzufügen

Ihre Grüße können Sie mit einer liebevoll ausgesuchten Kleinigkeit noch **persönlicher gestalten**. Legen Sie in Ihre Weihnachtsbriefe einen kleinen Tannenzweig oder ein paar Tannennadeln, eventuell können Sie sie auch auf dem Papier als Schmuck aufkleben; der Duft verbreitet sich beim Öffnen des Kuverts und wird den Empfänger auf Ihren Brief vorbereiten. Oder fügen Sie dem Festtagsbrief an Ihre Mutter oder Ihren Vater ein Foto bei, das eine schöne Erinnerung weckt.

Der Ausblick in die Zukunft

In Schreiben an Pensionäre ist es besonders wichtig, ein **Treffen** nicht nur vage anzudeuten, sondern bereits einen **konkreten Termin** anzukündigen, um den Kontakt nicht zu verlieren, z. B.:

Ich rufe dich am 2. Mai an.

Kommst du am 17. April mit zur Ausstellung? Bitte gib mir diese Woche Bescheid.

Sehen wir uns am Sonntag zum Stammtisch? Ich hole dich um 10:30 Uhr ab!

Weihnachtsgrüße

„Ein Weihnachtsfest im kleinen Kreis der Familie ist der größtmögliche Luxus, den ein Mensch sich leisten kann." (Verf. unbek.)

Liebe Angelika, lieber Werner,

bestimmt seid ihr ganz fleißig beim Plätzchenbacken und Christbaumschmücken, um diesen Luxus eures Familien-Weihnachtsfestes so schön wie möglich zu gestalten.

Doch macht zwischendurch mal eine Pause, geht miteinander spazieren, trinkt in Ruhe eine Tasse Tee, und lasst so „den Geist der Weihnacht" bei euch einkehren.

Ich wünsche euch eine frohe Weihnacht, glückliche Kinderaugen um den Tannenbaum und eine ruhige Zeit zwischen den Jahren

eure Hanni

Weihnachtsgrüße, modern

„Advent, Advent, ein Rentier rennt. Erst eins, dann zwei, dann drei, dann vier, dann rennt die ganze Herde, dann wackelt diese Erde!“ (S. Pöschl)

Hallo, Britta und Jürgen,

seid ihr im Vorweihnachtsstress? Rennt ihr auch, bis die Erde um euch wackelt? Hier kommt das 6-Stufen-Relax-Programm:

1. Telefon stumm schalten
2. Glühwein erhitzen und zur Couch bringen
3. Plätzchenteller zur Couch bringen
4. Weihnachtsmusik anschalten
5. Dicke Socken anziehen
6. Auf der Couch kuscheln und die gemeinsame Ruhe genießen

Wir wünschen euch ein wunderschönes, beschauliches Kerzen-Lametta-Glitzer-Schnee-Tannenduft-Weihnachtsfest und freuen uns auf unser gemeinsames Abendessen am 26.12.!

Sonja und Kai

Ostergrüße

„Vom Eise befreit sind Strom und Bäche
durch des Frühlings holden, belebenden Blick,
im Tale grünet Hoffnungsglück …" (J. W. v. Goethe)

Lasst es uns Goethe nachmachen!

Liebe Miriam, lieber Markus, lieber Robert,

gehen wir gemeinsam auf einen Osterspaziergang?

Wir würden uns sehr freuen, wenn ihr am Ostermontag Zeit und Lust hättet, zu uns zu kommen. Nach einem Ausflug ins Grüne gibt es Kaffee und Kuchen bei uns, und die Kinder können sich nochmal auf die Suche machen; vielleicht hat der Osterhase ja doch noch irgendwo ein Ei zusätzlich versteckt …

Bis dahin wünschen wir euch sonnige und ruhige Ostertage, ein schönes Fest und grüßen euch herzlich

Sandra, Peter, Lucia und Tom

Brief für eine länger bestehende Partnerschaft

Mein Liebes,

als du vor fünf Jahren in mein Leben gestürmt bist, mit deiner unbändigen Energie und deinem Strahlen, mit dem du jeden schlechten Gedanken einfach fortwischst, wusste ich noch nicht, wie sehr du alles – mich eingeschlossen – verändern würdest.

Du bist für mich da, ohne mich zu erdrücken, du förderst mich, ohne mich zu überfordern, du inspirierst mich, ohne mich zu verwirren.

Mit dir fühle ich mich stark, allen Herausforderungen des Lebens standzuhalten; und wenn ich trotzdem einmal scheitere, bist du da, um mich aufzufangen und wieder aufzurichten.

Man sagt, die rosarote Brille verschwände nach ein paar Monaten, und die „graue Realität" bliebe. Ich hatte nie den Eindruck, dich mit einem rosa Filter zu betrachten, und die Realität, die uns umgibt, war von Anfang an bunt, stimmig und harmonisch, kurz: wunderschön!

Ich genieße jede Minute mit dir und möchte diesem Gefühl mit einem Zitat Ausdruck geben:

„Ich liebe dich, heute mehr als gestern, und morgen mehr, als ich dich heute lieben kann." (S. d. Beauvoir)

Dein K.

Brief für eine erste Liebeserklärung

„Schrankenlos, alles Möglichen voll, aller Geheimnisse voll, unfassbar ist der Mensch, den man liebt" (M. Frisch)

Liebe/-r ...,

kann es Liebe werden, kann es Liebe sein?

Seit zwei Monaten machen wir mehr zusammen, als es für Kollegen eigentlich üblich ist. Jedes Mal, wenn ich weiß, dass wir uns am Abend sehen, zählt der Tag nicht mehr für mich, sitze ich nur mehr die Stunden ab, bis wir endlich allein sind – nur du und ich.

Du bist für mich unendlich wichtig geworden, ich kann mir nicht mehr vorstellen, wie ein Tag aussehen sollte, an dem ich nicht mit dir sprechen kann. Deine Auswahl an Treffpunkten und an Dingen, die wir zusammen unternehmen, zeigt mir, wie gut wir übereinstimmen.

Gestern Abend, als du im Theater plötzlich meine Hand genommen hast, fasste ich den Mut, dir diesen Brief zu schreiben. Ich habe mich so über deine Spontaneität gefreut, dass du diesen nächsten Schritt gewagt hast.

Meine Gefühle für dich sind groß und aufrichtig; gibst du uns eine Chance, das Glück gemeinsam zu finden? Ich warte nervös, gespannt, aber voll guter Vorahnungen, auf deine Antwort.

Dein/-e ...

Grüße zum Muttertag

„Überall lernt man nur von dem, den man liebt."
(J. W. v. Goethe)

Liebe Mama,

Muttertag – ein Tag wie jeder andere? Oder ein Tag, der den Umsatz der Blumengeschäfte hochtreibt? Ein Tag im Jahr, an dem man sich um seine Mutter kümmert?

All diese Gedanken gingen mir durch den Kopf, als ich die Werbung für den heutigen Tag sah. Doch die Blumen, die Torten und die Geschenke waren nicht das, was ich suchte. Ich wollte meine Liebe und Wertschätzung anders ausdrücken.

Und als ich eine Zeitlang nachgedacht hatte, kam ich zu dem Schluss, dass es das, was ich dafür brauche, nicht zu kaufen gibt. So etwas Großes, Wertvolles, Schönes, Besonderes lässt sich nicht in eine Verpackung zwängen. Aber ich könnte versuchen, es mit Worten zu beschreiben:

Die Liebe, die ich für dich empfinde, ist tief wie ein Ozean und groß wie ein Wolkenkratzer.
Der Respekt, den ich dir entgegenbringe, ist grenzenlos und nicht zu messen.
Das Vertrauen, das in mir ruht, gehört dir blind und bedingungslos.
Der Dank, den ich dir sagen möchte, sprengt alle Wörterbücher dieser Welt.

Eigentlich müsste ich mich selbst um eine solche Mutter beneiden. Wie schön, dass es dich gibt!

Dein Glückskind wünscht dir alles Gute, nicht nur zum Muttertag, sondern für jeden deiner Tage. Ich freue mich darauf, den Nachmittag heute mit dir verbringen zu dürfen

deine Anna

Brief zum Vatertag

„Vater ist, wer weder sein Telefon noch sein Badezimmer noch sein Auto benutzen kann". (engl. Redensart)

Lieber Papa,

du bist bestimmt überrascht, heute einen richtigen Brief von mir im Postkasten zu finden.

Es ist Vatertag, und ich möchte ihn zum Anlass nehmen, dir ein Danke schön auszusprechen!

Danke für die Jahre als Kleinkind, in denen du mir alles beigebracht hast, was ein Kind können muss: Radfahren, auf Baumstämmen balancieren, Regenwürmer streicheln, schwimmen, ein Zelt aus Decken bauen, Essen, das nicht schmeckt, in der Hosentasche verschwinden lassen und noch so viel mehr. Danke für die Jugendjahre, in denen du diesen Spagat zwischen Erzieher und Freund famos gemeistert hast.

Danke für die Jahre der Berufsausbildung, in denen du mir geholfen hast, wann immer ich dich brauchte, sei es mit einem guten Rat, mit einer Schulter zum Ausweinen, mit deinem Auto, wenn ich Benni besuchen wollte, oder auch, ohne lang zu fragen, mit einem 20-Euro-Schein, wenn bei mir mal wieder Ebbe im Geldbeutel war.

Danke für die ersten Jahre meiner eigenen Familie, in denen du als frischgebackener Opa in allen Lebenslagen eingesprungen bist und für Maxi der beste Opa der Welt warst (und bist!!).

Danke, dass du für mich da bist! Klingt vielleicht kitschig, muss aber mal gesagt werden. Ich hab dich furchtbar lieb.

deine Maria

Ein Freund geht in Pension

Lieber Ulli,

gestern erhielt ich deine neue E-Mail-Adresse und deine Mitteilung, dass du ab April in Pension gehst.

Hut ab, du hast dich die vielen Jahre gut geschlagen und warst in deinem Richteramt unvergleichlich gut und die letzte Zeit ein Vorbild, dem die jungen Kollegen nacheiferten.

Nun den Mut zu haben, aufzuhören, zeugt von deiner Größe und dem Vertrauen in die nächste Generation – nur wenige schaffen das!

So wünsche ich dir für den nächsten Lebensabschnitt viel Glück, eine Menge Spaß und eine stabile Gesundheit; wenn du wieder von deiner Reise zurück bist, melde dich! Schließlich wollen wir dich als aktives Mitglied in unserer Berggruppe ab April wieder auf den Touren dabei haben.

Lass es dir gut gehen und genieße die karibische Sonne, denk zwischendurch an uns „Daheimgebliebene", und wir erwarten danach natürlich einen umfangreichen Dia-Vortrag (ich rufe dich am 2. Mai an)!

Viele herzliche Grüße von

Peter und der Berggruppe

Eine Prüfung ist bestanden

„Man liebt das, wofür man sich müht, und man müht sich für das, was man liebt." (E. Fromm)

Lieber Lorenz,

deine Mutter – meine Freundin Tina – erzählte mir gestern am Telefon, dass du deine Aufnahmeprüfung zum Sportstudium mit Bravour bestanden hast.

Meinen herzlichsten Glückwunsch!

Seit ich dich kenne und seit du auf deinen eigenen zwei Beinen stehst, warst du aktiv; Sitzen und Ruhighalten waren nie deine Stärke. So fand ich deinen Entschluss, Sport zu studieren, sehr gut und kann mir niemanden vorstellen, der dafür geeigneter ist.

Deshalb fühlte ich letzten Juni mit dir, als du dir die Schulter gebrochen hast und so traurig warst, du hast mir so unendlich leid getan.

Doch die Warte- und Regenerationszeit ist zu Ende, du hast aller Welt gezeigt, dass du wieder fit bist!

So wünsche ich dir ein schönes und erfolgreiches Studium und bin gespannt auf deine Erzählungen, wenn das Semester beginnt.

Viele Grüße

Patricia

Textbausteine

Weihnachten

Die Weihnachtszeit steht vor der Tür.

Die besinnliche Zeit des Jahres mit Plätzchenduft und Tannenbaum ist angebrochen.

Nehmen Sie sich in der unruhigen Zeit in den Betrieben ein paar Minuten Zeit, um die Stille einkehren zu lassen.

Lass dich zwischen den Weihnachtseinkäufen und dem Plätzchenbacken gefangen nehmen vom Zauber der Schneeflocken, der Ruhe draußen im Park.

Wir wünschen Euch ein frohes und ruhiges Weihnachtsfest, mit einem der wertvollsten Geschenke, die man sich gegenseitig machen kann: Zeit füreinander.

Zu Weihnachten senden wir dir die herzlichsten Grüße; lass es dir gut gehen mit einem großen Tannenbaum, zarten Plätzchen und schönen Stunden mit deinen Lieben.

Ostern

Ostern steht vor der Tür – überall sprießen die Knospen, die Schmetterlinge sind unterwegs, und der Frühling liegt in der Luft.

Wir wünschen euch sonnige Ostertage mit schönen Spaziergängen und vielen Ostereiern!

Die Häschen sind unterwegs und verstecken die Ostereier – wir haben einen dieser Osterboten auch zu euch geschickt! Frohe Ostern wünschen euch …

Die Schneeglöckchen blühen, das Eis schmilzt unter der Frühlingssonne, die Vögel singen – es ist Ostern!

Liebesbriefe

Die letzten Wochen/Monate/Jahre waren wir einfach nur Sportkameraden/Kollegen/gute Freunde.

Vor ... Tagen hat sich mein Leben verändert: Du bist da!

Zeit meines Lebens habe ich auf dich gewartet.

Dein Lächeln lässt Eisberge schmelzen.

Mit dir ist sogar Langeweile spannend.

Wo hast du gelernt, so überwältigend zu sein?

Du bist das fehlende Puzzleteilchen, das mein Leben komplett macht.

Seit du bei mir bist, lautet mein Motto: Lebst du noch, oder liebst du schon?

Mit dir gelingt mir die Quadratur des Kreises, das weiß ich.

Ich fühle mich geborgen und gut bei dir.

Bei dir kann ich ganz Frau/Mann sein.

Muttertag/Vatertag

Es liegt mir nicht, große Worte zu machen, so lass mich dir nur sagen: danke!

Ohne dich wüsste ich immer noch nicht, wie man überzeugend eine Ausrede hervorbringt, wie man im Winter auf dem Bauch und einer Tüte den Hang runterrutscht, wie man aus Fertigsuppe und Gemüse ein salonfähiges Gratin zaubert, kurz: Ich danke dir, mein/-e liebe/-r und absolut einzigartige/-r Mutter/Vater!

Du bist die Nummer eins in meinem Leben; alles Liebe zum Muttertag/Vatertag!

Egal, welche Probleme ich mit mir herumtrage, welche Freude ich zu teilen habe, welche Fragen ich nicht beantworten kann: Du bist immer meine Anlaufstelle Nummer eins!

Pension

Nun beginnt für dich die angenehme Hälfte des Lebens.

Du hast in den vergangenen Jahren viel Erfüllung in deinem Beruf gefunden. Wir wünschen dir nun mit deinem Hobby ... die gleiche Zufriedenheit und würden uns freuen, wenn du deine neue Freizeit auch dazu nützt, uns zu besuchen.

Prüfung

Ja, du hast es geschafft!

Super, wir haben gerade erfahren, dass du deine Prüfung bestanden hast. Wir freuen uns mit dir.

Wir gratulieren dir voll Respekt zu diesem großartigen Prüfungsergebnis!

Zitate

Weihnachten

Schenke mit Geist ohne List.
Sei eingedenk,
Dass dein Geschenk
Du selber bist. (J. Ringelnatz)

Ein Augenblick im Meer der Zeiten,
In dem die stillen Stimmen tönen,
Die sonst der Tag verdeckt mit seinem lauten Schrei'n
Der Augenblick, in dem die Kerzen brennen,
Die heiligen Kerzen, die der Liebe leuchten,
Da jedes Herz es ahnt, was Friede sei. –
In dieser Stille zwischen heut und morgen,
In dieser Handvoll weniger Minuten,
Besinnt der Mensch sich auf sein tiefstes Glück
Lauscht auf die leise Melodie der Liebe. (E. Dauthendey)

Ostern

Das Grün aus allen Gräbern bricht,
Die Ströme hell durchs Land sich strecken,
Der Wald ernst wie in Träumen spricht,
Und bei den Klängen, Jauchzen, Trauern,
Soweit ins Land man schauen mag,
Es ist ein tiefes Frühlingsschauern
Als wie ein Auferstehungstag. (J. v. Eichendorff)

Die Sonne geht im Osten auf,
der Osterhas' beginnt den Lauf.
Um seinen Korb voll Eier sitzen
drei Häslein, die die Ohren spitzen.
Der Osterhas' bringt just ein Ei –
da fliegt ein Schmetterling herbei. (Ch. Morgenstern)

Liebesbriefe

Wie soll ich meine Seele halten, dass sie nicht an deine rührt? (R. M. Rilke)

Fragst du mich: Was war in deinen Träumen, ehe ich dir den Mai gebracht? War ein Wald. Der Sturm war in den Bäumen, und auf allen Wegen kam die Nacht. (R. M. Rilke)

Meine Sinne sind zu einem Sinn verschmolzen an dir. (R. M. Rilke)

Die Summe unseres Lebens sind die Stunden, in denen wir liebten. (W. Busch)

Mignon; nur wer die Sehnsucht kennt, weiß, was ich leide! (J. W. v. Goethe)
Himmelhochjauchzend, zu Tode betrübt, glücklich allein ist die Seele, die liebt. (J. W. v. Goethe)

Muttertag, Vatertag

Versteh ich gleich nichts von lateinischen Brocken,
So weiß ich den Hund doch vom Ofen zu locken.
Was ihr euch, Gelehrte, für Geld nicht erwerbt,
Das hab ich von meiner Mutter (meinem Vater) geerbt. (G. A. Bürger)

Prüfung

Habe nun, ach! Philosophie,
Juristerei und Medizin,
Und leider auch Theologie!
Durchaus studiert, mit heißem Bemühn.
Da steh ich nun, ich armer Tor!
Und bin so klug als wie zuvor;
Heiße Magister, heiße Doktor gar … (J. W. v. Goethe)

Pension

Ich bin immer, auch im Leben, für Ruhepunkte. Parks ohne Bänke können mir gestohlen bleiben. (Th. Fontane)

Leben ist das, was wir daraus machen. (H. Miller)

Wenn man glücklich ist, muss man nicht unbedingt etwas tun. (I. Ehrenburg)

Erinnerungswerte

Auch im Privatbereich ist es schön, wenn Sie Ihren Brief **mit einem Datum versehen**. Viele Schreiben werden aufbewahrt, und Jahre später kann man nachvollziehen, zu welchem Zeitpunkt und in welcher Situation sie geschrieben wurden. Gerade wenn Briefe an Kinder weitergegeben werden (z. B. Glückwünsche zur Geburt oder zur Kommunion), ist ein Datum für die Kinder später sehr interessant.

Genesungswünsche und Beileidsschreiben

Kranke freuen sich ganz besonders über einen Brief; meist haben sich vor allem Bettlägerige an den täglichen Fernsehsendungen sattgesehen, und die Tageszeitung ist mittags schon drei Mal durchgearbeitet.
Da kommt ein aufmunternder Brief gerade recht und kann die Lebensgeister wieder aufrütteln; da darf es auch mal mehr Text sein.
→ siehe Musterbrief ‚Gute Besserung' S. 245

Die Bekanntmachung des **Todes eines Angehörigen** oder Freundes gibt einem weiteren Kreis von Personen die Gelegenheit, an der Beisetzung teilzunehmen und der Familie Beileid und Unterstützung zuzusichern.
→ siehe Musterbrief ‚Mitteilung über das Ableben' S. 246
→ siehe Muster ‚Todesanzeige in der Zeitung' S. 247

Nehmen Sie Abstand von vorgedruckten Karten, die es zu kaufen gibt. Beschaffen Sie sich eine schöne Kunstkarte mit Sonnenblumen oder einem anderen positiven Motiv – die Hinterbliebenen brauchen zu ihrer **Trauer** nicht noch Berge von grauen und trüben Karten.
→ siehe Musterbrief ‚Beileid ausdrücken' S. 248

Wenn ein Freund oder Angehöriger gestorben ist, ist eine Reihe von Schreiben nötig. Trauernde sind oft sehr froh über ein **Angebot von Freunden**, die Korrespondenz zu übernehmen. Bieten Sie Ihre Hilfe an, und Sie können einen wertvollen Freundschaftsdienst tun!
→ siehe Musterbrief ‚Beistand bei einem Todesfall' S. 249

Briefbeilagen zum Anhören

Kranke haben oft nicht die Kraft, um ein Buch zu lesen. Packen Sie einfach ein **Hörbuch** zum Brief; in Krankenhäusern gibt es CD-Spieler auszuleihen.

Gute Besserung

Liebe Patricia,

wie geht es dir diese Woche? Als wir telefonierten, hast du noch ein wenig erschöpft geklungen, aber nach so einer langen OP wundert mich das nicht.

Gestern war ich mit einer Gruppe aus dem Alpenverein auf einer wunderbaren Schneeschuh-Tour, habe dich aber dabei wirklich vermisst. Erinnerst du dich an unser Lawinen-Training vor drei Jahren im Allgäu? Was hatten wir für eine gute Zeit, und so viel Sonne! (Ich habe dir zur Aufmunterung zwei Fotos von damals in den Umschlag gelegt). Wenn du wieder auf den Beinen bist und dich gut genug fühlst, gehen wir in die Berge, fangen mit einer einfachen Route an und üben uns früh im „Einkehrschwung", damit es dir wirklich gut tut.

Lorenz beginnt wieder mit dem Aufbautraining, sein Schulterknochen ist ordentlich zusammengewachsen und er muss für sie Sportprüfung Ende Juni fit werden.

Hast du dein Buch schon fertig gelesen? Vielleicht magst du es mir leihen, wenn ich dich nächstes Wochenende in Bad Pyrmont besuchen komme? Ich würde es gerne lesen, nachdem du mir so vorgeschwärmt hast.

Soll ich dir etwas Bestimmtes mitbringen? Keine Angst, wenn du momentan nichts weißt, werde ich dich trotzdem nicht mit einem langweiligen Blumenstrauß oder einer 250g-Packung Pralinchen nerven ...

Ich freue mich riesig, dich am Samstag wiederzusehen und zu hören, was die Ärzte dir so gesagt haben. Bitte ruf mich an, wenn dir noch etwas einfällt; ich fahre gegen 10 Uhr morgens zu Hause los und kann gerne noch bei dir vorbeifahren, um Daheimgebliebenes einzupacken.

Ich drück dich, ganz liebe Grüße an meine beste Freundin

deine Tina

Mitteilung über das Ableben

Liebe Vereinsfreunde,

mein Ehemann Jochen starb am 13. Juni 2010 nach langer Krankheit.

Da er bis zum Schluss immer wieder von euch aufgeheitert wurde und ihr alle ein wichtiger Bestandteil unseres Lebens seid, möchte ich euch zu seiner Beisetzung am 20. Juni um 11:30 Uhr im Westfriedhof, Kleine Halle, einladen.
Danach hätte ich euch sehr gern dabei, wenn wir uns zu einem kleinen Imbiss zusammensetzen; ihr wärt mir eine große Stütze.

Bitte gebt mir bis 17. Juni Bescheid, ob ihr kommen könnt.

Viele Grüße

Ellie

Todesanzeige in der Zeitung

Niemand, den man liebt, ist jemals tot. (E. Hemingway)

Am 13. Juni 2010 ist mein Mann, mein Freund, mein Ratgeber, mein Gefährte

Jochen Tedes
gestorben.

Die Beisetzung findet am 20. Juni um 11:30 Uhr im Westfriedhof, Kleine Halle, statt. Bitte sehen Sie von Beileidsbekundungen am Grab ab.

Ellie Tedes

Beileid ausdrücken

„Der Tod ist die uns zugewandte Seite jenes Ganzen, dessen andere Seite Auferstehung heißt." (R. Guardini)

Liebe Ellie,

natürlich waren wir sehr traurig, als wir deine Nachricht erhielten.

Doch nach einer kurzen Überlegungszeit ist klar: Jochen ist da, er ist unter uns.

Die Physiker sagen, jeder Mensch hätte pro Kilogramm Körpergewicht die Energie, die New York pro Tag benötigt.

Selbst die letzten Wochen, als wir Jochen besuchten, hatte er noch so viel Kraft, trotz seiner Krankheit, und er lachte oft und herzlich mit uns.
So viel Energie kann nicht einfach verschwinden!!

Deshalb nehmen wir deine Einladung gerne an, an der Beisetzung teilzunehmen, und danach werden wir mit dir und Jochen, der Kuchen immer mochte, selbstverständlich einen gemütlichen Nachmittag verbringen.

Ellie, bitte, rufe uns an, wenn wir dir helfen können, egal, auf welche Weise.
Du bist nicht allein, das ist dir hoffentlich klar!

Wir alle grüßen dich herzlich, bis Freitag

Karl und die Kegelfreunde

Beistand bei einem Todesfall

Liebe Maja, lieber Alex,

vielen Dank für eure Anteilnahme, euer Verständnis und eure unermüdliche Hilfe während der letzten Wochen.

Nie hätte ich gedacht, dass ich mich ohne Sandra so schwach und ohnmächtig fühlen würde und mir der Alltag und die Formalitäten derart über den Kopf wachsen würden.

Ohne euch wäre ich verloren gewesen!

Ich habe es euch nicht gesagt, aber schon eure bloße Anwesenheit hat mir so gut getan. Zu wissen, ich bin nicht ganz allein, war mir Trost und Stütze in dieser schweren Zeit.

Bitte lasst mich wissen, wenn ich mich einmal bei euch nützlich machen kann; ihr findet immer eine offene Tür bei mir.

Danke.

Euer Matthias

Das Sterbebild

In verschiedenen Regionen Deutschlands, Österreichs und der Schweiz ist es üblich, bei der Beerdigung eines Menschen sogenannte Sterbebilder zu verteilen. Darin findet man neben einem Bild des Verstorbenen kurze religiöse Texte oder Gedichte.

Als Format wird meist DIN A 6 gewählt, und der Aufbau folgt diesem Muster:

Innenseite links

(Pass)Bild
des/der
Verstorbenen

Jedem Ende wohnt ein Anfang
inne. (H. Hesse)

Innenseite rechts

In liebevoller Erinnerung
an

(Vor- und Zuname)

* 24. März 1925
\+ 13. Juni 2010

Außenseite hinten

Herr,
gib uns Frieden
an dem Tag,
der keinen
Abend kennt.

Außenseite vorne

(Bild eines
Sonnenaufganges,
einer Landschaft o. ä.)

Falls Sie dies wünschen, übernehmen die Begräbnisinstitute gegen eine geringe Gebühr die Gestaltung, den Druck und auch die Verteilung dieser Sterbebildchen.

Textbausteine

Gute Besserung

Du trägst deine Krankheit mit unglaublicher Tapferkeit; ganz sicher wirst du bald wieder ganz gesund!

Wir denken ganz viel an dich und wünschen dir gute Besserung, gib nicht auf!

Du schaffst das; bitte lass uns wissen, wie wir dich unterstützen können.

Bitte lass dich nicht unterkriegen. Gute Besserung wünschen dir von Herzen ...

Mitteilung über das Ableben

Am ... starb mein Mann/Vater/meine Frau/Mutter nach langer Krankheit.

Untröstlich muss ich den Tod meiner Mutter/meines Vaters/meiner Frau/meines Mannes bekannt geben.

Bitte sehen Sie von Beileidsbezeugungen am Grab ab.

Wir wünschen uns statt Blumen Spenden für ...

Todesanzeige

Nach langer Krankheit ist meine geliebte Frau/mein geliebter Mann ... von uns gegangen.

Bis zum letzten Augenblick hat er sein/sie ihr Leben in vollen Zügen genossen – ... ist nicht mehr bei uns.

Viel zu früh musste unsere Tochter/unser Sohn/unsere Mutter/unser Vater/meine Frau/mein Mann ... bei einem Unfall ihr/sein Leben lassen.

Beileid ausdrücken

Es tut uns so leid!

Man kann es nur akzeptieren, nicht verstehen.

Wir fühlen mit dir; ... hat eine große Lücke hinterlassen.

Wir vermissen ... sehr.

Kann ich dich in den nächsten Wochen unterstützen? Ich rufe dich nach der Beisetzung an.

Lasst uns in dieser schweren Zeit wissen, wie wir euch helfen können.

Beistand bei einem Todesfall

Habt Dank für all die Zeit und die Kraft, die ihr mir in den letzten Wochen geschenkt habt.

Vielen Dank für deine Unterstützung, ich hätte es allein nicht geschafft.

Es tat so gut, dass du da warst für mich in den düsteren Tagen.

Zitate

Gute Besserung

Die meisten Probleme lösen sich von selbst – man darf sie nur nicht dabei stören. (M. Bonner)

Still liegen und wenig denken ist das wohlfeilste Arzneimittel für alle Krankheiten und wird, bei gutem Willen, von Stunde zu Stunde seines Gebrauches, angenehmer. (F. Nietzsche)

Der Mensch, der krank im Bette liegt, gewinnt oft Weisheit aus der Muße, zu welcher ihn seine Krankheit zwingt. (F. Nietzsche)

Todesfall

Leben und Tod sind eins, so wie der Fluss und das Meer eins sind. (K. Gibran)

Die Angst vor dem Tod ist nichts als das Zittern des Hirten, wenn er vor dem König steht, der ihm zur Ehre die Hand auflegen wird. (K. Gibran)

Beileid

In der Tiefe eurer Hoffnungen und Wünsche liegt euer stilles Wissen um das Jenseits, und wie der Samen, der unter dem Schnee träumt, träumt euer Herz vom Frühling. (K. Gibran)

Wenn ihr den Gipfel des Berges erreicht habt, dann werdet ihr anfangen zu steigen; der Atem befreit sich von seinen rastlosen Gezeiten und kann entfaltet und ungehindert Gott suchen. (K. Gibran)

Das Testament und die wichtigsten Bestandteile

Der letzte Wille, das Testament, regelt, was nach dem Tod eines Menschen mit dessen Besitz geschehen soll. Die Erben und zum Teil Ort und Ablauf einer Bestattung werden hier festgelegt. Für minderjährige Kinder kann ein Vormund bestimmt werden.
Normalerweise gilt die **gesetzliche Erbfolge**. Wenn man damit nicht einverstanden ist, kann man entweder ein handschriftliches oder ein notariell beglaubigtes Testament verfassen.
Ein **handschriftliches Testament** muss vollständig und leserlich mit der Hand geschrieben sein und muss mit Ort, Datum und Unterschrift versehen sein.
Ein **Notar** bekommt ein Honorar für seine Beratung (richtet sich nach der Höhe des Vermögens), er setzt dann das Testament auf, berät Sie und bewahrt das Testament auf.
Alle zwei bis fünf Jahre sollte man ein bestehendes Testament auf Richtigkeit überprüfen.

Einladungen

Zu einem Ereignis, über das man sich freut und das man mit anderen teilen möchte, benötigt man Einladungen, aus denen der Anlass, die Zeit und der Ort der Veranstaltung hervorgehen. Eventuell geben Sie Ihren Gästen auch einen Tipp, welches Geschenk Ihnen gefallen würde; kaum ein Gast möchte mit leeren Händen kommen.

Senden Sie eine **Hochzeitseinladung** frühzeitig ab. Meist ist die Kleidungsfrage und der -kauf wichtig; auch organisieren die Gäste oft Diashows, Sketche oder Spiele für das Brautpaar, was zeitaufwendig ist.
→ siehe Musterbrief ‚Einladung zur Hochzeit' S. 256

Ein **Kind wird der Gemeinde vorgestellt** und von ihr aufgenommen. Das ist ein festlicher Akt und meist sind Verwandte und Freunde der Familie mit dabei.
→ siehe Musterbrief ‚Einladung zur Taufe' S. 257

Zur **Firmung, Konfirmation oder Kommunion** kann durchaus schon der Jugendliche selbst einladen.
→ siehe Musterbrief ‚Firmung/Konfirmation/Kommunion' S. 258

„Man soll die Feste feiern, wie sie fallen!" Dieses alte Sprichwort gilt immer noch; nicht immer braucht man einen Anlass, um zu feiern. Sie sollten dies aber betonen, damit Ihre Gäste sich nicht den Kopf zerbrechen, welchen Grund das **Fest** haben könnte.
→ siehe Musterbrief ‚Einladung zur Party' S. 259

Für jüngere Kinder schreiben meist die Eltern die **Geburtstagseinladungen**, ältere Kinder übernehmen das oft selbst.
→ siehe Musterbrief ‚Einladung zum Kindergeburtstag' S. 260

Die Einladung zu einem **Geburtstagsfest eines Erwachsenen** richtet sich stark nach der Empfängergruppe; zu einer fröhlichen Beachparty anlässlich eines 25. Geburtstages wird man anders formulieren als zum formellen Abendessen zu Ehren eines runden Geburtstages.

→ siehe Musterbrief ‚Einladung zum Geburtstag' S. 261

Abgesehen von einem Firmenjubiläum werden andere **Jahrestage** meist mit Freunden und der Familie im Privatbereich gefeiert. Es ist gut, die Einladung ein paar Wochen vorab zu schicken, um die Gästezahl kalkulieren zu können und auch zu gewährleisten, dass sich die Eingeladenen zum Zeitpunkt des Festes nichts anderes vornehmen.

→ siehe Musterbrief ‚Jubiläum' S. 262

Ein erfolgreicher **Umzug** ist immer ein Grund zur Freude. Alle, die mitgeholfen haben, nahestehende Freunde und die Familie sind selbstverständlich auch neugierig auf das neue Heim, und so bietet sich ein Einweihungsfest (oder neudeutsch eine Housewarming-Party) an.

→ siehe Musterbrief ‚Einweihung einer neuen Wohnung' S. 263

Geschenke

Kein Gast will mit leeren Händen zu einem Fest kommen. Wenn Sie doppelte oder unpassende Geschenke vermeiden wollen, geben Sie Ihren Gästen mit der Einladung einen **Tipp**, was Sie gerne mögen, oder die Telefonnummer/E-Mail-Adresse der Person, die die **Geschenkideen** koordiniert.

Wohin mit Übernachtungsgästen?

Wenn Sie Gäste mit weitem Anfahrweg einladen, können Sie zur Einladung gleich **Hoteltipps** mit den dazu gehörigen Kontaktdaten senden oder erwähnen, dass für die Übernachtung gesorgt ist.

Einladung zur Hochzeit

WIR TRAUEN UNS!

Am Sonntag, 24. Mai 2010, um 10:30 Uhr findet in der Nikolauskirche, Mannstraße 4, 45375 Renscheidt, unsere Trauung statt.

Wir möchten dich/euch ganz herzlich dazu einladen!

Anschließend feiern wir im
Hotel „Tannenhof", Forstgasse 12, 45375 Renscheidt,
bis unsere Schuhe durchgetanzt sind.

Unsere Geschenkeorganisation hat Lenny Graf, Tel. 0456 38675, übernommen.

Bitte gebt uns bis zum 3. Mai Bescheid, ob ihr kommen könnt.

Tessi Kobler und Michael Hambach

Einladung zur Taufe

„Ich habe dich bei deinem Namen gerufen, du bist mein."
(Jesaja 43,1)

Unser kleiner Schatz Dora-Marie wird am 25. Juli 2010 um 14 Uhr in der Nikolauskirche, Mannstraße 4, 45375 Renscheidt, getauft. Wir möchten euch herzlich dazu einladen!

Danach feiern wir im Pfarrsaal bei Kaffee und Kuchen das erste große Ereignis unserer Tochter.

Seid ihr dabei? Bitte gebt uns bis 15. Juli Bescheid.

Voll Vorfreude

Vanessa und Mario

Einladung zur Kommunion/Konfirmation/Firmung

Am 25. Juli 2010 um 13 Uhr findet in der Nikolauskirche,
Mannstraße 4, 45375 Renscheidt,
meine Firmung statt, die ich gerne mit euch feiern würde.

Danach laden meine Eltern zu Kaffee und Kuchen im Seehaus ein.

Kommt ihr? Bitte gebt mir bis 5. Juli Bescheid. Ich würde mich freuen!

Euer Julian

Einladung zur Party

„Weißt du, worin der Spaß des Lebens liegt? Sei lustig! (J. W. v. Goethe)

Ja, liebe Leute, und das nehmen wir uns wirklich zu Herzen – in der Lautenbachstraße 14, 23079 Sörst, findet am 12. August 2010 ab 20 Uhr eine große Party statt!

Warum? Einfach so, it's Party Time!

Kommt Ihr? Bitte gebt bis zum 6. August Bescheid (Tel. 0254 5647).

Was mitbringen? Gerne, das kalte Buffet ist flexibel ...

Wir freuen uns auf euch!!! Lara und Chris

Einladung zum Kindergeburtstag

Lieber Flo,

am 12. Februar 2010 möchte ich meinen Geburtstag im McKings-Restaurant in der Flussgasse feiern.
Wir beginnen um 14:30 Uhr; du kannst gerne nach der Schule schon mit mir nach Hause kommen. Ab 17:30 Uhr freut sich meine Mama, wenn deine Mama zu Kaffee und Kuchen bei uns in der Stadtstraße 7 vorbeischaut.

Bist du dabei? Ich würde mich sehr freuen! Dein Lorenz

Einladung zum Geburtstag

„Man ist so alt wie man sich fühlt"

Ich fühle mich wie ein junger Hüpfer!
Und so möchte ich zu meinem **50. Geburtstag** ein rauschendes Fest mit euch feiern.

Wann? 6. September 2010, ab 18 Uhr

Wo? Vereinsgelände Wiesstraße, 85747 Fischerhäuser (Skizze auf der Rückseite)

Wie lange? Bis die Schuhe glühen; für Zelte, Schlafsäcke und Liegen in der Hütte ist gesorgt, ihr könnt gerne übernachten

Mitzubringen? Gute Laune, eure Dancing Shoes, Hunger und Durst Geschenke? Bitte Michi, Tel. 089 2436 anrufen.

Bitte meldet euch bis 15. August, ob ihr Zeit habt. Ich freue mich auf euch!

Euer Manfred

Jubiläum

„No Sports" (W. Churchill)

Liebe Mitglieder von „41,195 & mehr",

so dachten wir nach unserem ersten gemeinsamen Lauf vor 10 Jahren doch auch, oder? Wir ächzten und schwitzten und hätten wohl nie gedacht, dass wir mal einen gemeinsamen Marathon beenden würden, geschweige denn, dass wir so lange miteinander laufen würden!

Lasst uns den **25.05.2010** als unser 10-jähriges Jubiläum feiern.

Wir treffen uns im **TSV-Sportheim um 14 Uhr**, natürlich in Laufklamotten, zu unserem 10-km-Jubiläumslauf.

Nach dem Duschen beginnt unser Fest im TSV-Bistro, gegen 15:30 Uhr, mit Kaffee und Kuchen. Für die Untermalung sorgen Hanni und Peter, die ihre Fotosammlung zum Besten geben.

Das gemeinsame Abendessen beginnt um 18 Uhr; bitte gebt mir noch Bescheid, ob ihr Pute oder vegetarische Kost bevorzugt.

Um 19 Uhr rocken die „Running Devils" los, und wir können unsere Kalorien wieder abtanzen (mit Open End).

Ich freue mich auf eure Antwort (bitte bis zum 01.05.2010)!

Eure Inge

Einweihung einer neuen Wohnung

Es ist geschafft!

Liebe fleißige Helfer,

vielen Dank für eure tatkräftige Unterstützung während unseres Umzugs, allein hätten wir das nicht geschafft!

Jetzt sind die Kartons wieder ausgepackt, die Lampen montiert und die Gartenmöbel stehen bereit:

Lasst uns feiern!

Am 30.06.2010 ab 19:30 Uhr findet bei uns in der Heimwegstraße 12, 83947 Dorfhausen, eine große **Einweihungsparty** statt.

Wie ihr ja vom Einpacken wisst, ist alles vorhanden, deshalb braucht ihr nur noch gute Laune und viel Appetit fürs Buffet mitbringen.

Gerne könnt ihr nach dem Fest im Gästeraum übernachten (dann bitte Schlafsack einpacken), es wäre schön, mit euch am nächsten Morgen zu frühstücken!

Bitte sagt uns bis zum 15.06, ob ihr kommen könnt.

Wir freuen uns auf euch

Leonie und Markus

Textbausteine

Hochzeit

Nach ... Jahren wagen wir es und heiraten am ... Kommt Ihr zu unserer Hochzeit?

Last – but not least: Wir heiraten! Und wir würden uns sehr freuen, wenn Ihr dabei seid.

Die Spatzen pfeifen es von den Dächern: Wir heiraten am ... und möchten euch dazu herzlich einladen.

Feiert am ... mit uns, dass wir „uns trauen"!

Taufe, Kommunion, Konfirmation, Firmung

Unsere Tochter/unser Sohn ... wird am ... getauft. Wir würden uns freuen, wenn Ihr mit uns feiern könnt!

Am ... feiert ... ihre/seine Erstkommunion und möchte euch dazu herzlich einladen.

Am ... feiere ich meine Firmung/Konfirmation und würde mich freuen, wenn Ihr dabei seid.

Party

Wo man singt, da lass dich nieder ... ich weiß nicht, ob wir selbst singen werden, aber Musik gibt es auf jeden Fall – kommst du zu unserer Party am ...?

Sommer, Sonne, Ferienzeit, das schreit einfach nach PARTY!
Kommt ihr auch?

Wir feiern am ... eine Grillparty und möchten euch dazu herzlich einladen.

Wir haben ein paar Geburtstage, ein erfolgreiches Abitur, Würstchen und ein Fass Bier – was braucht man mehr für eine schöne Party?

Kindergeburtstag

Am ... feiert Tim seinen 3. Geburtstag und möchte dich und deine Mami gerne am Nachmittag zu Kuchen und vielen Spielen einladen. Kommt ihr?

Lieber ..., ich möchte dich gern am ... zu meinem Geburtstag einladen.

Hallo, Oma, du darfst bei meiner Geburtstagsfeier am ... einfach nicht fehlen. Kommst du?

Geburtstag

Riesenfete in der Musterstraße, ... feiert Geburtstag! Seid ihr auch dabei?

Wir möchten euch herzlich zu ... Geburtstagsfeier am ... einladen.

Am ... möchte ich für ... eine Überraschungsparty zu seinem 30. Geburtstag veranstalten. Habt Ihr Zeit?

Ich werde 30; ihr braucht mir noch nicht über die Straße zu helfen, sondern ihr sollt mit mir feiern!

Jubiläum

Zu meiner 25-jährigen Mitgliedschaft im Verein möchte ich euch alle am ... zu einem kleinen Fest im Vereinsheim einladen.

10 Jahre Laufkreis - das muss doch gefeiert werden!

Wir würden gern unsere 15 Jahre Englisch-Stammtisch gebührend mit euch feiern.

Seit 1990 besteht mein eigenes kleines Unternehmen; dieses Jubiläum möchte ich gerne mit euch im gemütlichen Rahmen am ... feiern.

Einweihung einer neuen Wohnung, eines neuen Hauses

Es ist vollbracht, lasst uns feiern!

Zur Einweihung unseres Hauses/unserer Wohnung möchten wir euch herzlich einladen.

Ich möchte den Einzug in die neue Wohnung gerne mit euch feiern.

Zitate

Hochzeit → siehe S. 224

Taufe → siehe S. 225

Kommunion, Konfirmation, Firmung → siehe S. 226

Party und Geburtstag

Steht der Kuchen auf dem Tische, macht sich dick, macht sich breit:
Guten Morgen, Rumpumpel, dein Geburtstag ist heut!
Und Vater und Mutter, alle Kinder, alle Leut
Schrein: Hoch, Rumpumpel, sein Geburtstag ist heut! (P. Dehmel)

Fröhlich sein, Gutes tun, und die Spatzen pfeifen lassen. (Don Bosco)

Man muss die Feste feiern, wie sie fallen, und das Wetter nehmen, wie es ist. (Volksmund)

Mit Mühen und Beschwerden wird man allein fertig. Aber die Freude muss man teilen. (H. Ibsen)

Einweihung eines neuen Hauses

In jedem Haus, wo Liebe wohnt,
da scheint hinein auch Sonn und Mond. (H. v. Fallersleben)

Beim Bauen
muss man schauen,
sich nicht zu verhauen,
sonst kommt man in des Elends Klauen. (A. Clara)

Danksagungen und Entschuldigung

Selten wurde ein **Danke** zu viel gesagt; eher erinnern sich Menschen an Dienste oder Dinge, die sie aus Freundschaft getan und gegeben haben und für die nicht gedankt wurde.
Nehmen Sie sich deshalb ein paar Minuten Zeit, wenn Ihnen jemand geholfen hat, und bringen Sie ihre Dankbarkeit zum Ausdruck!

→ siehe Musterbrief ‚Dank für Hochzeitsgeschenke und Glückwünsche' S. 268

→ siehe Musterbrief ‚Dank an die Gäste einer Taufe' S. 269

→ siehe Musterbrief ‚Dank an fleißige Umzugshelfer' S. 270

→ siehe Musterbrief ‚Dank für die Hilfe rund um einen Hausbau' S. 271

→ siehe Musterbrief ‚Allgemeiner Dank' S. 272

Wir sind nicht perfekt, und so passiert es, dass man etwas sagt oder tut, das einen anderen beleidigt oder verletzt. Am besten ist es natürlich, wenn man sich dann überwindet, auf den anderen zugeht und sich persönlich entschuldigt. Manchmal ist derjenige nicht in der Nähe oder möchte Sie gar nicht sehen oder gar sprechen, so dass Sie keine andere Möglichkeit haben, als sich schriftlich zu **entschuldigen**.

→ siehe Musterbrief ‚Entschuldigung' S. 273

Ein Bild als kleines Gegengeschenk

Wenn Sie sich für die Teilnahme und Geschenke zu einer Hochzeit, einer Taufe, einer Party **bedanken**, tun Sie dies doch einmal mit einem **Foto**, das die beifügen oder auf den Briefbogen drucken.
Vielleicht haben Sie sogar die Person, die den Dank bekommen soll, auf einem der Bilder – damit bleibt Ihr großes Ereignis auch beim Empfänger des Briefes in schöner Erinnerung!

Dank für Hochzeitsgeschenke und Glückwünsche

Nie wieder Geschirr spülen!

Liebe Ina, lieber Rainer,

es war so schön, dass ihr mit uns unsere Hochzeit gefeiert habt.

Vielen Dank für eure witzige Diashow und die Tanzeinlage, die ihr mit den anderen einstudiert habt – es hat uns so an die Hüttenabende im Wetterstein erinnert!

Wir haben uns sehr über euer Geschenk gefreut. Durch eure großzügige Gabe konnten wir uns gestern den lang ersehnten Geschirrspüler bestellen.

So würden wir euch gern einladen, bald zu uns zum Abendessen zu kommen; der Geschirrspüler nimmt uns schließlich ab jetzt die Arbeit ab, und wir können den Abend genießen. Ruft doch kurz an, wann ihr Zeit habt!

Herzliche Grüße

Moni und Tom

Dank an die Gäste einer Taufe

Euer Geschenk ist der Hit!

Liebe Tante Inga, lieber Onkel Franz,

wie ihr seht, kann ich die Wippe sehr gut gebrauchen. Damit kann Mama mich so platzieren, dass ich in der Küche genauso wie im Bad den vollen Überblick bewahre.

Meine Eltern und ich fanden es so schön, dass ihr bei meiner Taufe dabei wart und versucht habt, mich zu trösten, als ich nach diesem Wasserguss geweint habe. Familie ist einfach etwas sehr Gutes!

Kommt uns doch besuchen, wenn ihr mal wieder in unserer Gegend seid, ihr seid immer willkommen.

Aus dem Sandkasten sendet euch liebe Grüße

Euer Patrick

Dank an fleißige Umzugshelfer

„Ein guter Freund ist jemand, der da ist, wenn man ihn braucht!" (A. d. Saint-Exupéry)

Liebe Steffi, Ina, Tonia, Franzi, Lisa, lieber Toni, Joschi, Jürgen, Tom, Gunther und Werner,

wie schön, so gute Freunde wie euch zu haben!

Vielen Dank für eure Hilfe am Samstag und Sonntag; ohne euch wären wir die nächsten Monate noch beschäftigt mit dem Umzug!

Nachdem jetzt die Ferienzeit anbricht und wir unser Dankeschön nicht zu lange verschieben wollten, haben wir euch einen Kinogutschein beigefügt.

Natürlich ersetzt das nicht die Einweihungsparty; wir möchten euch einfach zeigen, wie froh wir über eure Hilfe waren und sind.

Bis bald, liebe Grüße

Silvia und Ernst

Dank für die Hilfe rund um einen Hausbau

Unser Zuhause ist fertig

Liebe Freunde, liebe Helfer,

es ist jetzt so weit – wir sind fertig!

Nachdem ihr alle uns über ein Jahr mit Rat und Tat unterstützt habt, haben wir es geschafft.

Dafür möchten wir euch ganz herzlich danken, ohne euch wäre das nicht möglich gewesen.

Egal, welches Problem auftauchte, welches Teil fehlte, welche Handwerkerhand wir brauchten; einer von euch war immer da und half.
Es ist ein ziemlich gutes Gefühl, so gute Freunde zu haben!

Sobald wir die Kartons ausgepackt haben und die bestellten Möbel geliefert werden, gibt es natürlich eine Einweihungsparty, auf der wir euch alle begrüßen möchten (Einladung folgt!).

Wir wünschen euch ein erholsames und ruhiges Wochenende und freuen uns auf unser Weidersehen.

Herzliche Grüße aus dem Karton-Lager

Claudia und Bernd

Allgemeiner Dank

„Mit der Freundschaft ist es wie mit einer Kerze: Sie leuchtet am hellsten, wenn es ringsherum ganz dunkel wird"
(F. v. Assisi)

Liebe Agnes,

während der letzten Wochen warst du ständig an meinem Bett, hast alles für mich erledigt, was es im Alltag zu tun gab, hast mich unterhalten, mich getröstet und warst der tägliche Lichtblick, auf den ich mich schon morgens beim Aufwachen freute.

Dafür möchte ich mich bei dir von ganzem Herzen bedanken – es gibt nicht viele Menschen, die so eine selbstlose Hilfe jemals kennen lernen durften.

Ich hoffe, dass ich dir all das Gute irgendwie zurückgeben kann; sollte ich nicht dazu kommen, sende ich dir heute bereits ein „Vergelt's Gott".

Bitte ruf mich an, wenn ich etwas für dich tun kann!

Ich freue mich auf unser Wiedersehen bei der Kunstführung.
Bis dahin viele Grüße

deine Gaby

Entschuldigung

„Nie ist der Mensch so schön, als wenn er um Verzeihung bittet oder selbst verzeiht". (Jean Paul)

Liebe Verena,

es tut mir so leid!

Im Eifer des Gefechtes, sprich: während unseres Telefonates, sind mir Dinge herausgerutscht, die in diesem Zusammenhang falsch waren, und die ich zudem in einem völlig unakzeptablen Ton geäußert habe.

Ich möchte dich gerne um Entschuldigung bitten, kann es aber verstehen, dass du nicht abnimmst, wenn du meine Nummer auf dem Display siehst.

Täglich denke ich über unseren Streit nach, über all die dummen Sachen, die ich gesagt habe.

Bitte verzeih mir, ich möchte dich als Freundin nicht verlieren, du bist mir sehr wichtig.

Ich rufe dich nächsten Montag wieder an und würde mich riesig freuen, wenn du mit mir sprichst.

Liebe Grüße

Maria

Textbausteine

Hochzeitsgeschenke und Glückwünsche

Schön, dass Ihr dabei wart.

Wir haben uns gefreut, dass Ihr mit uns gefeiert habt.

Danke für euer großzügiges Geschenk!

Euer Geschenk können wir wirklich gut gebrauchen.

Vielen Dank, dass Ihr alle zusammengelegt habt und uns diesen großen Wunsch erfüllt habt.

Euer Geschenk ist eine jener Gaben, die man sich selbst niemals leisten würde und an der man sein ganzes Leben lang Freude hat.

Gäste einer Taufe

Wie schön, dass Ihr uns und unser Baby an diesem Tag begleitet habt.

Wir haben Euer Geschenk in Wertpapieren gut angelegt und werden sie unserer/unserem kleinen ... in Eurem Namen überreichen, wenn sie/er das Geld braucht. Vielen Dank für diesen großzügigen Grundstein!

Herzlichen Dank für Euer schönes und äußerst praktisches Geschenk zur Taufe unserer/unseres kleinen ...

Umzugshelfer

Wie gut, dass es Dich gibt! Ganz herzlichen Dank für Deine Hilfe, ohne Dich hätten wir diesen Umzug nicht gepackt.

Vielen Dank für Eure unermüdliche Unterstützung bei unserem Umzug.

Unser Umzug ist dank Euch so wunderbar und stressfrei abgelaufen, vielen Dank!

Hilfe rund um einen Hausbau

Es ist fast unglaublich: In einer Zeit, in der jeder nur noch an sich selbst denkt, bist du für uns da und hilfst, wo Not am Mann ist. Vielen Dank für Deine konstante und kompetente Unterstützung!

Nicht verzagen, ... fragen: War das gut, Dich in unserer Nähe zu wissen! Hab Dank für Deine Hilfe während der langen Monate auf unserer Baustelle.

Allgemeiner Dank

Vielen Dank für .../Herzlichen Dank, dass ...

Danke für alles.

Ich habe/Wir haben uns so gefreut über ...

Entschuldigung

Es tut mir so leid, dass ...

Bitte entschuldige .../Verzeih mir, dass ...

Ich weiß nicht, warum ich ...

Es war dumm von mir ...

Kannst du mir verzeihen?

Zitate

Hochzeit und Glückwünsche → siehe S. 224

Taufe → siehe S. 225

Hilfe rund um einen Hausbau → siehe S. 266

Entschuldigung

Es ist weit angenehmer, zu beleidigen und später um Verzeihung zu bitten, als beleidigt zu werden und Verzeihung zu gewähren. (F. Nietzsche)

Irren ist menschlich, vergeben göttlich. (Lord Byron)

Keine Reue ist so schmerzlich wie die vergebliche. (Ch. Dickens)

Gemeinsame Erinnerungen sind manchmal die besten Friedensstifter. (M. Proust)

Anzeigen in Zeitungen

Man kann zu den verschiedensten Zwecken in Zeitungen inserieren, z. B. um etwas zu kaufen oder verkaufen, um etwas kundzutun, um eine Arbeitsstelle anzubieten oder zu suchen.

Achten Sie bei der **Formulierung** und auch bei der Aufnahme Ihrer Anzeige darauf, dass man sie trotz der häufig benutzten Abkürzungen noch gut verstehen kann.
Man kann auch Anzeigenblätter kaufen, die bereits ein Formular für eine kostenlose Annonce enthalten; für Privatleute ist dies eine preiswerte Methode, gut zu inserieren.

Wichtig dabei ist immer, **sich möglichst kurz zu fassen**, weil Anzeigenplatz teuer ist, und dabei trotzdem die gewünschten Inhalte so gut wie möglich zu transportieren.

Sie sollten dennoch **möglichst viele Details** Ihres Angebotes angeben, das erhöht bei einem Verkaufsangebot die Zahl der Interessenten.
→ siehe Musteranzeige ‚Verkaufsanzeige' S. 278

Versuchen Sie, bei der Beschreibung Ihrer **Wohnung** oder Ihres **Hauses nahe an der Realität** zu bleiben; Interessenten werden das Objekt später sowieso sehen. Versuchen Sie, die charmanten Eigenheiten herauszuarbeiten.
→ siehe Musteranzeige ‚Immobilienanzeige' S. 278

Ehrlichkeit ist beim **Autoverkauf** Pflicht, vor allem, wenn Sie bereits einen Unfall mit dem zu verkaufenden Auto hatten. Das Gesetz schreibt vor, dass jeder größere Unfall dem Käufer mitzuteilen ist, ansonsten kann der Käufer den Vertrag stornieren, auch wenn er erst nach einigen Jahren dahinterkommt.
→ siehe Musteranzeige ‚Autoverkauf' S. 279

Manchmal suchen kleine und mittlere Unternehmen in den Regionalblättern nach Arbeitskräften, vor allem, wenn schnell jemand benötigt wird. Häufig sind **Stellenangebote** von privaten Haushalten.
→ siehe Musteranzeige , Stellenangebot für einen privaten Haushalt ' S. 280

Weshalb also nicht einmal eine Anzeige für Ihre **Suche nach einer neuen Arbeitsstelle** nutzen (→ siehe Kapitel ,Die Bewerbung' S. 282).
→ siehe Musteranzeige ,Stellensuche' S. 280

In regionalen Zeitungen kann man oft **Geburtstags-** oder **Prüfungsglückwünsche** sehen. Meist sind solche Annoncen mit einem Bild des Glückwunsch-Empfängers versehen. Hier ein Beispiel, wie eine Anzeige aussehen kann.
→ siehe Musteranzeige ,Glückwünsche' S. 281

Datenschutz

Denken Sie daran, dass manche Menschen die Anzeigen nur durchsuchen, um an **persönliche Daten** für Werbung oder Ähnliches zu kommen. Geben Sie möglichst nur eine Mobilnummer an, keine Namen, Adressen oder Festnetznummern!

Anzeige mit Bild

Wenn Sie die Gelegenheit haben, ein Bild zur Anzeige zu schalten, eventuell bei einer gleichzeitigen Online-Annonce, ist dies stets von Vorteil; ein Bild sagt mehr als tausend Worte.
Sollten Sie ein Auto verkaufen wollen, reinigen Sie es vorab, der Glanz gibt eindrucksvollere Bilder. Bei einer Immobilie empfiehlt es sich, mehrere kleine Bilder der einzelnen Zimmer beizufügen.

Verkaufsanzeige

Mittlerweile wird sehr viel über das Internet verkauft; wie auch in einer Zeitung sind Sie meist an eine bestimmte Buchstabenanzahl gebunden, die Sie mit Ihrer Beschreibung nicht überschreiten dürfen. Versuchen Sie, Abkürzungen so klar wie möglich zu benutzen.

Designer-Sideboard, wie neu, BHT 260x50x56, Farbe schwarz-glänz.,VB 170 €, Tel.0186 5647 49

ABC

Allgemeine Abkürzungen bei Verkäufen

VB	Verhandlungsbasis	**Ki.**	Kinder-
FP	Festpreis	**gebr.**	gebraucht
su.	suche	**neuw.**	neuwertig
Da.	Damen-	**zu verk.**	zu verkaufen
He.	Herren-	**BHT**	Breite – Höhe – Tiefe

Immobilienanzeige

2-Zi.-Garten-Traum, Borstei, EG+2, Hobbyr.,Nfl. Ca. 118qm, S/W,EBK,Lift, Park,TG,U-Bahn-N.,frei, v.priv.,€1000,- + TG 45;-+NK+KT,Tel.01783645675

ABC

Abkürzungen bei Immobilien und Mietobjekten

Zi	Zimmer	**KM**	Kaltmiete
EG	Erdgeschoss	**MM**	Monatsmiete
OG	Obergeschoss	**mtl.**	monatlich
DG	Dachgeschoss	**App.**	Appartement

Nfl.	Nutzfläche	**EB-Schr.**	Einbauschrank
Wfl.	Wohnfläche	**Terr.**	Terrasse
ZKB	Zimmer, Küche, Bad	**NKM**	Nebenkosten + Miete
WG	Wohngemeinschaft	**verm.**	Vermietet
EBK	Einbauküche	**san.-bed.**	Sanierungsbedürftig
Blk.	Balkon	**EFH**	Einfamilienhaus
Hzg.	Heizung	**DHH**	Doppelhaushälfte
S/W	Süd-West-Ausrichtung	**REH**	Reiheneckhaus
TG	Tiefgarage	**RMH**	Reihenmittelhaus
NK	Nebenkosten	**WHG**	Wohnung
KT	Kaution	**ETW**	Etagenwohnung
WM	Warmmiete	**Nh.**	Nähe

Autoverkauf

Mitsuki C5 Kombi, 2,0 Automatic, blau metallic, Bj. 2/2002,136 PS, 120 TKM, HU 02/11, MwSt. ausweisbar, 5000 €, Tel. 096 57 39 49

ABC

Abkürzungen in Autoanzeigen

Bj.	Baujahr	**WR**	Winterreifen
PS	Pferdestärken	**8-fach ber.**	8-fach bereift (Sommer- und Winterreifen)
kW	Kilowatt	**VB**	Verhandlungsbasis
KM	Kilometer	**SH**	Sitzheizung
TKM	tausend Kilometer	**SH-gepfl.**	Scheckheft gepflegt
HU	Hauptuntersuchung	**Klima**	Klimaanlage

TÜV	Technischer Überwachungsverein (Untersuchung)	**4trg.**	4-türig
AU	Abgas-Sonderuntersuchung	**SSD**	Sonnenschiebedach
EZ	Erstzulassung	**R/CD/ MP3**	Radio, CD-Spieler, mp3-Spieler
PKW	Personenkraftwagen	**NR**	Nichtraucher-Auto
KFZ	Kraftfahrzeug	**met.**	Metallic
Zust.	Zustand	**Hd.**	Hand (Vorbesitzer)
SR	Sommerreifen	**el.FH**	elektrische Fensterheber

Stellenangebot für einen privaten Haushalt

Leider habe ich meine Haushaltshilfe wg. Krankheit verloren. Kann mir jemand langfristig helfen? 4 x/Mon., je ca. 6 Std. Tel. 0153 234 567

Sparsam mit Abkürzungen

Wenn Sie für Ihren Haushalt eine Arbeitskraft suchen, sollten Sie Abkürzungen so gut wie möglich vermeiden. Oft werden Interessenten abgeschreckt, weil sie Einzelheiten der Annonce wegen unbekannten Abkürzungen nicht verstehen.

Stellensuche

Veranstalt.-kauffrau, 34 J., su. neuen Wirkungskreis in VZ o. TZ, gt. Kenntn. In Engl. +MS Off.,FS Kl.III, Tel. 0189 375 38

Abkürzungen in Stellengesuchen

su.	suche	**erf.**	erfahren
VZ	Vollzeit	**mob.**	mobil
TZ	Teilzeit	**m/w**	männlich/weiblich
FS	Führerschein	**sof.**	sofort
zuverl.	zuverlässig		

Glückwünsche

Liebe Oma, *(hier evtl. ein Bild der Oma)*

zum 80. Geburtstag wünschen wir dir alles Liebe und weiterhin eine gute Gesundheit. Wir freuen uns, am nächsten Sonntag alle mit dir zu feiern, und sind stolz auf unsere rüstige Großmutter!

Deine Enkelkinder Anna, Judith, Tobias, Robert und Stephan

DIE BEWERBUNG

Die Unterlagen

Oft haben Personalverantwortliche mehr als hundert *Be*-Werbungen für eine Stelle vor sich liegen. 80 Prozent dieser Unterlagen werden nach 30 bis 60 Sekunden im Ordner Absagen abgelegt.

Wonach wird eine Bewerbung beurteilt?

Bis zum Schluss noch 3 bis 5 Bewerber für ein persönliches Gespräch übrig bleiben, filtern Personalverantwortliche in der Regel nach folgenden Kriterien, deren Wichtigkeit von oben nach unten abnimmt:

- Sauberkeit und Lückenlosigkeit der Unterlagen
- Bild
- Sprache, Formulierungen
- Basis- und Zusatzqualifikationen
- Alter
- Sprachkenntnisse
- Motivation des Bewerbenden
- Möglicher Eintrittstermin
- Tätigkeitsschwerpunkte
- Entwicklung der beruflichen Laufbahn
- Dauer der einzelnen Beschäftigungen
- Grund für Wechsel, Arbeitslosigkeit
- Kündigungsgründe
- Weiterbildungsaktivitäten
- Mobilität
- Außerberufliche Aktivitäten
- Familiensituation
- Zukunftswünsche

Äußerlichkeiten

Welche formalen Kriterien muss eine Bewerbung erfüllen, um nicht direkt im Korb *Zurück zum Absender* zu landen? Nutzen Sie bereits den allerersten Eindruck, um für sich zu werben.

Achten Sie auf eine gute **Verpackung** Ihrer Bewerbungsunterlagen. Verwenden Sie eine ansprechende Mappe und stecken Sie sie in einen genügend großen Briefumschlag. Frankieren und adressieren Sie die Sendung ausreichend. Vergessen Sie den Absender nicht!

Sorgen Sie für **Sauberkeit** und **Vollständigkeit** der Unterlagen. Dazu gehören die Qualität des Fotos (→ S. 295) und die Art des Papiers.

Statt dem üblichen **Papier** von 80 g/m² können Sie für Ihre Bewerbung schwereres Papier von 100 g/m² benutzen, eventuell mit Mattbeschichtung. Das lässt Ihre Seiten erstrahlen und ergibt eine besondere Wirkung. Im Schreibwarenhandel gibt es eine große Auswahl an Papieren in verschiedenen Qualitäten.

Stellen Sie Ihre Unterlagen sorgfältig zusammen. Überlegen Sie gut, welche Unterlagen Sie gerade für diese Bewerbung in Ihre Mappe aufnehmen. Achten Sie beim Zusammenstellen auf

- **Struktur:** empfängerorientierte Gestaltung
- **Layout:** Textaufbau des Anschreibens, des Lebenslaufes und der dritten Seite
- **Reihenfolge der Unterlagen:** vom Ältesten zum Neuesten oder umgekehrt

Checkliste für die Vollständigkeit der Unterlagen

Vergewissern Sie sich vor dem Absenden noch einmal, dass Ihre Unterlagen vollständig sind. Das sollte Ihre Bewerbung enthalten:

- **Begleitschreiben (lose** auf der Mappe liegend) (→ S. 285)
- **Foto** (gut gescannt oder Original) (→ S. 295)

- **Lebenslauf** (→ S. 297)
- **Dritte Seite** (wahlweise) (→ S. 306)
- **Arbeitszeugnisse, Abschlusszeugnisse, sonstige Nachweise** (→ S. 309)

Kriterium Alter

Die Stellensuche jenseits eines Alters von **45 bis 50 Jahren** gestaltet sich erfahrungsgemäß schwierig. Nutzen Sie die dritte Seite Ihrer Bewerbung (→ siehe S. 306), um auf Ihre besonderen Erfahrungen und Vorteile hinzuweisen!
Berufsanfänger sollten besonders auf Praktika, Ferienjobs und sonstige Praxiserfahrungen aufmerksam machen; wenn kein Nachweis dafür vorliegt, schreiben Sie diese Tätigkeiten in die **Seite drei**.

Der Stil der Bewerbung, Ihr Stil als Mitarbeiter

Ihre Bewerbung sollte **dem Unternehmen angepasst** sein und der Stelle, für die Sie sich bewerben.
Eine Bewerbung als Creative Manager bei einer supermodernen Werbeagentur kann anders aussehen als eine Bewerbung bei einer seriösen Geschäftsbank als Kundenberater.
Sie sollten **sich** jedoch **nie selbst verleugnen** und daran denken, dass Sie das einhalten sollten, was Sie dem Unternehmen mit Ihrer Bewerbung versprechen - nach der Probezeit sollte nicht aus dem gut angezogenen Businessmenschen plötzlich ein hemdsärmeliger Sandalenträger werden!

Das Begleitschreiben

Mit dem Begleitschreiben **beantworten** Sie die Annonce in der Zeitung oder im Internet; oder Sie **werben** ganz spontan ohne Ausschreibung für sich – bei einer Initiativbewerbung. Das Schreiben soll den Personalentscheider dazu veranlassen, dass er weiterliest und Sie zu einem Gespräch einlädt.

Ob Sie sich für einen festen Arbeitsplatz, für eine Ausbildung oder für ein zeitlich begrenztes Praktikum bewerben, ein Begleitschreiben gehört immer zu Ihrer Bewerbung.

Form des Anschreibens

Das Begleitschreiben wird **als halbprivater Brief** nach DIN 5008 verfasst (→ siehe S. 12).

Verwenden Sie:

- eine serifenlose Schrift in 11 Punkt
- Flattersatz

Bitte achten Sie auf die folgenden **Bestandteile** des Begleitschreibens:

- Ihre Adresse
- die Empfängeradresse
- Datum
- Betreff, Infozeile
- Anrede
- Einstieg
- Hauptteil
- Abschluss
- Dank und Gruß
- Ihre Unterschrift
- Anlagen mit Anzahl aufführen (z. B. 5 Zeugniskopien)

Grundsätzlich sollten Sie sich beim Begleitschreiben **kurz fassen** und versuchen, mit **einer Seite** auszukommen.
Manchmal ist mehr zu erklären. Pressen Sie dann nicht den Inhalt zusammen, nur um eine zweite Seite zu vermeiden. Gliedern Sie Ihr Schreiben in diesem Fall großzügig und verteilen Sie den Inhalt auf beide Seiten.

Das Begleitschreiben liegt immer **lose auf der Mappe** mit Ihren sonstigen Unterlagen. Wenn Sie eine interne Bewerbung ohne Umschlag abgeben, legen Sie das Begleitschreiben lose in die Mappe.
Heften Sie es niemals in die Mappe, klammern Sie es nirgends an. Im Personalbüro werden diese Schreiben extra aufbewahrt; wenn man zuerst umständlich die Klammerung der Mappe lösen muss, um das Schreiben herauszunehmen, hinterlässt das einen schlechten Eindruck.

Aktuelles Datum einsetzen

Meist hat man die einzelnen Bestandteile einer Bewerbung im PC als Vorlage gespeichert. Achten Sie darauf, das **Datum** bei jedem Bewerbungsschreiben zu **aktualisieren**.

Die Unterschrift

Sie können beim Begleitschreiben die **maschinengeschriebene Unterschrift** noch **zusätzlich** unter Ihre handschriftliche Unterschrift setzen (vor allem, wenn Ihre Handschrift schwer leserlich ist), aber das ist durch keine Norm vorgeschrieben.
Ihre **handschriftliche Unterschrift** ist auf jeden Fall **Pflicht**, in blauer oder schwarzer Farbe.

Inhalt des Anschreibens

Für den Inhalt gelten folgende Anhaltspunkte:

- kurz und konkret schreiben
- kein Satz länger als 15 Wörter, kein Absatz länger als 5 Sätze
- Füllwörter vermeiden (~~eigentlich~~, ~~an und für sich~~ ...)
- Namen und Titel richtig schreiben; beachten Sie eventuelle Titel und lassen Sie sie keinesfalls weg!

Achten Sie sehr genau auf Ihre **Rechtschreibung**. Schreibfehler in der Bewerbung werden als Achtlosigkeit ausgelegt, die womöglich auf ein schlampiges Arbeitsverhalten schließen lässt.
Nutzen Sie die Rechtschreibprüfung Ihrer Textverarbeitungssoftware und lassen Sie Ihre Bewerbung möglichst von einer weiteren Person gegenlesen, bevor Sie sie absenden.

Tipps gegen Schreibblockaden

Wenn Ihnen das Formulieren schwerfällt, dann schreiben Sie zunächst den Text, ohne **Stilfragen** und **Stimmigkeit** zu berücksichtigen. Erst danach prüfen Sie das Geschriebene auf folgende Fragen:

- Ist der Text empfängerfreundlich?
- Würde ich das so auch in einem Gespräch sagen?
- Habe ich deutlich genug formuliert?
- Passen Inhalt und Wortwahl zusammen?
- Habe ich die Ausschreibung Punkt für Punkt beantwortet?
- Sind die Aussagen nachvollziehbar?
- Habe ich alles Wichtige hineingeschrieben?
- Ist der „rote Faden“ des Briefes erkennbar?
- Habe ich ein gutes Gefühl beim Lesen?

Überarbeiten Sie Ihren Brief, bis Sie mit den Antworten zufrieden sind.

Gehaltsvorstellungen

Wenn in der Stellenausschreibung keine Aufforderung steht, das Wunschgehalt zu nennen, behalten Sie sich dies für das Bewerbungsgespräch vor.

Bittet man Sie jedoch, bereits in der Bewerbung Ihre Gehaltsvorstellungen zu nennen, können Sie entweder **auf Ihr jetziges Gehalt ca. 10 % aufschlagen** oder sich bei Handelskammern und Berufsgenossenschaften kundig machen, wie viel für diese Stelle **angemessen** wäre.

Beachten Sie, ob in der Annonce **Extraleistungen** wie Dienstwagen, Direktversicherung o. Ä. angekündigt werden. Ziehen Sie diese gegebenenfalls von der Summe ab und vergessen Sie nicht, die Zusatzleistungen im Arbeitsvertrag festhalten zu lassen.

Musterbriefe

→ siehe Musterbrief ‚Initiativbewerbung' S. 289

→ siehe Musterbrief ‚Bewerbung um einen Ausbildungsplatz' S. 290

→ siehe Musterbrief ‚ Bewerbung um einen Praktikumsplatz' S. 291

→ siehe Musterbrief ‚ Bewerbung um einen Arbeitsplatz' S. 292

→ für Onlinebewerbungen siehe Kapitel ‚Online bewerben' S. 329

→ für Stellengesuche in Tageszeitungen siehe Kapitel ‚Anzeige in Zeitungen' S. 277

Initiativbewerbung

Michael Pförtner
Abtgasse 13
37586 Flimmern
Tel. 0145 35 46 748
E-Mail: pfoertner@d-line.de

12.07.2010

Das Neue Tagblatt
Personalabteilung
Lotweg 34
39567 Haptingen

Sie haben einen personellen Engpass?

Sehr geehrte Damen und Herren,

seit vielen Jahren bin ich freiberuflich für diverse Zeitungen tätig, möchte mich aber in der nächsten Zeit beruflich mehr binden. Ihr Unternehmen war mir bereits bekannt, und die Informationen im Internet rundeten das positive Bild ab.

Ich möchte Ihnen anbieten, meine Erfahrung als kreativer und motivierter Angestellter in Ihre Redaktion einzubringen. Flexibel und stressresistent bin ich an vielen Plätzen einsetzbar, von der Kundenbetreuung bei der Anzeigenannahme über die Reklamationsbearbeitung bei den Geschäftsanzeigen bis hin zur journalistischen Recherche bei den unterschiedlichsten Events.

Gerne komme ich bei Ihnen vorbei und stelle mich persönlich vor. Eine Kostprobe meiner schriftlichen Kompetenzen finden Sie unter www.pförtnerberichte.de.

Ich freue mich auf Ihre Antwort!

Mit freundlichen Grüßen

Michael Pförtner

Anlagen
1 Lebenslauf mit Bild
3 Zeugniskopien

Bewerbung um einen Ausbildungsplatz

Franziska Maria Posch
Birkenstraße 1
85456 Masbach
Tel. 0182 234 576 78
E-Mail: f.posch@info.de

12.04.2010

Zwergerl & More Kindergarten
Frau Heimerl
Bachweg 5
85456 Masbach

Bewerbung um eine Ausbildung zur Kinderpflegerin
Ihre Annonce im Masbacher Rundblatt am 11.04.2010

Sehr geehrte Frau Heimerl,

als ich gestern Ihre Anzeige gelesen habe, habe ich mich sehr gefreut. Seit längerer Zeit möchte ich gerne Kinderpflegerin werden, und nun bietet sich die Möglichkeit für eine Ausbildung so nah an meinem Wohnort!

Während eines Schulpraktikums konnte ich in der Kita „Kunterbunt" Einblicke in diesen Beruf bekommen, die meine Begeisterung weckten. Das Spielen drinnen und draußen, aber auch die stille Beschäftigung in der Vorlese-Ecke mit den Kindern hat mir großen Spaß gemacht; das Vertrauen der Kinder, erfüllte mich mit Stolz und Zufriedenheit. Nach diesem Praktikum war mir klar: Das ist mein Traumberuf!

Im Juni schließe ich meine Realschulzeit mit der Mittleren Reife ab und könnte Ihnen danach bereits für eine Probewoche zur Verfügung stehen.

Möchten Sie mich kennenlernen? Ich würde mich freuen, wenn Sie mir die Gelegenheit zu einem persönlichen Gespräch gäben.

Mit freundlichen Grüßen

Franziska Posch

Anlagen
Lebenslauf/Zusatz
Zeugnisse

Bewerbung um einen Praktikumsplatz

Sandra Feldmann
Grosstal 7
76037 Wertingen
Tel. 0193 254 375 68
E-Mail:feldmann@info.de

25.06.2010

Möbel Tiffler
Personalabteilung
Weisenstraße 14
93549 Mühlens

Bewerbung um einen Praktikumsplatz

Sehr geehrte Damen und Herren,

Ihr Möbelhaus war das erste Unternehmen, von dem ich mir als Kind vorstellte, dort zu arbeiten. Meine Großmutter lebt in Mühlens, und wir gingen oft in Ihre Geschenkabteilung, in Ihr Bistro und natürlich in die verschiedenen Möbeletagen.

Ab 1. September 2010 beginnt die Praktikumsphase in meinem Studiengang – Betriebswirtschaft – und ich würde dieses halbe Jahr Praktikum (bis 1. März 2011) sehr gerne bei Ihnen machen. Es wäre schön, wenn ich während dieser Zeit überall mitarbeiten könnte, denn nicht nur die Verwaltungsarbeit, sondern auch der Verkauf und die Lagerhaltung interessieren mich; ich plane, meine Diplomarbeit über diese Gebiete zu schreiben.

Sind Sie neugierig auf eine motivierte und tatkräftige Hilfe? Ich freue mich auf Ihre Antwort und komme gern zu einem persönlichen Gespräch bei Ihnen vorbei!

Mit freundlichen Grüßen aus Wertingen

Sandra Feldmann

Anlagen
Infoblatt zum Praktikum
Lebenslauf
Vordiplom-Zeugnis

Bewerbung um einen Arbeitsplatz

Thilo Rückert
Welfenweg 19
46923 Apfeldorf
Telefon 0564 342

12.04.2010

CSM Teilebau
Herr Gärber
Personalabteilung
Wickenstraße 12
43214 Intenstadt

Bewerbung um die Stelle als Mechatronik-Leiter
Ihre Ausschreibung im Tagblatt am 10. April 2010

Sehr geehrter Herr Gärber,

seit mehreren Jahren bin ich als Mechatroniker in einer sicheren Stellung tätig. In der letzten Zeit wurde mir bewusst, dass ich mich gerne weiterentwickeln möchte, und ich besuchte einige Kurse der Berufsgenossenschaft.

Um die neuen Kenntnisse und Fähigkeiten einsetzen zu können, suchte ich nach einer Herausforderung, die mich motiviert.
Da las ich am Wochenende Ihre Anzeige – das ist fast zu perfekt, um wahr zu sein!

Die Voraussetzungen, die Sie beschreiben, bringe ich mit, wie Sie aus meinen Zeugnissen und Zertifikaten ersehen.
Ich arbeite gern im Team und habe bereits jetzt Führungsverantwortung über 6 Mitarbeiter.
Zum 1. Juli 2010 wäre für mich der Eintritt in Ihr Unternehmen ohne Probleme möglich.

Wenn Sie mich nun genauso interessant finden wie ich Ihre Firma und diese Stelle, dann freue ich mich auf ein persönliches Gespräch!

Freundliche Grüße

Thilo Rückert

Anlagen
Lebenslauf
Zeugnisse

Textbausteine für den Begleitbrief

Einstieg

In Ihrer Anzeige vom ... beschreiben Sie eine Aufgabe, die mich sehr anspricht.

Die ausgeschriebene Position interessiert mich, da sie meinen Vorstellungen entspricht.

In meiner bisherigen Laufbahn habe ich die Fähigkeiten und Erfahrungen erworben, die Sie suchen.

Da mir bekannt ist, dass Ihr Unternehmen auf dem Gebiet ... zu den führenden Anbietern gehört, interessiert mich die Möglichkeit, für Sie tätig zu werden. (Nur bei wirklich führenden Firmen!)

Ihre Annonce sprach mich durch die Stellenbeschreibung und die Gestaltung sofort an!

Hauptteil

Meine Fähigkeiten und Erfahrungen würden es mir ermöglichen, die von Ihnen beschriebenen Aufgaben zu erfüllen.

Wie Sie meinen Unterlagen entnehmen können, erfülle ich weitgehend Ihr Anforderungsprofil.

Eine vergleichbare Aufgabe habe bereits mit Erfolg bei ... ausgeübt.

Meine Stärken liegen ...

Diese Fähigkeiten und Erfahrungen würden es mir ermöglichen, die beschriebene Aufgabe erfolgreich zu erfüllen.

Während meiner beruflichen Laufbahn habe ich auf allen von Ihnen aufgeführten Gebieten umfangreiche Kenntnisse und Erfahrungen erworben.

Ich bin überzeugt, dass ich auf Grund meiner Kenntnisse und Erfahrungen einen Beitrag zum Erfolg Ihres Unternehmens leisten kann.

Meine Kenntnisse und Fähigkeiten passen wie ein Schlüssel in das Schloss Ihrer Anforderungen.

Abschluss

Bei einem persönlichen Gespräch würde ich gerne mit Ihnen über eine mögliche Zusammenarbeit sprechen.

Für weitere Auskünfte stehe ich Ihnen in einem persönlichen Gespräch – vorab auch gerne telefonisch – zur Verfügung.

Sollten Sie meine Bewerbungsunterlagen interessieren, stehe ich Ihnen gerne zu einem Vorstellungsgespräch zur Verfügung.

Es freut mich, wenn Sie mir Gelegenheit geben würden, mich persönlich vorzustellen.

Ich würde mich über die Chance freuen, mich in einem persönlichen Gespräch vorzustellen und Näheres von Ihnen über Ihr Unternehmen und die Position zu erfahren.

Gerne stelle ich Ihnen weitere Unterlagen über meine beruflichen Erfahrungen und Leistungen zu.

Es würde mich freuen, meine Qualifikation für diese Position mit Ihnen zu besprechen.

Gerne informiere ich Sie anlässlich eines Gespräches näher über meine bisher erbrachten Leistungen bzw. erreichten Erfolge und erwarte Ihren Anruf wegen eines Termins.

Über ein persönliches Gespräch würde ich mich sehr freuen!

Das Foto

Der Mensch verlässt sich gerne auf seine Augen, fast 80 Prozent der Bevölkerung nehmen Dinge hauptsächlich über ihren Sehsinn wahr. Entsprechend wichtig ist ein positiver Effekt, wenn man Ihre Bewerbungsmappe aufschlägt und Ihr Bild zum Vorschein kommt.

Investieren Sie deshalb in einen professionellen Fotografen; er wird Sie beraten und Ihre Schokoladenseiten hervorzaubern. Haben Sie einmal gute Originale zu Haus, können Sie sie einscannen und benutzen.

Sie können Ihr Foto **auf dem Lebenslauf** unterbringen **oder auf einer eigenen Seite**.
Das Foto wird eingeklebt oder eingescannt. Das Anheften schadet dem Eindruck des Fotos, denn man sieht immer eine Klammer.

Auf dem Lebenslauf platzieren Sie Ihr Bild **rechts oben**, auf der Rückseite mit dem Namen und der Telefonnummer versehen. Originalfotos werden immer so gekennzeichnet, damit sie auch dann zugeordnet werden können, wenn sie sich von der Unterlage lösen.

Eine andere Möglichkeit ist, dass Sie Ihr Foto **in größerer Form** (2- bis 4-fache Passbildgröße) **auf ein Deckblatt** vor Ihrem Lebenslauf drucken oder kleben. Darunter schreiben Sie Ihre vollständigen Kontaktdaten (Name, Adresse, Telefonnummer). Wenn Sie ein Originalfoto aufkleben, wird es auch in diesem Fall auf der Rückseite mit dem Namen und der Telefonnummer beschriftet.

Checkliste für den **Fototermin**

- Bin ich ein Schwarz-Weiß- oder eher ein Bunt-Foto-Typ?
- Welche Farben stehen mir gut?
- Welchen Hintergrund kann der Fotograf anbieten?

- Welcher Stil an Kleidung bringt meinen Typus gut zur Geltung?
- Welchen Stil erwartet mein zukünftiger Arbeitgeber?
- Mit welchen Farben bewirke ich was?
- Wie viel Zeit nimmt sich der Fotograf?
- Fühle ich mich wohl im Studio?
- Wie gefallen mir die Fotos, die der Fotograf in seiner Mappe hat?
- Offenes Lachen oder lieber verhaltenes Lächeln?
- Kann ich meine Fotos groß am PC oder per Kontaktabzug begutachten, bevor ich mich entscheide?
- Welche Medien benutzt der Fotograf (PC/Digicam/Fotobearbeitungsprogramm/Internet)?
- Wie konservativ oder modern wirkt der Fotograf, wie seine Bilder?

Wie alt darf mein Foto sein?

Benutzen Sie immer ein Foto, auf dem man Sie **problemlos wiedererkennen** würde - zum jetzigen Zeitpunkt. Wenn Sie Ihre Frisur drastisch verändert haben, neuerdings einen Bart oder eine Brille tragen, sollten Sie in neue Passbilder investieren.

Welche Farben im Foto?

Farbkontraste bewirken Distanz, die größte Distanz entsteht bei Schwarz/Weiß, z. B. schwarze Jacke, weißes Hemd. Mit einer Kombination in **Hellblau/Schwarz** oder **Gelb/Grau** wirken Sie freundlich und offen.

Der Lebenslauf

Ob nach Ihrem **Lebenslauf** gefragt wird, Ihrem **CV** oder **Curriculum Vitae**, wie es in englischen und amerikanischen Firmen meist heißt, oder auch nur nach *Vitae*: Man erwartet bei allen Bezeichnungen Ihren **lückenlosen** Lebenslauf.

Versuchen Sie, **Unterbrechungen** Ihres beruflichen Werdegangs so kurz, so gut und so ehrlich wie möglich zu behandeln. Denken Sie auf jeden Fall darüber nach, falls es Lücken gibt; spätestens im Bewerbungsgespräch wird man Sie erbarmungslos daraufhin ansprechen.

Ihr **Passbild** können Sie oben rechts auf Ihren Lebenslauf kleben oder scannen. Schreiben Sie auf ein Originalfoto immer Ihren Namen.

Bitte vergessen Sie zum Schluss das **Datum** und Ihre **Unterschrift** nicht!

Der Lebenslauf enthält alle Daten zu **Schulbildung, Berufstätigkeiten** etc. Sie werden nach Datum geordnet aufgelistet. Sonstige nachweisbare relevante **Fähigkeiten** wie Führerschein und Sprachen werden ebenfalls im Lebenslauf aufgeführt.

Für den Aufbau des **chronologischen Lebenslaufs** gibt es zwei grundsätzliche Muster:

- Sie können den Lebenslauf **vom Neuesten zum Ältesten** aufbauen, das entspricht der britischen und amerikanischen Art. Ein Lebenslauf nach diesem Muster wird als **internationaler Lebenslauf** bezeichnet.
- Einen **europäischen Lebenslauf** bauen Sie **vom Ältesten zum Aktuellsten** auf.

Informieren Sie sich, welche Form in dem Unternehmen üblich ist, bei dem Sie sich bewerben.

Bei einem **chronologischen** Lebenslauf können Sie Ausbildungsabschnitte und Arbeitsplätze **mischen**.

Bei mehreren Aus-/ Fortbildungen und Arbeitsstellen, oder wenn Sie größere Lücken im Lebenslauf haben, ist es günstiger, in einem **unterteilten Lebenslauf** nach *Ausbildung*, *Fortbildung* und *Tätigkeiten* zu gliedern. Die Daten werden nach Schulbildung, Weiterbildung und Berufstätigkeit getrennt und dann jeweils nach Datum geordnet aufgelistet.

Diese unterschiedlichen Arten des Lebenslaufs werden **häufig gemischt.** Sie können beim chronologischen Lebenslauf nach internationaler Form vorgehen, oder nach europäischer Form.
Sie können auch beim unterteilten Lebenslauf innerhalb der Kategorien nach beiden Mustern ordnen, entweder international vom neuesten Datum zum ältesten oder europäisch, also vom ältesten zum neuesten Datum.

Den **internationalen chronologischen Lebenslauf** vom Neuesten zum Ältesten schreiben Sie zur Bewerbung bei englischen, amerikanischen und außereuropäischen Firmen, wenn Ihr Lebenslauf nicht zu lang und zu gemischt mit Aus- und Fortbildungen und Berufstätigkeiten ist.
→ siehe Muster ‚Der internationale Lebenslauf' S. 300

Bevorzugen Sie den **europäischen chronologischen Lebenslauf**, wenn Sie noch jünger sind, Ihr Lebenslauf eher kurz ist und Sie sich bei einem deutschen Unternehmen bewerben.
→ siehe Muster ‚Der europäische Lebenslauf' S. 302

Einen **europäischen unterteilten Lebenslauf** schreiben Sie zur Bewerbung bei einem deutschen Unternehmen, wenn Sie viele Wechsel zwischen Ausbildung, Fortbildung und Arbeitstätigkeiten haben oder eventuelle Lücken in Ihrem Lebenslauf erkennbar sind.
→ siehe Muster ‚Der europäische unterteilte Lebenslauf' S. 303
→ siehe Muster ‚Der europäische unterteilte Lebenslauf, Spalten S. 304

Einen **internationalen unterteilten Lebenslauf** benutzen Sie bei der Bewerbung bei englischen, amerikanischen und außereuropäischen Firmen, wenn Sie viele Wechsel zwischen Ausbildung, Fortbildung und Arbeitstätigkeiten haben oder eventuelle Lücken in Ihrem Lebenslauf erkennbar sind. Dies ist die bevorzugte Form des Lebenslaufes bei außerdeutschen Unternehmen!
→ siehe auch Kapitel ‚Die englische Bewerbung' S. 375

Der handgeschriebene Lebenslauf

Es ist **nicht üblich**, einen Lebenslauf **mit der Hand zu schreiben**. Sollte das in der Stellenausschreibung ausdrücklich gefordert werden, ist es gut zu wissen, dass eine Vorlage Ihrer Handschrift bei einem Grafologen (Handschriftenexperte) **nur mit Ihrer Zustimmung** erfolgen darf.

Sprachbewertungen

Sie finden im Internet unter http://europass.cedefop.europa.eu eine genaue Aufstellung, wie Ihre **Sprachkenntnisse einzuordnen** sind und wie Sie das im Lebenslauf ausdrücken können.
Oder Sie nutzen **das europäische Portfolio**. Das ist ein im Buch- und Zeitschriftenhandel erhältlicher Vordruck, mit dem man seine Kenntnisse sehr gut differenzieren kann, indem man die vorgegebenen Einstufungen ankreuzt.
Denken Sie daran: Lieber nicht übertreiben, im Bewerbungsgespräch wird z. B. ein **verhandlungssicheres Englisch** gerne auch getestet!

Der internationale Lebenslauf

Lebenslauf

Name	Harald Muster
Anschrift	Modegasse 3 89234 Alpe
Telefon	0162 435 465
E-Mail	harald.muster@net.de
Geburtsdatum/-ort	12.03.1980 in München
Staatsangehörigkeit	deutsch
Geschlecht	männlich
Gewünschte Beschäftigung	Berater Controlling – International Standards
Berufserfahrung	
	Seit August 2006 Spezialist für International Quality Management bei Mühl-Konzernzentrale, Dortmund
	01.11.2004 – 30.06.2006 Leiter des Rechnungswesens Kärchner Lebensversicherung VVaG, Köln
	01.06.2003 - 01.10.2004 Assistent im Rechnungswesen Kärchner Lebensversicherung VVaG, Köln

Schul- und Berufsausbildung	
	01.10.1999 - 18.04.2003 Studium der Betriebswirtschaft Universität Aachen Abschluss: Diplom-Betriebswirt
	9/1990 - 6/1999 Trier-Gymnasium, Aachen Abschluss: Allgemeine Hochschulreife
Persönliche Fähigkeiten und Kompetenzen	
	Muttersprache Deutsch Englisch verhandlungssicher Französisch in Wort und Schrift Spanisch Grundkenntnisse
	PC-Programme MS Office, Linux
	Führerschein Klasse B

Harald Muster
Alpe, 10.04.2010

Der europäische Lebenslauf

Lebenslauf

Georg Seifert
Radestraße 254
43678 Bosthausen
Tel. 0164 385 495

geboren am 30.06.1967 in Greding, verheiratet

1973 - 1977 Grundschule
1977 - 1983 Realschule

1983 - 1986 Ausbildung zum Großhandelskaufmann bei GSC Teppiche,Köln

1988 - 1991 Abendgymnasium Frankfurt, Abschluss Allgemeine Hochschulreife
8/86 - 12/92 Sachbearbeiter bei GSC Teppiche, Köln

1/93 - 12/2001 Leiter des Qualitätsmanagements bei GSC Teppiche

Seit 01/2002 Leiter des Qualitätsmanagements bei Rad und Felge GmbH

Fremdsprachen:
Englisch in Wort und Schrift
Französisch Grundkenntnisse

Interessen:
Automobiltechnik, Reisen

Georg Seifert
Bosthausen, 12.04.2010

Der europäische unterteilte Lebenslauf

Martina Gartmann
Sunder Straße 23
32567 Bielefeld

(Passbild)

Lebenslauf

Persönliche Angaben

Name	Martina Tabea Gartmann
Geburtsdatum	27.03.19..
Geburtsort	Dortmund
Staatsangehörigkeit	deutsch
Familienstand	verheiratet

Schulausbildung

08/19.. bis 07/19..	Grundschule in Dortmund
08/19.. bis 06/19..	Realschule in Bielefeld, Abschluss Mittlere Reife
08/19.. bis 07/19..	Kaufmännische Berufsschule in Bielefeld, Abschluss Kaufmannsgehilfenbrief IHK

Berufsausbildung

08/19.. bis 07/19..	Ausbildung zum Einzelhandelskaufmann, Firma Holzmann, Bielefeld

Berufstätigkeit

09/19.. bis jetzt	Sachbearbeiterin bei Firma Holzmann

Sonstige Kenntnisse

Englisch verhandlungssicher (2. Muttersprache)
MS Office

Martina Tabea Gartmann
Bielefeld, 24.04.2010

Der europäische unterteilte Lebenslauf, Spalten

Lebenslauf

Andrea Mittler - Wendelstraße 24 - 84576 München - Tel. 089 94 67 58

Geburtsdatum/-ort	22.07.19.., Heidelberg
Familienstand	ledig
Schulbildung	Mittlere Reife 19.. Fachabitur Wirtschaftszweig 19.. Studium FH, Volkswirtschaftslehre, Diplom 19..
Berufstätigkeit	09/19.. - 06/19.. Sachbearbeiterin, Siemens AG, München
	08/19.. - 03/19.. Chefassistentin, Siemens AG, München
	04/19.. - 04/19.. Chefassistentin, E.on AG, Köln
	05/19.. - 07/20.. Projektassistentin, E.on AG, München
	Seit 08/20.. Leiterin des Qualitätsmanagements Customer Care, E.on AG, München

Fortbildung	Abendlehrgang mit Abschluss Geprüfte Sekretärin, IHK, 19..
	Englischkurs mit Abschluss Cambridge First Certificate 19..
	Kurs zur geprüften Chefassistentin bsb, 20..
	Kurs zur geprüften Projektassistentin bsb, 20..

Sonstige Fertigkeiten

Spanisch als zweite Muttersprache, Führerschein Klasse B, MS Office, Lotus

Andrea Mittler
München, 24.04.2010

Hobbys im Lebenslauf

Wenn Sie **Hobbys erwähnen**, überlegen Sie gut, welche. Ein gefährliches oder anstrengendes Hobby lässt einen Personalentscheider das Risiko erkennen, dass Sie eventuell jeden Montag nach einem anstrengenden Wochenende entweder müde oder verletzt zur Arbeit kommen.

Die dritte Seite

Sie haben eine Fähigkeit, die für den angestrebten Job wichtig sein könnte? Aber dafür kein Zeugnis? Dann ist die Seite drei ein gutes Instrument, um Ihren zukünftigen Arbeitgeber davon in Kenntnis zu setzen.
Überdies erreichen Sie mit dieser Seite einen Aha-Effekt, der die **Neugierde** des Lesers entfacht. Sie erlauben ihm einen Blick hinter die Kulissen.

Sie müssen keine Romane über sich schreiben. Befragen Sie Freunde, Partner, Kinder, welche **guten Eigenschaften** diese an Ihnen schätzen. Sie werden sehen, ein paar Punkte daraus können auch für eine Arbeitsstelle von Nutzen sein, z. B. zuhören können, Streit schlichten, organisieren, aufheitern etc.

Passen Sie diese Seite an die angestrebte Stelle und das angeschriebene Unternehmen an. Holen Sie sich die dafür nötigen Informationen aus der Presse, aus Veröffentlichungen und aus dem Internet.

Wenn Sie eine **schöne Handschrift** haben, können Sie die gesamte Seite drei mit einem Füller, möglichst in Königsblau, schreiben. Ansonsten genügt auch der **Titel** in Blau mit Handschrift:

- Meine Motivation

oder

- Zu meiner Person

oder

- Über mich

oder

- Warum ich?

oder

- Was Sie sonst noch von mir wissen sollten ...

Sie **unterschreiben** diese Seite ebenfalls **handschriftlich**.

Seite drei, Bewerbung einer Lehrerin an einer privaten Waldorf-Schule

Was mir wichtig ist

Ich liebe meinen Beruf und die Möglichkeit, vielfältiges Wissen weiterzugeben.

Obwohl es im Lehrplan eigentlich nicht vorgesehen ist, genieße ich die Literaturstunden mit meiner Berufsschulklasse und – bei Geburtstagen und Festlichkeiten – die Zeit, in der ich mit den Jugendlichen mit Gitarre und Klarinette musizieren kann (und sie finden es überhaupt nicht ‚uncool' ...).

Darüber hinaus treffe ich mich mit ein paar meiner Kollegen und ehemaligen Schülern gelegentlich im Englischen Garten zum Laufen, ich bin passionierte Langstreckenläuferin, bis hin zum Marathon.

Zu Hause liegt eines meiner Augenmerke auf einer gesunden und guten Lebensführung, sei es Vollwertküche, sei es Homöopathie, sei es alternative Architektur, um meiner Familie und mir in dieser hektischen Zeit eine Insel des Ruhe zu schaffen.

Außerdem? Wenn ich ein bisschen Zeit habe, male ich mit Acryl- und Pastellölfarben und habe schon oft Nachbarn mit meiner Begeisterung angesteckt.

All diese Dinge würde ich gerne auch in meinen Berufsalltag einbauen und würde es sehr schön finden, wenn es – wie in Ihrer Schule – dafür auch im Lehrplan einen Platz gäbe.

Erika Poschinger

Textbausteine

Seit meiner Jugend begeistere ich mich für ...

In meiner Freizeit engagiere ich mich besonders für ...

Freunde und Bekannte schätzen mich wegen ...

Im Rahmen von ... konnte ich mir Kenntnisse in ... aneignen.

Durch meine Tätigkeit bei ... bin ich gewöhnt an ...

Meine Begeisterung liegt vor allem im ...

Besonderen Wert legte ich immer auf ...

Mein Leben wäre ohne ... leer.

Entspannung finde ich durch ...

Von frühester Kindheit an konnte ich mich für ... begeistern.

Positives von Freunden

Sie wissen nicht genau, wo Ihre Vorzüge und guten Seiten liegen? Fragen Sie Freunde oder Ihre Familie, welche Eigenschaften an Ihnen besonderen Eindruck machen. Sie werden sich wundern, wie viele Punkte auf diesem Wege zusammenkommen!

Arbeitszeugnisse

Die chronologische **Reihenfolge** der Zeugnisse, Zertifikate und sonstigen Bestätigungen folgt der Anordnung, die Sie im Lebenslauf gewählt haben.

Bitte lesen Sie sich Ihre Zeugnisse aufmerksam durch. Manchmal steht zwischen den Zeilen das eine oder andere wenig Schmeichelhafte (→ siehe S. 123), und Sie sollten bei einem Gespräch auf **Fragen** diesbezüglich gefasst sein.

Fügen Sie Ihrer Bewerbung grundsätzlich nur **Kopien** Ihrer Zeugnisse und Zertifikate bei, niemals Originale.
Wenn Sie schon länger berufstätig waren, brauchen Sie keine Grundschulzeugnisse mehr beizufügen. Allgemein gilt: Nur der höchste Abschluss in einer Reihe wird beigefügt, es sei denn, es sind in den niedrigeren **Zeugnissen** Fertigkeiten zertifiziert, die später nicht mehr erwähnt sind.

Ihr Recht auf Nachbesserung

Wenn Sie in einem älteren **Zeugnis** Aussagen entdecken, mit denen Sie nicht einverstanden sind, haben Sie bis zu 10 Jahren nach der Ausstellung des Zeugnisses das **Recht auf Änderung durch das Unternehmen**. Legen Sie sich aber eine gute Argumentation zurecht, wenn Sie einen früheren Arbeitgeber darum bitten; meist wird nur widerwillig in alten Akten recherchiert!

Menge der Zeugnisse

Auch ein **Zuviel** an Zeugnissen oder Zertifikaten kann **abschreckend** wirken. Wählen Sie sorgfältig die relevanten Papiere aus, die dokumentieren, dass Sie die geeignete Person für diese Stelle sind.

DAS PROTOKOLL

Was ist ein Protokoll?

Die Aufgaben eines Protokolls

- Ein Protokoll **informiert** Teilnehmer und Nichtteilnehmer über den Ablauf einer Sitzung oder einer Besprechung.
- Der Protokollführer **sichert** mit dem Protokoll Informationen in schriftlicher Form und **entlastet** damit das Gedächtnis.
- **Aufgaben** werden **festgelegt** und deren **Erfüllung kontrolliert**.
- Beschlüsse und Äußerungen werden als **Nachweis** festgehalten. Ein Protokoll kann als Beweismittel dienen.

Die Form eines Protokolls

Der **Protokollrahmen** oder die äußere Form das Protokolls variiert von Firma zu Firma, von Verein zu Verein. Wichtig sind vor allem folgende Elemente:

- Fortlaufende Nummerierung
- Titel *Protokoll*
- Thema der Sitzung
- Teilnehmer (eventuell Anwesenheitsliste beifügen)
- Datum und Uhrzeit
- Ort
- Sitzungsleiter
- Protokollführer
- Tagesordnung (TOP = Tagesordnungspunkt)
- Unterschrift Protokollführer (links) und eventuell Sitzungsleiter (rechts)
- Anlagen (technische Beschreibungen, Fotos oder Ähnliches)

Wie ein Protokoll geschrieben wird

Damit ein Protokoll seinen Informationszweck erfüllt, muss es

- sachlich richtig

- objektiv
- neutral
- adressatengerecht
- übersichtlich gegliedert
- verständlich in der Wortwahl
- überschaubar im Satzbau
- angemessen im Textumfang

sein.

Bei allen Protokollen benutzen Sie die **Präsensform**, bei Ergebnis-, Kurz- und Verlaufsprotokoll (→ siehe Kapitel ‚Protokollarten' S. 314) den **Konjunktiv I** für die indirekte Rede:

Frau Huber erwähnt, dass man die Druckertreiber aus dem Internet laden werde.

Herr Direktor Pfeil fügt an, er fliege am Mittwoch, 22.03.2010, nach Manchester.

Was ein Protokoll enthalten sollte

Sie können sich bereits vor der Sitzung Informationen beschaffen, die Ihnen das Verständnis und damit das **Mitschreiben erleichtern**, z. B.:

- die Geschäftsordnung
- allgemeine Informationen zum Thema
- vorangegangene Protokolle
- Organigramme
- Abkürzungs- und Fachwort-Verzeichnisse
- Einladung mit den Tagesordnungspunkten
- Teilnehmerliste
- Informationen und Unterlagen der Teilnehmer

Fertigen Sie sich am besten im Vorfeld eine **Vorlage** an, die den Protokollrahmen und die Bestandteile enthält, die Ihnen bereits bekannt sind: Namen, Datum, Uhrzeit, Ort und Tagesordnungspunkte.
Richten Sie für jeden Tagesordnungspunkt eine eigene Seite ein.

Ordnen Sie den **Teilnehmern** Namenskürzel zu. Eventuell können Sie, wenn Sie die Teilnehmer nicht persönlich mit Namen kennen, **Namensschilder** im Sitzungszimmer aufstellen oder eine **Sitzordnung** machen.

Versuchen Sie, **vorab Informationen** zu der Sitzung zu bekommen, um das Fachliche verstehen zu können.

Wenn Sie in der Sitzung Sachverhalte nicht verstehen, **fragen Sie unbedingt nach**. Sie haben nicht nur die Pflicht zu protokollieren, sondern auch das Recht, sich zu informieren!

Legen Sie vor der Sitzung mit dem Vorsitzenden fest, wer die im Protokoll festgelegten **Termine** überwacht. Meist ist dies der Protokollführer.

Sie können beim Schreiben Ihres Protokolls mit den sieben **W-Fragen** prüfen, ob alles Wichtige vorhanden ist:

- **Wer?**
  Wer schlägt etwas vor? Wer bringt eine Petition ein? Wer ist dabei? Wer ist zuständig?
- **Was?**
  Was ist passiert? Was soll getan werden? Was ist das Thema?
- **Wo?**
  Wo ist etwas passiert? Wo soll etwas stattfinden?
- **Wann?**
  Wann kam es dazu? Wann soll es stattfinden? Wann sind Datum, Beginn, Ende?
- **Wie?**
  Wie war oder ist der genaue Verlauf?
- **Warum?**
  Warum benötigt man dies? Warum ist es dazu gekommen?
- **Womit?**
  Womit kann man es beschleunigen? Womit kann man helfen?

Wer das Protokoll erhält

Ein fertiges Protokoll, unterschrieben vom Sitzungsleiter und vom Protokollführer, wird an einen bestimmten Empfängerkreis, den **Verteiler**, verschickt. Dazu gehören in der Regel:

- alle Teilnehmer der Sitzung
- Personen, die nicht teilnehmen konnten, aber zum Teilnehmerkreis gehören
- Personen, die über den Verlauf der Sitzung unterrichtet sein müssen

Lediglich bestimmte **Teile des Protokolls** erhalten:

- Personen, die nur spezielle Kenntnis über einzelne Punkte haben müssen
- Personen, die Aufträge mit Terminangaben erhalten

Auflistung der Teilnehmer

An der Spitze der Anwesenheitsliste steht der Sitzungsleiter. Danach können die Teilnehmer entweder nach Alphabet, nach Rang und Funktion oder nach Gästen vor internen Teilnehmern aufgereiht werden.
Man kann entweder Vor- und Nachnamen benutzen oder *Frau/Herr* und den Nachnamen. Bitte kürzen Sie *Frau/Herr* nicht ab!
Akademische Titel müssen ebenfalls genannt werden, sie gehören zum Namen (→ siehe Kapitel ‚Die Anrede' S. 28).

Stimmberechtigung als Protokollführer

Oft ist in Vereinssatzungen festgehalten, dass der Protokollführer bei Abstimmungen nicht mitstimmen darf. Wenn Sie also ein Abstimmungsgegenstand persönlich betrifft, sollten Sie sich vorab gut informieren und überlegen, ob Sie bei dieser Sitzung das Protokoll delegieren können.

Protokollarten

Man unterscheidet verschiedene Protokollarten, die nach Anlass angewandt werden.

Das Ergebnis- oder Beschlussprotokoll
eignet sich für Routinekonferenzen, interne Besprechungen, innerbetriebliche Sitzungen. Es werden nur die tatsächlich gefassten Beschlüsse und Ergebnisse festgehalten, wobei zum Teil bei Abstimmungen die Verteilungen erwähnt werden.
→ siehe Muster ‚Ergebnisprotokoll' S. 315

Das Kurzprotokoll
findet seine Anwendung bei Vorstandssitzungen und Jahresversammlungen. Es hält Ergebnisse und Abstimmungen fest und schildert in knapper Form, wie es dazu kommt.
→ siehe Muster ‚Kurzprotokoll' S. 316

Das ausführliche Protokoll
wird bei Sitzungen von Bund, Ländern und Gemeinden geschrieben, vor allem, wenn wichtige Diskussionen geführt werden und die einzelnen Argumentationen von größter Wichtigkeit sind.
Es nimmt alle Beiträge in etwas verkürzter Form auf.

Das wörtliche Protokoll
wird bei Gerichtsverhandlungen, bei Parlamentsdebatten, bei Konfliktsituationen in Unternehmen oder bei mündlichen Prüfungen erstellt. Meist wird entweder stenografiert oder mit einem Aufnahmegerät mitgeschnitten, um die genauen Wortlaute auch komplett aufzunehmen. Nur diese Protokollform weist die wörtliche Rede auf!

Ergebnisprotokoll

Protokoll Nr. 4

Thema: Neue Wege in der Werbung

Teilnehmer: Herr Dr. Harald Kunze
Frau Sonja Mittler
Frau Katja Werdert

Sitzungsvorsitz: Herr Dr. Kunze
Zeit: 12.03.2010, von 09:00 bis 10:15 Uhr
Ort: Kleiner Besprechungsraum Nr.02
Protokollführung: Heinrich Selb

Herr Dr. Kunze eröffnet die Sitzung und dankt den Anwesenden für ihr Kommen.
Die Sitzungsteilnehmer beraten über neue Wege in der Werbung. Es werden diverse Möglichkeiten diskutiert; Herr Dr. Kunze stellt einen Antrag, künftig per Mailingaktionen neue Kunden anzuwerben. Der Antrag wird einstimmig angenommen.

Frau Mittler schlägt vor, die gesamte Werbung Profis wie Werbeagenturen zu überlassen. Dieser Vorschlag wird mit 2 Nein-Stimmen zu 1 Ja-Stimme verworfen.

Frau Werdert sagt zu, sich bei renommierten Werbeagenturen um Informationen hinsichtlich der Kosten und des Aufwandes bei Mailings zu erkundigen und die Projektgruppe in der KW 12 zu informieren.

12.03.2010

H. Selb
Für das Protokoll: Heinrich Selb

H. Kunze
Sitzungsleiter: Dr. Harald Kunze

Kurzprotokoll

Protokoll Nr. 4

Thema: Neue Wege in der Werbung

Teilnehmer: Herr Dr. Harald Kunze
Frau Sonja Mittler
Frau Katja Werdert

Sitzungsvorsitz: Herr Dr. Kunze
Zeit: 12.03.2010, von 09:00 bis 10:15 Uhr
Ort: Kleiner Besprechungsraum Nr.02
Protokollführung: Heinrich Selb

Herr Dr. Kunze eröffnet die Sitzung und dankt den Anwesenden für ihr Kommen.
Die Sitzungsteilnehmer beraten über neue Wege in der Werbung. Es werden diverse Möglichkeiten diskutiert, z. B. den Prospekt, eventuell versehen mit einem Reaktionsträger wie einer Antwortkarte, einem Antwortcoupon oder einem Rückumschlag.

Herr Dr. Kunze wirft ein, die Art der Werbung hänge vom Wert der zu bewerbenden Ware ab; hochpreisige Ware erfordere sensiblere Werbung.
Für Neukunden könne der Weg über das Internet versucht werden.
Herr Dr. Kunze stellt einen Antrag, künftig per Mailingaktionen neue Kunden anzuwerben. Der Antrag wird einstimmig angenommen.

Frau Mittler regt an, die Werbung im Gesamten Profis zu überlassen, die sich auch der Mailingaktion annehmen könnten. Dazu müsse man der entsprechenden Agentur die notwendigen Informationen von Vertrieb und Marketing überlassen.
Hier widerspricht Herr Dr. Kunze; er wolle nicht zu viel außer Haus geben.
Frau Mittler bringt zur Abstimmung, die gesamte Werbung Profis wie Werbeagenturen zu überlassen. Dieser Vorschlag wird mit 2 Nein-Stimmen zu 1 Ja-Stimme verworfen.

Da die Einwände vor allem von finanziellen Gründen geprägt sind, sagt Frau Werdert zu, sich bei renommierten Werbeagenturen um Informationen hinsichtlich der Kosten und des Aufwandes bei Mailings zu erkundigen und die Projektgruppe in der KW 12 zu informieren.

Herr Dr. Kunze beschließt die Sitzung und setzt einen neuen Termin für das Ende der KW 12 fest.

12.03.2010

H. Selb	H. Kunze
Für das Protokoll: Heinrich Selb	Sitzungsleiter: Dr. Harald Kunze

Textbausteine

Einleitung

Herr XY eröffnet die Sitzung.

Frau Muster begrüßt die Anwesenden.

Herr Dr. Test beginnt die Sitzung mit einer Ansprache über ...

Hauptteil

Frau Muster sagt .../erwähnt .../meint .../fragt .../bringt ein .../gibt zu bedenken .../erwägt .../informiert .../wirft ein .../lehnt ab .../

legt fest .../beantragt .../weist hin auf .../macht den Vorschlag ...

Der Vorschlag wird nach Abstimmung mit ... Ja-Stimmen : ... Nein-Stimmen angenommen.

Ende

Herr Dr. Test verabschiedet die Teilnehmer.

Frau Muster bedankt sich für die Aufmerksamkeit.

Herr XY legt einen neuen Termin am ... fest

Wortwiederholungen vermeiden

Gerade beim Protokoll benötigen Sie oft ein Verb für *sagen, äußern, mitteilen, fragen, erwähnen*. Um Wortwiederholungen zu vermeiden, gibt es eine Funktion, die die meisten Textverarbeitungsprogramme anbieten: den **Thesaurus**.

Sie markieren das Wort, das Sie gerne ersetzen möchten, und klicken den Thesaurus an (meist befindet er sich unter der Rechtschreib- und der Grammatikprüfung), dann öffnet sich ein Wortfeld, aus dem Sie ein gleichbedeutendes Wort wählen können.

Aufzeichnungen per Band

Wenn Sie eine Sitzung per Band mitschneiden möchten, weil es Ihnen die Erstellung des Protokolls erleichtert, müssen Sie **vorab jeden der Teilnehmer** um dessen persönliche **Erlaubnis** dazu bitten. Lassen Sie sich diese Erlaubnis schriftlich geben; eventuell können Sie die Aufzeichnung bereits per E-Mail ankündigen und am Tag der Sitzung zu Beginn eine Teilnehmerliste mit dem Vermerk

Ich bin mit der elektronischen Aufzeichnung meiner Beiträge auf der Sitzung am ... einverstanden.

unterschreiben lassen.

E-MAILS UND INTERNET

Möglichkeiten der Internetkommunikation

Der große Vorteil des Internets ist die Geschwindigkeit, mit der Informationen ausgetauscht werden können. Vorbei ist die Zeit, da man auf einen Brief zwei Tage im Inland und wesentlich länger bei Auslandspost warten musste - per Internet-Post, mit **E-Mails**, geschieht der Transport innerhalb von Minuten oder sogar Sekunden.
Das kann auch Probleme mit sich bringen, wenn nämlich erwartet wird, dass die E-Mails in der gleichen Geschwindigkeit beantwortet werden.

Neben den E-Mails gibt es eine Vielzahl weiterer Möglichkeiten, das Internet zur **Kommunikation** zu nutzen. Diente das Internet zunächst hauptsächlich der Verbreitung von Informationen, bietet es inzwischen sehr viele Möglichkeiten für alle Internetnutzer, **aktiv** an Internetangeboten mitzuwirken.

Sie können sich zum einen als Einzelperson oder als Unternehmen mit einem eigenen Internetauftritt präsentieren. Solche Auftritte werden meist durch **Kontaktformulare** und manchmal auch durch **Gästebücher** oder **Kommentarfunktionen** ergänzt.

Zum anderen werden die Möglichkeiten der Interaktion im sogenannten **Social Web** immer größer. In Communitys, Netzwerken, Foren, Chats, Blogs und Mikroblogs können Sie mit anderen Internetnutzern Kontakt aufnehmen und Nachrichten und Bilder oder andere Dateien austauschen.

In **sozialen Netzwerken** wie Facebook®, MySpace™, StudiVZ, Xing u. a. können Sie sich mit Gleichgesinnten zu kulturellen, sportlichen oder beruflichen Themen austauschen, Kontakte zu weit entfernt wohnenden Freunden und Bekannten halten oder neue Kontakte knüpfen und sich mit Menschen aus Ihrer Umgebung zu gemeinsamen Aktivitäten verabreden.

Auch in geschlossenen oder offenen **Foren** tauschen sich Nutzer zu bestimmten Themen aus.

Auf vielen Onlineplattformen können Sie sich über die PC-Tastatur in einem **Chat** unterhalten. Chats sind flüchtig, sie werden normalerweise nicht gespeichert oder veröffentlicht. Bekannte Chat-Dienste sind msn®, ICQ® oder Skype™.

Mit Blogsystemen lassen sich Internetangebote auch für technisch Ungeübte leicht erstellen. **Blogs** werden manchmal als Internettagebücher bezeichnet, weil sie häufig aktualisiert werden und der aktuellste Beitrag stets an erster Stelle erscheint. Andere Nutzer können Kommentare zu Blogeinträgen hinterlassen.

Auch beim **Mikroblogging** werden Textbeiträge geschrieben. Allerdings ist die Zeichenzahl stark begrenzt, bei Twitter sind es 140 Zeichen, so dass die Texte einer Kurznachricht ähneln.

Über **Mobiltelefone** wurden bisher hauptsächlich SMS (*Short Message Service*) oder Kurznachrichten mit maximal 160 Zeichen geschrieben, aber auch sie werden immer häufiger für die Onlinekommunikation und für den Austausch in Onlinediensten, für Anwendungen (*Apps*) und E-Mails genutzt.

ABC

Homepage, Website, Webseite

Eine **Homepage** ist im engeren Wortsinn die *Startseite* eines Internetangebots, das unter einer Internetadresse zu finden ist.
Der Begriff wird oft ebenso wie **Website** verwendet für den gesamten Auftritt, also für alle einzelnen **Webseiten**, die zu einem Internetangebot gehören.

Ihre Spur im Internet

Das Internet hat nicht nur positive Seiten. Wenn persönliche Daten transportiert werden, besteht immer ein gewisses Risiko.

Überlegen Sie deshalb gut, was Sie im Internet und per E-Mail schreiben. Öffentliche **Foren- oder Gästebucheinträge**, die Sie vor vielen Jahren verfasst und vielleicht selbst schon längst vergessen haben, werden von Suchmaschinen weiterhin erfasst. Personalchefs setzen das Internet inzwischen gezielt ein, um sich über die Bewerbungsunterlagen hinaus ein Bild über Bewerber zu machen.
Auch wenn Sie sich aus einer geschlossenen **Onlinegemeinschaft** abmelden, haben Sie nicht immer die Kontrolle darüber, ob wirklich alle persönlichen Daten gelöscht werden.

Keine unbekannten Anhänge öffnen

Seien Sie vorsichtig bei **Spam**-Mails, das sind unerwünscht zugesandte E-Mails oder Werbemails.

Öffnen Sie niemals Anhänge oder Programme von unbekannten Absendern; oft wird versucht, auf diesem Weg schädliche **Viren** oder **Malware** (= Software, die Ihrem Computer schaden kann) in Ihren Computer zu schleusen.

Leiten Sie keine **Kettenmails** weiter, die vor angeblichen Viren warnen. Informationen dazu finden Sie unter www.hoax-info.de.

Prüfen und aktualisieren Sie außerdem regelmäßig die **Sicherheitseinstellungen** Ihres E-Mail-Programms und Ihres Browsers.

Schreiben im Internet: die Netikette

Für die schriftliche Kommunikation im Internet gibt es keine Normen. Dennoch haben sich einige Spielregeln eingebürgert, die einen möglichst reibungslosen Austausch ermöglichen sollen. Sie werden meist unter dem Wort **Netikette** (aus *Netz* und *Etikette*) oder englisch **Netiquette** (aus *net* und *etiquette*) zusammengefasst.

- Denken Sie daran, dass das, was Sie an einer Maschine schreiben, von **Menschen** gelesen wird. Schreiben Sie verständlich in ganzen Sätzen, bleiben Sie freundlich und höflich, argumentieren Sie sachlich, halten Sie sich möglichst an die Rechtschreibregeln.
- Achten Sie auf Ihre **Wortwahl**. Da Sie haben keine Gestik oder Mimik zur Verfügung haben, seien Sie vorsichtig mit Witzen oder Sarkasmus. Manchmal können Emoticons (→ siehe S. 336) Sie vor Missverständnissen bewahren.
- Gehen Sie sparsam mit **Großbuchstaben** um, durchgehende Großschreibung wird als Schreien empfunden.
- Verwenden Sie **Abkürzungen** (→ siehe S. 337) nur, wenn Sie davon ausgehen können, dass die Leser Ihrer Nachricht sie auch verstehen.
- Beachten Sie die **Urheberrechte** von Texten, Bildern und anderen Daten und Dateien im Internet.
- Lesen Sie das, was Sie geschrieben haben, **vor dem Absenden** noch einmal genau durch.
- **Diskriminierende und extremistische Äußerungen** sind ebenso unzulässig wie Inhalte, die gegen geltendes Recht verstoßen.

Geschäftliche E-Mails schreiben

Grundsätzlich gelten für Aufbau und Stil geschäftlicher E-Mails ähnliche Grundlagen wie für Briefe (→ siehe Kapitel ‚Briefe schreiben heute' S. 45, ‚Mit dem Schreibstil zum Lesen motivieren' S. 48). Achten Sie bei E-Mails noch mehr als bei Briefen darauf, dass Sie nah an der gesprochenen Sprache bleiben und nicht zu formell schreiben.

Aufbau einer E-Mail

- Nutzen Sie unbedingt die **Betreffzeile** und schreiben Sie kurz und aussagekräftig, worum es in Ihrer E-Mail geht. Ob bei einer Antwort vor dem Betreff ein *Re* oder *AW* angezeigt wird, können Sie in Ihrem Mailprogramm individuell einstellen.
- Halten Sie beim Betreff und im gesamten Mailtext eine maximale **Zeilenlänge** von 78 Zeichen ein. Mit dieser Voreinstellung kann Ihre Nachricht auch beim Empfänger gut dargestellt werden, unabhängig vom verwendeten Mailprogramm.
- Die wichtigsten Dinge gehören gleich an den **Anfang** Ihrer E-Mail.
- Informationen, die mehr als drei Absätze benötigen, sind möglicherweise in einem Anhang besser aufgehoben. Ihre eigentliche E-Mail sollte **nicht länger als eine Bildschirmseite** sein.
- Wenn Sie eine **Anlage** mit Ihrer E-Mail schicken, dann beschreiben Sie in der E-Mail kurz, worum es im Anhang geht. Falls Sie eine Anlage in einem weniger gängigen Format schicken, können Sie zusätzlich angeben, mit welchem Programm der Anhang geöffnet werden kann.
- **Strukturieren** Sie Ihre E-Mail mit Absätzen gut durch, das erleichtert das Lesen am Bildschirm oder Display.
- **Löschen** Sie die Teile der E-Mails, die nicht mehr benötigt werden. Bei einem lebhaften E-Mail-Austausch hängt sonst innerhalb kürzester Zeit eine lange Schlange an jeder Antwort. Das kann umständlich und kostenintensiv werden, wenn jemand zum Beispiel seine E-Mails auf

dem Mobiltelefon empfängt und liest. Andererseits kann es nützlich sein, bestimmte Informationen auch in Folgemails zu zitieren.

- Informationen, die bei einem Geschäftsbrief im Briefkopf stehen, setzt man in geschäftlichen E-Mails als **Signatur** ans Ende einer E-Mail. Die Signatur sollte die gesetzlich vorgeschriebenen Unternehmensangaben enthalten: Name und Geschäftsform, Adresse, Gerichtsstand, Handelsregisternummer etc. (→ siehe Kapitel ‚Grundlagen des Briefaufbaus' S. 9 ff.). Die Steuernummer muss nur in einer Rechnung zwingend angegeben werden.

Empfängerfreundlich schreiben

- Der Empfänger sollte in der Lage sein, auf Ihre E-Mail ganz **einfach antworten** zu können. Machen Sie bei komplizierten E-Mails am Ende noch einmal klar, was Sie zu welchem Termin vom Empfänger erwarten oder was der Empfänger wann von Ihnen erwarten kann. Das verkürzt Wartezeiten und Reaktionen.
- Verlangen Sie **keine automatische Empfangsbestätigung**. Aktivieren Sie diesen Punkt in Ihrem E-Mail-Programm nur dann, wenn es wirklich notwendig sein sollte.
- Verwenden Sie nur gezielt und selten den Zusatz ***dringend*** oder, falls sie überhaupt zur Verfügung stehen, knallige Farben.
- Benutzen Sie in beruflichen E-Mails **keine Emoticons**.
- **Vertrauliches** bleibt besser unter vier Augen. Verschicken Sie keine unnötigen Kopien Ihrer E-Mail und achten Sie genau auf den Verteiler:

  Mit ***CC*** (Carbon Copy) können Sie eine E-Mail als Kopie an einen oder mehrere Empfänger schicken; dabei ist für jeden der Angeschriebenen jeder Empfänger ersichtlich. Mit ***BCC*** (Blind Carbon Copy) senden Sie eine oder mehrere Kopien einer E-Mail, ohne dass das für die anderen auf *BCC* gesetzten Empfänger sichtbar ist.
- Verschicken Sie **keine unnötigen Anhänge**.

- Versuchen Sie – wie in jeder Korrespondenz – **positiv zu formulieren**. Negatives sollten Sie besser am Telefon oder persönlich besprechen.
- **Lesen** Sie Ihre E-Mails **nochmals genau durch**, bevor Sie sie absenden, und vergewissern Sie sich, ob sie an die richtige Adresse gehen. Wenn Sie einmal auf Senden geklickt haben, können Sie die E-Mail nicht mehr zurückholen!

Umlaute und Sonderzeichen

Computer und mobile Endgeräte arbeiten mit sehr unterschiedlicher Hardware und verschiedenen Betriebssystemen. Damit per E-Mail verschickte Texte dennoch auf der ganzen Welt gelesen werden können, wird das Zeichensystem **ASCII** (American Standard Code for Information Interchange) als Standard verwendet.

Deutsche **Umlaute** oder **Sonderzeichen** wie € oder ß werden heute von den meisten E-Mail-Programmen problemlos dargestellt. Wenn Sie ganz sicher sein wollen, dass Ihre E-Mail auch dort lesbar erscheint, wo ein ganz anderes Alphabet und folglich eine andere Tastatur üblich ist, sollten Sie lieber auf Umlaute und Sonderzeichen verzichten.

Nur-Text-Mails und HTML-Mails

In Ihrem E-Mail-Programm können Sie einstellen, ob Sie E-Mails als reine **Textmails** (*Nur-Text-Mails*) oder als **HTML-Mails** senden und empfangen.

Das HTML-Format bietet mehr Gestaltungsmöglichkeiten für Farben, Textformatierung und Grafiken. Nachteile sind, dass HTML-Mails eine größere Ladezeit haben, nicht von jedem Programm richtig dargestellt werden und anfälliger für Viren und Malware sind.

Geschäftliche E-Mail

An:	gerber@info.de
Cc:	dr.radtstatter@tausch.de
Bcc:	
Betreff:	Re: Ihr Angebot

Sehr geehrter Herr Massmann,

vielen Dank für Ihr Angebot.
Ich hatte heute Morgen versucht, Sie telefonisch wegen einer möglichen Lieferung in den nächsten 2 Wochen zu erreichen. Würden Sie mich bitte anrufen?

Mit freundlichen Grüßen

Karl Lager

Scheinheilig KG
Leitung Verkauf
Postfach 12 34
12345 Musterstadt
Tel: 0123 45 456-78
Fax: 0123 45 456-79
E-Mail: schein@heilig.de
www.scheinheilig.de
Gerichtsstand Musterstadt
Umsatzsteuer-ID: 747 39495
Handelsregisternummer: 23059 384856

Textbausteine

Anfang

Danke für unser nettes Telefonat am ...

Hatten Sie gestern noch lange mit dieser Datei zu tun?

Hoffentlich konnten Sie den Fehler im Programm finden.

Vielen Dank für die Infos, die Sie mir an Ihre letzte E-Mail anhängten.

Hatten Sie schöne Oster-/Weihnachts-/Feiertage?

Wie war Ihr Urlaub?

Hatten Sie schöne Tage in ...?

Anhänge

Ich sende Ihnen als Anhang ...

Bitte beachten Sie die Anhänge ...

Als Anhang erhalten Sie noch ...

Zusätzlich schicke ich Ihnen als Anhang ...

Sie können die Anhänge öffnen mit ...

Sie finden das Programm ... auch im Internet, um die Anhänge zu öffnen.

Sollten Sie Probleme beim Öffnen der Anhänge haben, lassen Sie es mich bitte wissen.

Dank

Herzlichen Dank für die ausführlichen Infos zu ...

Danke für die interessanten Anhänge zu ...

Vielen Dank für die schnelle Antwort.

Sie haben mir mit Ihrer schnellen Antwort sehr geholfen.

Ende

Ich wünsche Ihnen und Ihrem Team noch eine gute Woche.

Viel Erfolg und freundliche Grüße

Wenn Sie noch Fragen haben, rufen Sie mich einfach an/mailen Sie einfach/lassen Sie es mich wissen.

Gutes Gelingen für Ihr Projekt!

Ich freue mich auf unser Treffen auf der Messe!

Englische Fachausdrücke im deutschen Gewand

In E-Mails werden sehr oft Anglizismen verwendet, also aus dem Englischen eingedeutschte Wörter. Versuchen Sie, möglichst bei deutschen Wörtern zu bleiben. Weshalb sollte man nicht schreiben:

Statt: Ich ~~forwarde~~ Ihnen die E-Mail von Herrn Müller.
Besser: Ich **leite** Ihnen die E-Mail von Herrn Müller **weiter**.

Einige häufig vorkommende Anglizismen können leicht durch deutsche Wörter ersetzt werden, z. B.:

attached	→	*beigefügt*	mailen	→	*schicken*
downloaden	→	*herunterladen*	Provider	→	*Anbieter*
forwarden	→	*weiterleiten*	User	→	*Benutzer*

ABC

Die oder das E-Mail?

Im Hochdeutschen wird **die** E-Mail bevorzugt, aber auch **das** E-Mail – wie es im süddeutschen, österreichischen und im Schweizer Sprachraum üblich ist – ist richtig.

Online bewerben

Das Medium Internet bietet sich für Bewerbungen an. Es ist **schnell** und **günstig** für alle Beteiligten; denn Postgebühren entfallen und Fotokosten entstehen nur einmal beim Fotografen.

Wenn ein Unternehmen die Onlinebewerbung an eine bestimmte **E-Mail-Adresse** anbietet, sollten Sie diese Möglichkeit nutzen; meist werden diese Bewerbungen vor den per Post eingehenden angesehen.

Gibt ein Unternehmen auf seinen Webseiten einen Rahmen für die Onlinebewerbung vor, so ist die **Struktur** der Bewerbung klar. Sie können Ihre persönliche Note über Anhänge und - falls erwünscht - Ihr Foto einbringen.

Der Aufbau der Bewerbung

Die Onlinebewerbung ist meist eine **Kurzbewerbung**, bei der nicht alle Unterlagen mitgeschickt werden. Erst wenn die Kurzbewerbung Interesse findet, bittet die Firma um weitere Details, Zeugnisse etc.

Sie können selbst eine **ausführliche Bewerbung** mit Zeugnissen und Zertifikaten per Post oder Internet anbieten, ganz wie das Unternehmen es vorzieht.

Die E-Mail zur Kurzbewerbung besteht nur aus einem kurzen **Kontaktschreiben**.
→ siehe Muster-E-Mail ‚Kontaktschreiben' S. 332

Seltener wird die E-Mail selbst wie ein **Bewerbungsschreiben** formuliert.
→ siehe Kapitel ‚Das Begleitschreiben' S. 285
→ siehe Muster-E-Mail ‚Ausführliches Kontaktschreiben' S. 333

Die E-Mail bei einer Initiativbewerbung sollte immer so formuliert sein, dass sie die **Aufmerksamkeit** des Empfängers weckt.
→ siehe Muster-E-Mail ‚E-Mail für eine Initiativbewerbung' S. 334

Die weiteren Seiten wie Anschreiben, Lebenslauf und gegebenenfalls Zeugnisse werden bei allen E-Mail-Bewerbungen als **Anhänge** beigefügt.

E-Mail-Adresse

Benutzen Sie eine **seriöse Absenderadresse**, die Ihren richtigen Namen enthält und nicht nur einen Spitznamen. Gegebenenfalls können Sie für Ihre Bewerbungen ein neues Gratiskonto bei einem Provider eröffnen.

statt: ~~drachentöter@muster.com~~
besser: kdhartmann@muster.de

Auch auf die **Firmenadresse** sollten Sie achten. Wenn in der Ausschreibung der Stelle nur eine allgemeine E-Mail-Adresse wie info@xy.com angegeben ist, rufen Sie in der Firma an und erfragen Sie eine konkrete Adresse, damit Ihre Bewerbung nicht in der allgemeinen Firmenmailbox liegen bleibt.

Betreff

Der Betreff ist sehr wichtig, da ansonsten Ihre Bewerbung als Spam im virtuellen Mülleimer landen könnte. Benennen Sie Ihre E-Mail explizit mit **Bewerbung** und vergessen Sie nicht, Referenznummern aus der Anzeige oder den Fundort (Zeitung oder Internet) zu nennen.

Anschreiben

Sie stellen sich mit einem Anschreiben vor und schildern Ihre Kenntnisse und Fähigkeiten sowie Ihre Motivation für diese Stelle. Der Stil sollte **sachlich und knapp** sein, wie Sie es auch von den sonstigen schriftlichen Bewerbungen kennen (→ siehe ‚Das Begleitschreiben' S. 285). Präsentieren Sie sich durch Ihr Anschreiben höflich, selbstbewusst und positiv.

Lebenslauf

Die Onlinebewerbung enthält immer einen kompletten Lebenslauf mit Ihren vollständigen Kontaktdaten.

Foto

Das Foto kann in die Onlinebewerbung hineinkopiert werden. Sie können es oben rechts auf den Lebenslauf platzieren oder auf eine separate Seite mit Ihren Kontaktdaten.

Zeugnisse

Eventuell können Sie eine Auswahl an eingescannten Zeugnissen hinzufügen.

→ siehe auch Kapitel ‚Die Bewerbung' S. 282

Leitfaden für Anhänge

Was in Briefen Anlagen heißt, sind bei E-Mails *Anhänge* oder *Attachments*.
Achten Sie vor allem auf Folgendes:

- Fügen Sie der Kurzbewerbung **maximal 3 Anhänge** hinzu.
- Speichern Sie die Anlagen nicht gesammelt in einer einzigen Datei, sondern **jede Anlage in einer eigenen Datei** und hängen Sie die verschiedenen Dateien an. Der Empfänger kann dann gezielt jeden Anhang einzeln öffnen.
- **Betiteln** Sie Ihre Anhänge **verständlich**, z. B. Lebenslauf_Merkert.doc.
- Versuchen Sie, die **Datenmenge** der Anhänge **klein** zu halten, vor allem, wenn Sie ein Foto mitschicken. Insgesamt sollten Ihre Anhänge nicht mehr als 5 MB haben.
- Benutzen Sie **keine ungewöhnlichen Dateiformate**, sie könnten Probleme beim Öffnen und bei der Darstellung bereiten.
- Verschicken Sie **keine komprimierten ZIP-Dateien**.

PDF-Format

Nutzen Sie – wenn möglich – das PDF-Format. Das Format bietet viele Vorteile:

- Es verkleinert die Datenmenge der Anlagen.
- PDF-Dateien können unabhängig vom verwendeten Betriebssystem originalgetreu dargestellt werden.
- PDF-Dateien sind virenunempfindlich.

Zum Konvertieren können Sie z. B. das kostenlose PDF-Programm von Open Office nutzen.

Kontaktschreiben

Von:	Hanna Reuter reuter.h@gmx.de
An:	schramm.pa@cs.com
Anlagen:	anschreiben.doc; Lebensl.doc
Betreff:	Bewerbung als Office-Assistentin, Ausschreibung im Internet

Sehr geehrter Herr Dr. Schramm,

Sie finden als Anhang meine Bewerbungsunterlagen. Ich freue mich auf Ihre Antwort!

Mit freundlichen Grüßen

Sophie Merkert

Ausführliches Kontaktschreiben

Von:	Hanna Reuter reuter.h@gmx.de
An:	max.meier@perso-llk.com
Anlagen:	anschreiben.doc; Lebensl.doc
Betreff:	Bewerbung als Office-Assistentin, Ausschreibung im Internet

Sehr geehrte Damen und Herren,

gestern las ich auf Ihrer Website die Ausschreibung für eine Stelle als Office-Assistentin.

Als Anhang sende ich Ihnen meine Bewerbung mit Lebenslauf und Bild. Gerne lasse ich Ihnen auch weitere Informationen zukommen. Oder möchten Sie mich persönlich kennenlernen? Ich freue mich auf Ihre Antwort!

Mit freundlichen Grüßen

Hanna Reuter

1. Anhang: Das Anschreiben
2. Anhang: Lebenslauf mit Bild

E-Mail für eine Initiativbewerbung

Von:	Hanna Reuter reuter.h@gmx.de
An:	info@perso-llk.com
Anlagen:	anschreiben.doc; Lebensl.doc
Betreff:	Bewerbung für den Officebereich

Sehr geehrte Damen und Herren,

gestern sah ich mir im Internet Ihre Website an und war über die ausführliche Beschreibung Ihres Officebereiches begeistert. Diese Wertschätzung, die aus den Seiten und Bildern spricht, hat mich bewogen, mich heute bei Ihnen zu bewerben.

Bitte löschen Sie diese E-Mail nicht sofort; sehen Sie sich meine Qualifikationen und meinen Lebenslauf an. Ich bin überzeugt, dass ich meinen Beitrag zu Ihrem Unternehmenserfolg leisten kann!

Ich freue mich auf Ihre Antwort und lasse Ihnen gerne noch weitere Informationen zukommen.

Mit freundlichen Grüßen

Hanna Reuter

Textbausteine

Sie erhalten als Anlage meine Kurzbewerbung.

Wie in Ihrer Internetausschreibung gewünscht, sende ich Ihnen meine Bewerbungsunterlagen als Anlage.

Gefällt Ihnen meine Kurzbewerbung? Gerne lasse ich Ihnen auch die weiteren Zeugnisse zukommen.

Ich würde mich sehr über ein Telefonat oder eine Einladung zu einem Gespräch freuen.

Gespannt erwarte ich Ihre Antwort!

Vor dem Senden prüfen

Prüfen Sie vor dem Absenden Ihrer Onlinebewerbung folgende Punkte noch einmal sorgfältig:

- Gleichen Sie das Datum auf allen Seiten an.
- Prüfen Sie die Rechtschreibung und Zeichensetzung ganz genau.
- Prüfen Sie Ihre Dateien auf Viren; Sie müssen absolut sicher sein, dass Ihre Bewerbung keine schädlichen Elemente enthält.
- Smileys, Abkürzungen oder ein flapsiger Ton haben in der Onlinebewerbung nichts zu suchen.

Private Nachrichten

Da im Internet und bei der mobilen Kommunikation alles schnell gehen soll, oft nur eine **begrenzte Anzahl von Zeichen** zur Verfügung steht (160 Zeichen für eine SMS, 140 Zeichen beim Mikroblogging) und jede SMS als eine Einheit abgerechnet wird, werden gerne Platz sparende **Smileys** und **Abkürzungen** eingesetzt.
Sie haben den Telegrammstil ersetzt, der früher üblich war, als Nachrichten noch per Fernschreiber übermittelt und nach Wörtern abgerechnet wurden.

Oft folgt die Sprache in privaten E-Mails und SMS dem Prinzip *besser schnell als korrekt geschrieben*. **Verkürzte Sätze, Ausrufe, Abkürzungen, Dialekt- und Akzentausdrücke** werden verwendet. Satzzeichen, Groß- oder Kleinschreibung, Grammatik und Rechtschreibung spielen eine untergeordnete Rolle.

Emoticons

Um im schriftlichen Bereich die Gefühlsebene zu ersetzen, haben sich **Smileys** (engl. to smile = *lächeln*) durchgesetzt. Manchmal sind das gelbe Kreise, die einem abstrahierten Gesicht entsprechen; im Internet und auf Handys werden sie oft durch Zeichen ersetzt, die nach links gekippte Gesichter darstellen sollen.

Sie werden inzwischen meist **Emoticons** genannt, eine Wortbildung aus *Emotion* (Gefühl) und *Icon* (Bild, Symbol).
Hier die bekanntesten Zusammensetzungen:

:-)	lachen	**:-X**	schweigen
;-(	traurig	**:'-)**	vor Freude weinen
;-)	zwinkern	**:-B**	begeistert
:-O	erstaunt	**:-C**	unglücklich
:-*	Kuss	**:-[**	schüchtern
:-/	skeptisch	**:->**	sarkastisch
:'-(	weinen	**>;->**	teuflisch zwinkern

:-o	erschreckt	**:-S**	unentschlossen
:-D	lautes Lachen	**:~-(**	heulen
:-P	Zunge zeigen		

Die *Nase* kann auch weggelassen werden, dann werden die Zeichen noch kürzer:

:)	lachen
:(	traurig

Abkürzungen

Die üblichen Abkürzungen sind oft mit englischen Teilen durchsetzt oder stammen ganz aus dem Englischen. Meist werden sie durchgängig kleingeschrieben, weil das besonders auf einer Handytastatur schneller und leichter geht. Großschreibung verleiht den Abkürzungen besonderen Nachdruck.

8ung	Achtung
abf	allerbeste Freunde
afaik	as far as I know (*soviel ich weiß*)
brb	be right back (*bin gleich zurück*)
bb	bis bald
btw	by the way (*übrigens*)
cu	see you (*bis bald*)
dd	drück dich
4u	for you (*für dich*)
g, gg	grins
gn8	Gute Nacht
hdgl	hab dich ganz lieb
hdh	hoffe, das hilft
hdl	hab dich lieb
imho	in my humble opinion (*meiner bescheidenen Meinung nach*)
lol	laughing out loud (*laut auflachend*)
m2	me too (*ich auch*)
mfg	mit freundlichen Grüßen
n8	Nacht

np	no problem (*kein Problem*)
omg	oh my god (*oh mein Gott*)
plz	please (*bitte*)
rofl	rolling on the floor laughing (*lachend auf dem Boden rollen*)
thx	thanks (*danke*)
2u	to you (*an dich*)
waudi	warte auf dich
we	weekend (*Wochenende*)
U	you (*du, dich*)

Einige Abkürzungen begegnen Ihnen vielleicht auch **im geschäftlichen Bereich**. Auch wenn Sie sie selbst nicht aktiv anwenden sollten, ist es hilfreich, einige häufig verwendete Abkürzungen zu kennen.

Geschäftliche Abkürzungen

AMT	Automatic Teller Machine (*Bankautomat*)
AOB	any other business (*Diverses*)
Asap	as soon as possible (*so schnell wie möglich*)
B2B	business to business (*von Unternehmen zu Unternehmen*)
B2C	business to consumer (*von Unternehmer zu Kunden*)
CV	Curriculum Vitae (*Lebenslauf*)
Grats	congratulations (*Glückwünsche*)
Eob	end of business (*Büroschluss*)
ETA	estimated time of arrival (*voraussichtliche Ankunftszeit*)
Attn	for the attention of (*zu Händen*)
Fyi	for your information (*zu Ihrer Information*)
FAQ	frequently asked questions (*häufig gestellte Fragen*)
fw	forwarding (*weiterleiten*)
Hand	have a nice day (*schönen Tag noch*)
IMHO	in my humble opinion (*meiner bescheidenen Meinung nach*)
IOU	I owe you (*ich schulde Ihnen*)
Nc	no comment (*kein Kommentar*)
Pls cfm	please confirm (*bitte bestätigen*)
Pto	please turn over (*bitte umblättern*)

re refering to (*Betreff*)
RSVP répondez s'il vous plait (*um Antwort wird gebeten*)
Cul8r see you later (*bis später*)
TGIF thanks goodness it's Friday (*Gott sei Dank ist Freitag*)
TIA thanks in advance (*Danke im Voraus*)
www world wide web
Y? Why? (*Warum?*)

Abkürzungen und Verständlichkeit

Wenn der Empfänger den Sinn der Nachricht noch verstehen kann, sind Abkürzungen in diesem Bereich der Kommunikation in Ordnung.
Vom Abkürzen um der Abkürzungen willen kann jedoch nur abgeraten werden.

Prüfen des Bekanntheitsgrades von Abkürzungen

Wenn Sie nicht sicher sind, ob Sie eine Abkürzung benutzen können, schlagen Sie in einem Wörterbuch nach. Am Anfang oder am Ende finden Sie meist eine Auflistung der allgemein verständlichen Abkürzungen. Was Sie hier nicht sehen, sollten Sie auf jeden Fall ausschreiben.

E-Mails sind ideal für kurze Nachrichten in der Alltagskommunikation. Sie sollten nicht für **vertrauliche Unterlagen** benutzt werden. Dokumente, die eine Unterschrift erfordern, z. B. für rechtliche Fragen oder Versicherungsangelegenheiten, sollten besser als **Brief** verschickt werden.
Für sensible und **persönliche Angelegenheiten** wie Beileidsbekundungen sollte weiterhin der traditionelle Brief genutzt werden.

ENGLISCHE KORRESPONDENZ

Allgemeine Regeln

Englische Geschäftsbriefe unterliegen keinen festen Normen. Sie werden deshalb Varianten antreffen, die in Gestaltung und Zeichensetzung in einzelnen Punkten voneinander abweichen können.

Adresse und Anschrift

Bei Firmenpapier mit **Briefkopf** erscheint die Empfängeradresse auf der linken Seite.

Das **Datum** steht rechts auf gleicher Höhe mit der ersten oder letzten Zeile der Empfängeradresse.

Beachten Sie: **Wenn das Schreiben keinen Briefkopf hat**, erscheint die Empfängeradresse ebenfalls links, aber die des Absenders rechts. Das Datum steht dann direkt unter der Absenderadresse, und zwar auf gleicher Höhe mit der ersten Zeile der Empfängeradresse.

Luxiphon
Magdeburger Str. 250
10785 Berlin

7th March 20...

Hi-Tech Productions Ltd
Brooks House
56 George Street
Oxford OX1 6PQ

Anrede in der Anschrift

Ms für eine Frau, von der nicht bekannt ist, ob sie ledig oder verheiratet ist

Mrs	für eine verheiratete Frau
Miss	für eine ledige Frau, altmodische Form
Mr	für einen Mann
Messrs	für zwei und mehrere Herren

Wenn Sie den Namen des Adressaten nicht kennen, können Sie seine Funktion in der Firma oder die Abteilung (z. B. Sales Department) angeben.

Punkt nach der abgekürzten Anrede

Die Zeichensetzung wird unterschiedlich gehandhabt:

Britisches Englisch: Nach den abgekürzten Anreden steht **kein Punkt**: Mr
Amerikanisches Englisch: Nach den abgekürzten Anreden wird **ein Punkt** gesetzt: Mr.

Anrede am Briefanfang

Sie schreiben:	Die Anrede lautet:
einer Firma oder einer Person, von der Sie weder Namen noch Geschlecht kennen	Dear Sir/Madam Dear Sir or Madam (britisches Englisch)
	Dear Sir/Madam Dear Sir or Madam To whom it may concern (amerikanisches Englisch)
einer Frau (verheiratet oder ledig), deren Namen Sie nicht kennen	Dear Madam
einem Mann, dessen Namen Sie nicht kennen	Dear Sir
einer Person, deren Namen Sie kennen	Dear Mr (bzw. Mrs/Ms/Miss) Brown

Komma oder Doppelpunkt nach der Anrede

Die Zeichensetzung nach der Anrede wird unterschiedlich gehandhabt.

Britisches Englisch: Nach der Anrede wird in privaten Briefen ein **Komma** gesetzt; in Geschäftsbriefen kann man ein Komma setzten, man muss es aber nicht.

Dear Mark**,**
Dear Mr Jefferson(**,**)

Amerikanisches Englisch: Nach der Anrede wird entweder ein K**omma oder ein Doppelpunkt** gesetzt.

Hi Mark**:**/Hi Mark**,**
Dear Mr Jefferson**:**/ Dear Mr Jefferson**,**

Informelle oder persönliche Beziehungen

Sie schreiben:	Die Anrede lautet:
einer Person, deren Namen Sie kennen	Dear Mr (bzw. Mrs/Ms/Miss) Brown
einer Person, die Sie bereits mit Vornamen anschreibt bzw. anspricht	Dear Susan/Dear David
einer Freundin/einem Freund	Dear Carol/Dear John

Diese Anreden sind **auch für eine E-Mail** passend.

Anrede mit Vornamen

Wundern Sie sich nicht, wenn Ihr englischer Geschäftspartner Sie schon bald im Brief **mit Ihrem Vornamen anredet**.
Dies bedeutet nicht, dass er Sie damit in seinen engsten Freundeskreis aufgenommen hat. Im Englischen geht man einfach nach kürzerer Zeit zu einem weniger formellen Umgangston über.

Abschließende Grußformel

Sie schreiben:	**Die Anrede lautet:**
einer Firma oder einer Person, von der Sie den Namen und/oder das Geschlecht nicht kennen	Yours truly/Truly yours (amerikanisches Englisch) Yours faithfully (britisches Englisch)
einer Person, deren Namen Sie kennen	Yours sincerely (britisches Englisch) Yours truly/Very truly yours/Sincerely (yours) (amerikanisches Englisch)

Satzzeichen nach der Grußformel

Britisches Englisch: Nur wenn in der Anrede ein Komma verwendet wird, steht nach der Grußformel auch ein **Komma**. Ansonsten folgt kein Satzzeichen.

Sincerely(**,**)

Amerikanisches Englisch: Nach der Grußformel am Briefende folgt ein **Komma**.

Regards**,**

Informelle oder persönliche Beziehungen

Sie schreiben:	**Die Anrede lautet:**
einer Person, deren Namen Sie kennen	(With) Best wishes/Regards (britisches Englisch) Sincerely (yours) (amerikanisches Englisch)

einer Person, die Sie bereits mit Vornamen anschreibt bzw. anspricht/ einer Freundin/einem Freund	(With) Best wishes/Yours/Love (britisches Englisch) All the best/Kindest regards/ Best regards/Regards/ (With) Best wishes (amerikanisches Englisch)

Nur **das erste Wort** in der Grußformel wird **großgeschrieben**.

In E-Mails, Faxen und Briefen können die **gleichen Grußformeln** benutzt werden.
Regards wird häufig als Grußformel **in einer E-Mail** benutzt.

Unterschrift

Die Unterschrift steht immer zwischen der abschließenden Grußformel und dem maschinengeschriebenen Namen des Absenders, dem auch Titel sowie Funktion innerhalb der Firma hinzugefügt werden können.

Yours faithfully

R. Muskin

R Maskin (Mrs)
Sales Representative

Kurzzeichen und Vermerke

Kurzzeichen und Vermerke sind an verschiedenen Stellen im Brief möglich:

- **oben links**, unter dem Briefkopf/über oder unter der Anschrift

Ref: – Aktenzeichen des Absenders, das normalerweise aus den Initialen des Verfassers und seiner Sekretärin besteht sowie einer Aktenziffer, einer Kontonummer oder einer Kundennummer, z. B.: SJG/AD 567
Our ref: – Aktenzeichen des Absenders
Your ref: – Aktenzeichen des Empfängers, das der Absender in seiner Antwort übernimmt

- **nach der Empfängeranschrift**

For the attention of Mr Shaw oder Attention: Mr Shaw – um den Namen des tatsächlichen Empfängers hervorzuheben
To whom it may concern (*an alle, die es betrifft*) – an einen unbekannten Empfänger

- **nach der Anrede**

Water supplies in India – Betreff des Briefes
ACCOUNT No. 556378 – der Brief bezieht sich auf das angegebene Konto
Grant's & Co Ltd – der Brief betrifft die hier zitierte Firma

- **zwischen abschließender Grußformel und Unterschrift**/zwischen Unterschrift und maschinengeschriebenem Namen:

p.p. – in Vertretung; der Unterzeichnende ist rechtlich dazu autorisiert, im Namen der Firma oder für jeden anderen stellvertretend zu unterschreiben

- **unten links**, unterhalb der Unterschrift

PS: – wird in informellen Briefen benutzt, um etwas hinzuzufügen, was im Hauptteil des Briefes vergessen wurde
Enc(s) oder **Encl(s)** – weist darauf hin, dass dem Brief Dokumente (Schecks, Kataloge, Kostenvoranschläge etc.) beigefügt sind
cc: oder **copy to:** – bezeichnet die Namen derer, die eine Kopie des Briefes erhalten

Stil und Gestaltung

Der **Hauptteil** des Briefes beginnt mit der ersten Zeile nach der Anrede und wird folgendermaßen gestaltet:

- Alle Zeilen beginnen **am linken äußeren Rand**, Absätze werden durch Leerzeilen markiert.
- **Das erste Wort** im Hauptteil des Briefes, also nach der Anrede, wird in der englischen Korrespondenz immer **großgeschrieben**.

Ein Geschäftsbrief muss vor allem einfach sein. Ziehen Sie deshalb **kurze Sätze** vor.

Man darf die Sätze durchaus mit ***I*** oder ***we*** beginnen, vorausgesetzt, man übertreibt es nicht. Komplizierte Strukturen lassen sich dadurch oft vermeiden.

Vermeiden Sie im Brief **Kurzformen** wie: *I'd, I'll, won't, don't, can't, haven't* etc. Diese sind normalerweise der gesprochenen Sprache vorbehalten.

Benutzen Sie, wenn möglich, die **3. Person** und das **Passiv**, z. B. Your order is being processed. (*Ihre Bestellung wird bearbeitet.*), anstelle von ~~Someone is processing your order.~~ (*Jemand bearbeitet Ihren Auftrag.*). Diese Technik bietet die Möglichkeit, in angemessenem Stil im Namen der Firma zu sprechen. **Der indirekte Stil** lässt sich auch besonders diplomatisch bei Reklamationen oder Absagen verwenden:

A mistake has been made in our order (*In unserer Bestellung wurde ein Fehler festgestellt.*) ist viel höflicher als ~~You have made a mistake in our order~~.

ⓘ Denken Sie daran, dass **E-Mails** üblicherweise lockerer formuliert werden. Die Adresse des Absenders im Sinne von einem in Briefen üblichen Briefkopf wird oft am Ende der E-Mail als **Signatur** angegeben.

Umschlag

Auf dem Umschlag erscheinen Name und Adresse genau wie in der Anschrift, nur dass **Abkürzungen** für **Road (Rd)**, **Avenue (Av)** und **Street (St)** benutzt werden können.

Der **Name des Landes** wird durchgängig großgeschrieben, die **Postleitzahl** bzw. der **Postcode** bekommt eine eigene Zeile:

Mr T Simons
Morvan Manufacturing
Bromsgrove Rd
Sheffield Yorkshire
SF2 5ST
UNITED KINGDOM

Folgende **besondere Hinweise** können in der oberen linken Ecke auf dem Umschlag stehen:

Air mail	*Luftpost*	Confidential	*Vertraulich*
Express	*Eilbrief*	To be called for	*Postlagernd*
Urgent	*Eilig*	Poste restante	*Postlagernd*
Registered	*Einschreiben*	Please forward	*Bitte nachsenden*
Private	*Persönlich*	Sample	*Muster*
Personal	*Persönlich*	Fragile	*Zerbrechlich*
Printed matter	*Drucksache*	Postage paid	*Gebührenfrei*

Muster für einen englischen Geschäftsbrief

Mr J. P. Queensway
Branch Manager
Financial Bank PLC
45 Highway Avenue
Banbury
Kent AP7 5RT

8th January 20...

Our ref: RM/AF 2411
Your ref: JQ/108

Dear Mr Queensway

<u>Delivery charges</u>

Thank you for your inquiry of 1st January. We hope you will find the enclosed information useful.
Thank you once again for the interest shown in our products.

Yours sincerely

R. Maskin

R Maskin (Mrs)

p.p. Mr J Müller
Export Manager

Enc

Muster für eine geschäftliche E-Mail

From:	felicity.roberts@communix.au
To:	j.mueller@luxiphon.de
Cc:	patrick.bacon@communix.au
Subject:	Catalogue
Attachment:	Order 01.xls

Dear Mr Müller

Thank you for your mail, with the catalogue pages we requested. We have since received the full catalogue and have attached our first order. We are very impressed by the quality and choice your company offers.

Yours sincerely

Felicity Roberts

Felicity Roberts (Ms)
Purchasing Manager, Communix
44 Pine Way
Vermont South 3133
Victoria
Australia
Tel +61 (0)3 3187767
Fax +61 (0)3 3187768
www.communix.com

Informationen einholen

Unterlagen anfordern

The Export Manager
Luxiphon
Magdeburger Str. 250
10785 Berlin

Germany 2nd March 20...

Ref: HP/RW

Dear Sir

Having visited your stand at the recent International Telecommunications Fair in Birmingham, I was interested to see that you produce some very innovative designs of luxury telephones.
We are importers of quality electrical and office machinery, and feel there is a promising market here for your type of product. Could you please send further details of your '20s style and pyramidal models, as well as a copy of of your current catalogue showing prices and colour ranges if possible?

We look forward to an early reply.

Yours faithfully

Harold Percy

Harold Percy
General Manager

Textbausteine

While visiting ... recently ...	*Während ich vor kurzem ... besuchte, ...*
Having recently attended ...	*Nachdem ich kürzlich an ... teilgenommen hatte, ...*
I was very impressed with ...	*Ich war sehr beeindruckt von ...*
I was interested to know that ...	*Es interessierte mich zu erfahren, dass ...*
We are interested in ...	*Wir sind an ... interessiert.*
Could you please send ... ?	*Könnten Sie (uns) bitte ... schicken?*
We would be grateful for ...	*Wir wären für ... dankbar.*
We would like ...	*Wir hätten gern ...*
some information about/on ...	*Informationen über ...*
a quotation for ...	*einen Kostenvoranschlag über ...*
some documentation on ...	*Unterlagen über ...*
further details about/on/of ...	*weitere Informationen über ...*
prices for ...	*die Preise für ...*
Could you tell me if ...?	*Könnten Sie mir sagen, ob ...?*
I would like to enquire if/whether ...	*Ich möchte nachfragen, ob ...*
I would be interested to know whether ... or ...	*Ich wüsste gern, ob ... oder ...*
Furthermore, I would like ...	*Darüber hinaus hätte ich gern ...*
In addition I would like ...	*Zusätzlich hätte ich gern ...*

ABC

Kein Plural bei *information*

Im Englischen kann ***information*** nicht ins Plural gesetzt werden. Das Wort beinhaltet sowohl **Singular** (I want to get **an information** about ...) als auch **Plural** (Could you give me **some information** on ...).

Termine vereinbaren

Geschäftliche Termine

From:	j.mueller@luxiphon.de
To:	a.johnson@electron.co.uk (Angela Johnson)
Subject:	Re: Appointment

Dear MrsJohnson

As mentioned in my email of January 12th, I am planning to be in Birmingham next week for the International Telecommunications Fair. You may be interested to know that we have recently brought out a number of new models, and I would be pleased to demonstrate them to you at some point during the week. May I suggest Tuesday 18th at 4 o'clock at your office?

If this is not convenient, you might like to propose an alternative arrangement. Would you kindly confirm this appointment as soon as possible?

Should you have any further queries regarding our products, please do not hesitate to contact me. I look forward to our next meeting.

Yours sincerely

Jens Müller

Jens Müller
Export Manager, Luxiphon
Magdeburger Straße 250
10785 Berlin
Germany
Tel +49 (0)30 3344 5507
Fax +49 (0)30 3344 5587
Email: j.mueller@luxiphon.de

Einen Termin annehmen

From:	a.johnson@electron.co.uk
To:	j.mueller@luxiphon.de
Subject:	Appointment

Dear Mr Müller

Thank you for your for your email of 10th February.

I would like to confirm that I will be available to see you at my office on Tuesday 18th at the time you propose.

Yours sincerely

Angela Johnson

Angela Johnson
Electron Ltd
25 St James Street
Birmingham B25 8HO
England
Telephone: +46 (0) 1270 4343
Fax: +46 (0) 1270 4350
Email: a.johnson@electron.co.uk

Textbausteine

Geschäftliche Termine

As mentioned in my letter of ...	*Wie in meinem Brief vom ... erwähnt,*
We refer to our letter of ...	*Wir beziehen uns auf unseren Brief vom ...*
I am due to/I am to ...	*Ich habe vor/Ich muss ...*
I am planning to ...	*Ich plane/Ich habe vor, ... zu ...*
I intend to ...	*Ich habe vor, ... zu ...*
You may be interested to know that ...	*Vielleicht interessiert es Sie, dass ...*
We are pleased to inform you that ...	*Wir freuen uns, Ihnen mitteilen zu können, dass ...*
Should this not be convenient (for you) ...	*Sollte (Ihnen) das nicht möglich sein, ...*
Should you be unavailable at this time ...	*Sollten Sie zu diesem Zeitpunkt verhindert sein, ...*
If this is not convenient/suitable for you ...	*Wenn Ihnen das nicht möglich ist, ...*
If this does not suit you ...	*Wenn das Ihnen nicht gelegen ist, ...*
If this does not fit in with your plans/schedule ...	*Wenn es nicht in Ihren Zeitplan passt, ...*
I would be pleased to ...	*Ich wäre erfreut, ...*
I would be grateful/glad for ...	*Ich wäre (Ihnen) dankbar für ...*
I would gladly ...	*Ich würde gern ...*
Would you kindly confirm/reply ...?	*Würden Sie bitte freundlicherweise ... bestätigen/beantworten?*
Please confirm whether/if ...	*Bitte bestätigen Sie, ob ...*
Let me know whether/if ...	*Lassen Sie mich wissen, ob ...*
Tell me whether/if that is OK with you.	*Teilen Sie mir mit, ob das in Ordnung geht.*
Please do not hesitate to contact us should you have any further queries/require any further information.	*Sollten Sie weitere Fragen haben/weitere Informationen benötigen, zögern Sie nicht, sich an uns zu wenden.*

Einen Termin annehmen

I would like to confi rm (that I will be available to see you/have dinner with you/meet you).	*Ich möchte hiermit bestätigen, (dass ich für einen Termin mit Ihnen/für ein Abendessen mit Ihnen/für ein Treffen mit Ihnen zur Verfügung stehe).*
I would like to confi rm our meeting/ our appointment.	*Ich möchte unser Treffen/unseren Termin (hiermit) bestätigen.*
This is to confi rm the appointment we made on ...	*Hiermit bestätige ich den Termin, den wir am ... festgelegt hatten.*
Monday at 3 is fine by me.	*Montag um 3 (Uhr) passt mir.*
That sounds an excellent idea.	*Das klingt gut/Das ist eine gute Idee.*
It would be lovely to see you.	*Es wäre schön dich (wieder)zusehen.*

Nicht nur wörtlich übersetzen

Wörtliche Übersetzungen klingen manchmal etwas unhöflich. Fügen Sie möglichst oft ein would, could, should, please ein, um englische Leser nicht zu irritieren.

Elektronische Mails

Achten Sie auf die richtige Schreibung der Kurzform: Auf Deutsch ist nur ***E-Mail*** richtig. Auf Englisch wird meist ***email*** in einem Wort geschrieben, aber auch die Schreibung ***e-mail*** mit Bindestrich ist möglich. (Das deutsche Wort *Email* steht für Schmelzüberzug.)

Reservierungen vornehmen

From:	Jens Müller@t-online.eu
To:	Paradise Hotel@info.uk
Subject:	Reservation

Dear Sir/Madam

I would like to book a single room at your hotel for the week 19th-26th February.
I require a room with a view of the gardens, a telephone, and a private bathroom with shower.

I would be grateful if you could confirm my booking as soon as possible, and provide me with your rates per night including breakfast.

If you have no vacancies, could you please provide me with the address of a suitable hotel in the Birmingham area?

Yours faithfully

Jens Müller

Export Manager, Luxiphon
Magdeburger Straße 250
10785 Berlin
Germany
Tel +49 (0)30 3344 5507
Fax +49 (0)30 3344 5587
Email: j.mueller@luxiphon.de

Textbausteine

Ein Zimmer suchen

I would like to book ...	*Ich möchte ... reservieren.*
I would be interested in booking ...	*Ich wäre daran interessiert(,) ... zu buchen/reservieren.*
I am writing to you (in order) to ...	*Ich schreibe Ihnen(,) um ... zu ...*
I am looking for a suitable hotel near the airport.	*Ich suche ein gutes/geeignetes Hotel in Flughafennähe.*

Reservieren, buchen, mieten

to book/reserve a single/double room	*ein Einzel-/Doppelzimmer reservieren/buchen*
We have booked a table for three.	*Wir haben einen Tisch für drei Personen reservieren lassen.*
Have you reserved seats for the theatre?	*Haben Sie Plätze für das Theater reserviert?*
I would like to book two seats on the next flight to New York.	*Ich möchte zwei Plätze für den nächsten Flug nach New York buchen.*
to rent a flat/a room/a car	*eine Wohnung/ein Zimmer/ein Auto mieten*
to hire a car/a boat/a bicycle	*ein Auto/ein Boot/ein Fahrrad mieten*

Ein Bedürfnis oder einen Wunsch äußern

I require ...	*Ich benötige ...*
I will/would require ...	*Ich werde/würde ... benötigen.*
I would be interested in ...	*ch wäre an ... interessiert.*
I would be grateful for ...	*Ich wäre (Ihnen) für ... dankbar.*
I would be grateful if you would ...	*Ich wäre (Ihnen) dankbar, wenn Sie ... könnten.*
Could you provide me with ...?	*Könnten Sie mir ... besorgen?*

Eine Dauer, einen Zeitraum angeben

for the week 19th-26th February	*für die Woche vom 19. bis 26. Februar*

for the month of May	*für (den gesamten) Mai*
for five weeks from 20th July	*für fünf Wochen ab dem 20. Juli*
for this/next/the coming weekend	*für dieses/das nächste/das kommende Wochenende*
for the Easter/summer holidays	*für die Oster-/Sommerferien*
from 19th to 26th February	*vom 19. bis 26. Februar*
from 2nd May onwards	*ab dem 2. Mai/beginnend am 2. Mai*

Ein Zimmer beschreiben

a room with a view	*ein Zimmer mit Ausblick*
a room which overlooks the courtyard/garden	*ein Zimmer zum Hof/Garten hinaus*
a room with a sea view	*ein Zimmer mit Meerblick*
a south-facing room	*ein Zimmer nach Süden*
an air-conditioned room	*ein klimatisiertes Zimmer*
a room with bath and shower	*ein Zimmer mit Bad und Dusche*

Um eine Bestätigung bitten

I would be grateful if you could confirm...	*Ich wäre Ihnen dankbar, wenn Sie (mir) ... bestätigen könnten.*
Please confirm ...	*Mit der Bitte um Bestätigung ...*
I would be obliged if you could confirm this reservation.	*Ich wäre Ihnen dankbar, wenn Sie diese Reservierung bestätigen könnten.*

Um eine rasche Antwort bitten

as soon as possible	*so bald wie möglich*
by return of post	*postwendend*

Nach dem Preis fragen

I would appreciate information about your rates/prices.	*Könnten Sie uns bitte Ihre Preise mitteilen?*
I would be grateful for an indication of your rates.	*Ich wäre Ihnen dankbar, wenn Sie mir Ihre Preise mitteilen könnten.*

I would like to know your daily/ weekly/monthly rates.	*Bitte teilen Sie mir Ihre Tarife pro Tag/ Woche/Monat mit.*
Please send us your price list.	*Bitte senden Sie uns Ihre Preisliste.*
I would like to know what you charge for ...	*Was/Wie viel berechnen Sie für ...?*

Welche Mahlzeiten sind inbegriffen?

including breakfast	*Frühstück inbegriffen*
evening meal included	*Abendessen inbegriffen*
full board/half board	*Vollpension/Halbpension*
Bed and Breakfast	*Zimmer mit Frühstück*
B & B and evening meal	*Zimmer mit Frühstück und Abendessen*

Falls kein Zimmer frei ist

Should you have no vacancies ...	*Sollten Sie keine Zimmer (mehr) frei haben, ...*
If you have no vacancies ...	*Wenn Sie keine Zimmer (mehr) frei haben ...*
Should you have no accommodation available ...	*Sollten Sie keine Unterbringungsmöglichkeiten (mehr) haben, ...*

ABC

Buchen – to book?

Im Englischen kann man ***reservieren*** sowohl mit to reserve als auch mit to book ausdrücken:

to reserve a table/to book a table
to reserve seats at the theatre/to book seats at the theatre

Geläufiger ist jedoch to book, besonders in der Wendung to book a flight to ...
Achten Sie auf die richtige **Präposition**: to book a room **at** your hotel.

Bestellungen aufgeben

TELEWARES
55 Hampton Road
Guldford
Surrey PQ55 B10
Great Britain

Mr J Müller
Export Department
Luxiphon
Magdeburger Str. 250
10785 Berlin

6th March 20...

Dear Mr Müller

Thank you for your quotation of March 1st. We are pleased to place an order with you for the following:

QUANTITY	NAME	MODEL	COLOUR	PRICE
50	Mars	M. 234	Green	£25.56
25	Prince	P.52	Pink	£30.05
70	Duo	D.07	Turquoise	£22.90

Please acknowledge this order by returning the duplicate to us, duly signed.

Yours sincerely

P. Cunningham

P Cunningham
Buyer

Textbausteine

Den Eingang bestätigen

Thank you for your letter/your quotation of ...	*Vielen Dank für Ihren Brief/Kostenvoranschlag vom ...*
With reference to your letter/quotation of ...	*Wir beziehen uns auf Ihren Brief/Kostenvoranschlag vom ...*

Eine Bestellung aufgeben

to order	*bestellen, ordern*
to place an order	*eine Bestellung aufgeben*
We are pleased to place an order with you for ...	*Wir möchten bei Ihnen gern eine Bestellung über ... aufgeben.*
Please send us the following goods.	*Bitte schicken/senden Sie uns die unten genannten Waren.*
Please supply us with ...	*Bitte schicken Sie uns/beliefern Sie uns mit ...*

Den Liefertermin genau nennen

We should be grateful for delivery by ...	*Für eine Lieferung bis zum ... wären wir dankbar.*
Please confirm that you can supply these goods by the required date.	*Bitte bestätigen Sie, dass Sie die Waren bis zum gewünschten Termin liefern können.*
We enclose our order for immediate delivery.	*Wir fügen unsere Bestellung bei und bitten um umgehende Lieferung.*
... delivery by ... at the latest	*... Lieferung bis spätestens ...*

Der Bestellschein

order number/order no.	*Bestellnummer/Bestell-Nr.*
Please write in block letters.	*Bitte in Blockschrift schreiben.*
Please send this order form together with your remittance to ...	*Bitte schicken Sie diesen Bestellschein zusammen mit Ihrer Überweisung an ...*

A copy of the invoice should be included in the package. — *Eine Rechnungskopie sollte dem Paket beiliegen.*

Please quote the number on all correspondence. — *Bitte geben Sie die Nummer in allen Ihren Schreiben an.*

Um eine Auftragsbestätigung bitten

Please acknowledge this order by return of post. — *Bitte bestätigen Sie diesen Auftrag möglichst umgehend.*

Please confirm receipt of this order. — *Bitte bestätigen Sie den Erhalt dieser Bestellung.*

Please sign the duplicate of this order and return it to us as an acknowledgement. — *Bitte unterschreiben Sie das Doppel dieser Bestellung und schicken Sie es uns als Bestätigung zurück.*

Ein Angebot ablehnen

The samples sent lead us to believe your products are not of the standard we require. — *Die zugeschickten Muster lassen uns annehmen, dass Ihre Produkte nicht dem Standard entsprechen, den wir erwarten.*

We feel that your products do not meet our requirements and we shall therefore not be placing an order for them. — *Wir glauben, dass Ihre Produkte nicht den (gängigen) Anforderungen entsprechen und werden deshalb von einer Bestellung absehen.*

I am afraid your products do not have the technical specifications required for sale in this country. — *Ich fürchte, Ihre Produkte weisen nicht die technische Qualität auf, die bei einem Verkauf in diesem Land gefordert wird.*

I am afraid your prices are not competitive enough. We have therefore decided not to place an order with you. — *Ich fürchte, Ihre Preise sind nicht wettbewerbsfähig/konkurrenzfähig. Wir werden deshalb von einer Bestellung absehen.*

An eine fällige Lieferung erinnern

Re: our order no. ...	*Bezüglich unserer Bestellung Nr. ...*
We wish to remind you that our order no. ... has not yet been delivered.	*Wir möchten (Sie) daran erinnern, dass unsere Bestellung Nr. ... noch nicht geliefert wurde.*
As we have not yet received...	*Da wir ... noch nicht erhalten haben, ...*
Please inform us by return of post as to the expected date of delivery.	*Bitte teilen Sie uns umgehend den voraussichtlichen Liefertermin mit.*
Please give this matter your immediate attention.	*Bitte erledigen Sie diese Angelegenheit umgehend.*

Eine Bestellung abändern oder stornieren

Should any items be out of stock, please submit a quotation for a substitute.	*Sollten einzelne Teile nicht auf Lager sein, schicken Sie bitte einen Kostenvoranschlag für einen vergleichbaren Artikel.*
We should like to cancel our order no. ... owing to ...	*Wir möchten unsere Bestellung Nr. ... stornieren, weil ...*

ABC

Schwierige Präpositionen

Eine Bestellung ***bei*** jemandem aufgeben wird im Englischen ausgedrückt mit to place an order **with** someone.

Weitere wichtige **Präpositionen**:

I would be grateful **for** an indication of ...
at your earliest convenience
I would be interested **in** ...
We have much pleasure **in** accepting ...

Zahlungserinnerungen

Mr Jason Hughes
Scientific Ltd
155 Birmingham Avenue
Cleveland Ohio 44321
USA

20th October 20...

Dear Mr Hughes

We would like to draw your attention to our invoice No.254 dated September 5th.
As we have not received payment, we would be grateful if you could forward your remittance as soon as possible. If you have already sent the amount due, please ignore this reminder.

Yours truly

J. Müller

J Müller
Export Manager

Textbausteine

Sich auf die Rechnung beziehen

Our invoice, of which we enclose a copy, was sent to you on ... *Beiliegend eine Kopie unserer Rechnung, die Ihnen am ... zuging.*

We are writing in connection with your outstanding account of ... *Wir beziehen uns auf den noch ausstehenden Betrag von ...*

We would like to draw your attention to our invoice of ... *Wir möchten Sie hiermit auf unsere Rechnung vom ... hinweisen.*

Eine Zahlungserinnerung schicken

As we have not yet received payment, we would be grateful if you could forward your remittance as soon as possible. *Da wir noch keine Zahlung erhalten haben, wären wir Ihnen für eine umgehende Begleichung der Rechnung dankbar.*

As the account has not yet been cleared, could you please send your remittance as soon as possible? *Da Ihr Konto noch nicht ausgeglichen ist, bitten wir Sie, Ihre Überweisung baldmöglichst vorzunehmen.*

As no advice of payment has been received from our bank, we would be glad if you would arrange for settlement of this invoice. *Da wir von unserer Bank noch keine Zahlungsmitteilung erhalten haben, wären wir Ihnen dankbar, wenn Sie die Rechnung begleichen könnten.*

May we remind you our terms are 30 days net. Kindly send your remittance as soon as possible. *Wir möchten Sie daran erinnern, dass unsere Bedingungen 30 Tage netto lauten. Bitte begleichen Sie die Rechnung baldmöglichst.*

Falls der Kunde die Rechnung schon beglichen hat

Should you have already settled the account, please disregard this reminder. *Sollten Sie die Rechnung schon beglichen haben, so betrachten Sie diese Zahlungserinnerung bitte als gegenstandslos.*

If you have already sent the required amount, please ignore this reminder. *Sollten Sie den betreffenden Betrag schon gezahlt haben, so ignorieren Sie bitte diese Zahlungserinnerung.*

Eine zweite Mahnung schicken

We wish to remind you that our invoice no. X dated ... is still unpaid/ outstanding and ask you to give the matter your immediate attention.
Wir möchten daran erinnern, dass unsere Rechnung Nr. X vom ... noch nicht beglichen wurde, und bitten Sie, die Angelegenheit umgehend zu erledigen.

Having received no reply to our letter of ... in which we reminded you that we are still awaiting settlement of our invoice no. X, we must request payment of the amount due without further delay.
Da wir keine Antwort auf unser Schreiben vom ... erhielten, in dem wir darauf hinwiesen, dass die Rechnung Nr. X noch nicht beglichen wurde, bitten wir Sie, den ausstehenden Betrag umgehend zu begleichen.

We enclose a statement of your account. We feel sure that its settlement has been overlooked, but having already sent one reminder, we must insist that payment be made within the next seven days.
Wir fügen einen Kontoauszug bei. Sicher handelt es sich (hierbei) um ein Versehen Ihrerseits; da wir aber schon eine Zahlungserinnerung geschickt haben, müssen wir darauf bestehen, dass die Zahlung innerhalb der nächsten sieben Tage erfolgt.

Eine letzte Mahnung schicken

Despite two reminders sent to you on ... and ..., the amount of our invoice no. X is still outstanding, and is now three months overdue.
Obwohl Ihnen am ... und am ... zwei Zahlungserinnerungen zugingen, steht der Betrag unserer Rechnung Nr. X noch immer aus und ist nun bereits seit drei Monaten überfällig.

As we have received no reply from you, we shall have to take legal proceedings unless payment reaches us within the next seven days.
Da wir keine Antwort von Ihnen erhielten, werden wir rechtliche Schritte (gegen Sie) einleiten müssen, falls die Rechnung nicht innerhalb der nächsten sieben Tage beglichen wird.

Unless we have received your remittance within seven days, we shall have to hand the matter over to our solicitors.
Sollten wir Ihre Zahlung nicht innerhalb sieben Tagen erhalten, werden wir die Angelegenheit unseren Rechtsanwälten übergeben müssen.

Antwort auf ein Mahnschreiben

We regret to inform you that we can find no trace of invoice no. 27. We would be obliged if you could send us a duplicate of the invoice so that we can proceed with the necessary payment.

Wir müssen Ihnen leider mitteilen, dass sich die Rechnung Nr. 27 nicht auffinden lässt. Wir wären Ihnen dankbar, wenn Sie uns eine Kopie dieser Rechnung zugehen lassen könnten, so dass wir die nötige Zahlung veranlassen können.

The delay in the settlement of our outstanding account no. 38G12 was caused by a computer error in our accounts department.

Die Verzögerung bei der Begleichung des offenstehenden Kontos Nr. 38G12 wurde durch einen Computerfehler in unserer Rechnungsabteilung hervorgerufen.

Please accept our apologies for the inconvenience caused, and rest assured that you will be receiving our remittance shortly.

Wir entschuldigen uns für die Ihnen entstandenen Ungelegenheiten und versichern Ihnen, dass die Zahlung in Kürze bei Ihnen eingehen wird.

We apologize for the delay in our settlement of your invoice no. 63, but we have recently experienced some cash flow problems. We would be grateful if you could allow us a further credit of 30 days.

Wir entschuldigen uns für die Verzögerung bei der Zahlung Ihrer Rechnung Nr. 63, aber es ergaben sich in letzter Zeit einige Cashflow-Probleme. Wir wären Ihnen dankbar, wenn Sie uns einen weiteren Kredit von 30 Tagen einräumen könnten.

Bitte recht höflich!

Beachten Sie, dass may we ... wie *dürfen wir* ... benutzt wird, um eventuell unangenehme Aufforderungen zu entschärfen oder sie **höflicher** zu formulieren.
We draw your attention to ... wäre die direktere, aber nicht so höfliche Möglichkeit, auf etwas hinzuweisen.

Dankschreiben

From:	j.mueller@luxiphon.de
To:	a.johnson@electron.co.uk (Angela Johnson)
Subject:	Re: Thank you

Dear Mrs Johnson

I would like to thank you for the productive meeting we had last Tuesday and for your kind hospitality.

It was most interesting to visit your company and become better acquainted with your business operations.

I look forward to your order for the new products we discussed during our meeting , and am confident that our renewed cooperation will prove a success.

Yours sincerely

Jens Müller

Jens Müller
Export Manager, Luxiphon
Magdeburger Straße 250
10785 Berlin
Germany
Tel +49 (0)30 3344 5507
Fax +49 (0)30 3344 5587
Email: j.mueller@luxiphon.de

Textbausteine

Dankesformeln

I wanted/would like to thank you for your hospitality.	*Ich wollte/möchte Ihnen für Ihre Gastfreundschaft danken.*
Please accept our warmest thanks for ...	*Wir möchten uns ganz herzlich für ... bedanken.*
It was most kind of you to offer us a reduction on the remainder of your stock.	*Es war sehr freundlich von Ihnen, uns auf den restlichen Lagerbestand einen Nachlass zu gewähren.*
We would like to express our gratitude/our sincere thanks for ...	*Wir möchten Ihnen unseren aufrichtigen Dank für ... aussprechen.*
I am most grateful to you for all your help and hospitality during my stay in York.	*Ich bin Ihnen sehr dankbar für Ihre Hilfe und Gastfreundschaft während meines Aufenthalts in York.*
Thank you for your hospitality during our meeting.	*Haben Sie Dank für Ihre Gastfreundschaft bei unserem Treffen.*
Many thanks for your help.	*Vielen Dank für deine Hilfe.*
Thanks a lot for your letter.	*Herzlichen Dank für deinen Brief.*

ABC

***Most* – die besondere Betonung**

Beachten Sie den Gebrauch des Superlativs most, um etwas **Positives** hervorzuheben:

It was most interesting to visit ..., d. h.: *Es war höchst/äußerst interessant ... zu besuchen.*

Einladungen

Formelle Einladung

On Her Majesty's Service
Buckingham Palace
St James's Park, London

3rd May 20...

Dear Sir

The administrators of Buckingham Palace have pleasure in inviting you to tender for a contact as official supplier to Her Majesty the Queen.

Please find enclosed an invitation to attend a reception at the Palace, at which all current and potential suppliers will be present.

We look forward to your early reply.

Yours faithfully

R. Blue

R Blue
Administrator
Buckingham Palace
Enc

Her Majesty's Suppliers
request the pleasure of the company of
Mr J Müller
at a reception to be held at
Buckingham Palace
on Friday 20th June at 6 pm
Formal dress RSVP

Einladungen beantworten

3rd June 20...

Dear Mr Blue

In reply of your letter of 1st June we have pleasure in accepting your invitation to tender for a contact as official supplier to Her Majesty the Queen.

We look forward to receiving further instructions and documention regarding the tender procedure.

Yours sincerely

J. Müller

J Müller
Export Manager

Textbausteine

Einladungen

The chairman and directors have pleasure in inviting you to attend the company Christmas Party to be held at the Victoria Hotel, Knightsbridge, on Saturday, 20th December, at 8 o'clock.	*Der Vorsitzende und der Vorstand freuen sich, Sie am Samstag, dem 20. Dezember, um 20 Uhr zur Weihnachtsfeier der Firma ins Hotel Victoria, Knightsbridge einzuladen.*
Mr and Mrs Smith request the pleasure of the company of Mr and Mrs Jones at their daughter Jane's wedding reception to take place at … on … at …	*Herr und Frau Smith geben sich die Ehre, Herrn und Frau Jones zur Hochzeit(sfeier) ihrer Tochter Jane am … um … in … einzuladen.*
We would be very pleased if you could have dinner with us on Friday evening.	*Wir würden uns sehr freuen, wenn ihr Freitagabend zu uns zum Essen kommen könntet.*
We wondered whether you would be interested in going to the opening night of … with us.	*Wir haben uns überlegt, dass es dich vielleicht interessieren würde, mit uns zur Premiere von … zu gehen.*
I would like to invite you to accompany me on a trip to Russia next month.	*Ich würde dich gerne einladen, mich nächsten Monat auf eine Russlandreise zu begleiten.*
Would you be interested in coming with us to …?	*Hättest du Lust mit uns nach … zu kommen?*

Zusätzliche Hinweise

formal dress/evening dress/fancy dress (US: costume)/casual dress/casual business attire	*Gesellschaftskleidung/ Abendkleidung/Verkleidung/zwanglose/legere Kleidung/legere Geschäftskleidung*
RSVP (répondez s'il vous plait)	*um Antwort wird gebeten*
Please reply before …	*Bitte geben Sie bis … Bescheid.*

Let me know which day would suit you best.	*Sag mir bitte, welcher Tag dir am besten passt.*
We do hope you can come.	*Wir hoffen wirklich/sehr, dass du kommen kannst.*
We are looking forward to seeing you.	*Wir freuen uns darauf dich zu sehen.*
I should like to extend an invitation to you ...	*Hiermit möchte ich Sie einladen ...*
... to have lunch with our company staff on Thursday 9th December.	*... zu einem Mittagessen mit unseren Mitarbeitern am Donnerstag, den 9. Dezember.*
... to visit our premises ...	*... unsere Geschäftsräume zu besuchen.*
You are invited to attend a cocktail party after the conference.	*Wir möchten Sie zu einer Cocktailparty einladen, die im Anschluss an die Konferenz stattfindet.*

Sich für eine Einladung bedanken

Mr and Mrs John Smith thank Mr and Mrs David Smythe for their kind invitation to dinner. (besonders förmlich)	*Wir bedanken uns herzlich bei Ihnen für die freundliche Einladung zum Abendessen.*
Thank you for your kind invitation to the conference.	*Wir bedanken uns für Ihre freundliche Einladung zur Teilnahme an der Konferenz.*
Thank you for the invitation.	*Vielen Dank für die Einladung.*
Many thanks for the invitation to lunch.	*Vielen Dank für die Einladung zum Mittagessen.*

Eine Einladung annehmen

... which they/we/I have much pleasure in accepting.	*... die sie/wir/ich gern annehme(n).*
... which I/we should/would be delighted to accept.	*... die ich/wir sehr gern annehme(n)/ annehmen würde(n).*
I would love to come.	*Ich komme sehr gern.*
I would be delighted to join you on Thursday.	*Ich würde mich sehr freuen, am Donnerstag dabei zu sein.*

Eine Einladung absagen

... which they are regretfully unable to accept owing to a prior engagement.	*... der sie leider wegen einer anderweitigen Verpflichtung nicht nachkommen können.*
... which he is unfortunately unable to attend owing to...	*... an dem/der er leider wegen ... nicht teilnehmen kann.*
... which I must unfortunately decline as I shall be out of the country on 5th September.	*... den/die/das ich leider absagen muss, da ich am 5. September im Ausland bin.*
I am afraid I won't be able to make it on Saturday as I already have something on.	*Leider kann ich am Samstag nicht kommen, da ich schon etwas vorhabe.*
Unfortunately I will be out of town on the 27th and therefore will not be able to attend the conference.	*Bedauerlicherweise bin ich am 27. nicht in der Stadt und werde deshalb nicht an der Konferenz teilnehmen können.*

Die Etikette-Vorschriften

Beachten Sie, dass bei **formellen, gedruckten Einladungen** auf Anrede und Schlussformel verzichtet wird.
Unten auf der Einladung können auch **Einzelheiten** erwähnt sein wie beispielsweise die erwünschte Kleidung oder die Bitte um Antwort. Hierfür benutzt man im Englischen übrigens die französische Abkürzung RSVP für *répondez s'il vous plaît* (= *bitte antworten Sie uns*).

Merken Sie sich die inhaltliche **Reihenfolge** auf einer Einladung:

- Wer lädt wen ein?
- Rahmen: a reception, a banquet, a dinner ...
- Ort: to be held/to take place at ...
- Datum: on ...
- Uhrzeit: at ...
- Anlass: in honour of ...

Die Bewerbung

Janet Martin
12 Harcourt Road
LONDON SW1

Mr J Müller
Export Manager
Luxiphon
Magdeburger Str. 250
10785 Berlin

18th November 20...

Dear Mr Müller

I would like to be considered for the position of assistant to the Export Manager, as advertised in The Times of November 1st.

Having graduated from business school in 1989, where I specialized in international business, I began working for the marketing department of United Telecom. It was there that I came across your products for which I have always had a high regard. I would be delighted to have the opportunity to work for your company, in order to broaden my experience in the field of telecommunications in a challenging international environment.

Enclosed is my Curriculum Vitae which will give you further particulars of my career to date. I am available for an interview at any time, and would be happy to come to Berlin if necessary.
I look forward to hearing from you.

Yours sincerely

Janet Martin

Janet Martin

Textbausteine

Sich auf eine Annonce beziehen

I see from your advertisement in the ... (Zeitung) that you have a vacancy for a ...	*Aus Ihrer Anzeige in ... (Zeitung) ersehe ich, dass Sie eine Stelle für ... anzubieten haben.*
It was with great interest that I read the advertisement for ...	*Mit großem Interesse habe ich die Stellenanzeige für ... gelesen.*
I was interested to learn that your company is currently recruiting/ wishes to recruit ...	*Mit Interesse habe ich erfahren, dass Ihre Firma zur Zeit ... einstellt/einstellen möchte.*

Sich für eine Stelle bewerben

I should like/I wish to apply for the position of ...	*Ich möchte mich für die Stelle als ... bewerben.*

Initiativbewerbung (Blindbewerbung)

I would be interested to learn/know whether you have a vacancy for ...	*Ich bin an einer Tätigkeit als ... interessiert und wüsste gern, ob Sie eine entsprechende Stelle anzubieten haben.*
I am writing to enquire about the possibility of working for your company.	*Hiermit möchte ich mich nach der Möglichkeit einer Mitarbeit in Ihrer Firma erkundigen.*
I am looking for a position in ...	*Ich suche eine Stelle auf dem Gebiet/ im Bereich ...*

Informationen über die Stelle anfordern

Please send me further details of the position.	*Bitte informieren Sie mich ausführlicher über die betreffende Stelle.*
I would be obliged if you could forward a copy of the application form to me at the above address.	*Ich wäre Ihnen dankbar, wenn Sie mir eine Kopie des Bewerbungsbogens an obige Adresse schicken könnten.*

Über sich und seine berufliche Erfahrung sprechen

For the past ... years I have been employed as a ...	*Während der letzten ... Jahre war ich als ... angestellt.*
I was responsible for ...	*Ich war für ... verantwortlich.*
I was in charge of ...	*Ich hatte die Aufsicht über ...*
I specialise in ...	*Mein Spezialgebiet ist ...*
This is a position for which I believe I am ideally suited.	*Ich glaube für diese Stelle besonders geeignet zu sein.*
I gained wide experience in market research in the marketing department at Peters & Sons Ltd.	*Ich konnte bei Peters & Sons vielfältige Erfahrungen in den Bereichen Marktforschung und Marketing sammeln.*
I have already acquired some experience in ...	*Ich habe schon Erfahrungen im Bereich/in ... gesammelt.*
I speak fluent English and French./I am fluent in English and French.	*Ich spreche fließend Englisch und Französisch.*
I believe/I am certain I have the necessary training and qualities needed for the position of ...	*Ich bin überzeugt, dass ich die erforderliche Ausbildung und die nötigen Fähigkeiten für diese Stelle als ... mitbringe.*
I am eager to undertake new responsibilities in a challenging position.	*Ich möchte sehr gern neue Verantwortung in einer anspruchsvollen Stellung übernehmen.*
I am keen to broaden my knowledge in the field of ...	*Ich bin sehr daran interessiert, meine Kenntnisse auf dem Gebiet/im Bereich von ... zu vertiefen.*

Auf seinen Lebenslauf verweisen

I enclose/attach a copy of my Curriculum Vitae which will give you further particulars/more complete details of my career to date.	*In der Anlage finden Sie meinen Lebenslauf mit weiteren Einzelheiten/vollständigen Angaben zu meiner beruflichen Laufbahn.*

Schlussformulierungen

I will be happy to supply any other details you may require.	*Zur Beantwortung weiterer Fragen stehe ich Ihnen gern zur Verfügung.*
I would greatly appreciate the opportunity of an interview.	*Ich würde mich sehr freuen, die Gelegenheit zu einem Gespräch mit Ihnen zu erhalten.*
I am available for interview at your convenience.	*Wann immer es Ihnen recht ist, stehe ich für einen Gesprächstermin zur Verfügung.*
I can only come to an interview on Fridays.	*Gesprächstermine kann ich leider nur für freitags vereinbaren.*
I shall be available from 12th May onwards.	*Ab 12. Mai bin ich verfügbar.*
The names of two referees are given below.	*Die Namen zweier Personen, die mir gern Referenzen ausstellen werden, finden Sie nachfolgend.*
I look forward to hearing from you. Hoping for a favourable reply.	*Ich freue mich auf Ihre Antwort. In der Hoffnung auf eine positive Antwort verbleibe ich …*

Die Reihenfolge im Bewerbungsschreiben

Die angestrebte **Stelle nennen** (mit entsprechendem Verweis: Zeitungsanzeige, Empfehlung).

Sich vorstellen (Ausbildung, Erfahrungen auf verschiedenen Gebieten ansprechen).

Die eigenen **Beweggründe** für diese Bewerbung darlegen.

Auf den Lebenslauf, die Möglichkeit eines Gesprächs und eventuelle Referenzen **verweisen**.

Abschließend die **Hoffnung auf eine positive Antwort** zum Ausdruck bringen.

Lebenslauf

Curriculum Vitae

NAME: Janet Martin
Address: 12 Harcourt Road London SW1 England
Tel: (0171) 5436789

Date of birth: 27th March 1968
Marital status: Single
Nationality: British

Education:

1986-89:	Capital Business School, London MBA, specialized in International Business
1984-86:	Greenfields School - Yorkshire (3 A-levels)

Languages:

English - mother tongue
German - fluent
French - spoken
Italian - good working knowledge

Professional Experience:

1989-20...:	United Telecom - Assistant to the Marketing Manager
Summer 1987:	Crane Engineering - Assistant to the Personnel Manager, responsible for a study on work methods

Hobbies:

Sailing - Horse riding - Jazz

Further qualifications:

Driving licence
Good computer skills

In einem Lebenslauf für eine Bewerbung sollte eine sehr knapp gefasste Rubrik **hobbies** nicht fehlen, ebenso wie eine Rubrik *Sonderprojekte* oder *Sonderaufträge*, **major projects** oder **major assignments**.

Die Rubrik **further qualifications** kann **zusätzliche Qualifikationen** erwähnen (Sprach-, Informatikkurse, Führerschein usw.) sowie Zertifikate oder Diplome, die nicht von Schule oder Universität stammen, wie auch Angaben zu Personen, die Ihnen eine Empfehlung ausstellen können.

Falls Sie ein **Foto** beifügen (was in Großbritannien und USA allerdings eher unüblich ist), können Sie dieses **oben rechts** auf Ihrem Lebenslauf anheften.

Berufserfahrung auflisten

In **Großbritannien** wird die Berufserfahrung chronologisch aufgeführt (die erste Stelle erscheint zuerst), während man in den **USA** die jetzige bzw. letzte Arbeitsstelle zuerst nennt.

→ siehe auch Kapitel ‚Der Lebenslauf' S. 297

Die Standards in englischen und amerikanischen Bewerbungen

Standards in Schulen und Hochschulen sind in unterschiedlichen Ländern nicht immer einfach zu vergleichen.

A-level entspricht der deutschen Abiturprüfung, **3 A-levels** bedeutet, dass man in drei bestimmten Fächern diese Prüfung abgelegt hat.

MA (Master of Arts), **MSc** (Master of Science) sind Hochschulabschlüsse und erfordern zusätzliche Studienzeit und Prüfungen im Anschluss an die Bachelors Degrees **BA** (Bachelor of Arts), **BSc** (Bachelor of Science).

MBA (Master of Business Administration) entspricht etwa einem Diplom der Wirtschaftswissenschaften.

ABC

Sprachkenntnisse

Formulierungen zur Beurteilung von **Sprachkenntnissen**:

basic	→ Grundkenntnisse
good working knowledge	→ gute Grundkenntnisse
proficient	→ sehr gute Kenntnisse
fluent	→ fließend/verhandlungssicher
native tongue	→ Mutterspache
spoken and written	→ in Wort und Schrift

Wichtige Abkürzungen

a/c	account	*Konto*
am	before noon (lat. ante meridiem)	*morgens; vormittags*
asap	as soon as possible	*so bald wie möglich*
Assn	Association	*Verband*
attn.	(for the) attention (of)	*zu Händen von (z. Hd.)*
B/E	bill of exchange	*Wechsel*
B/L	bill of lading	*Frachtbrief*
cc	copy to, copies	*Kopie an*
cf.	compare	*vergleichen*
cfr	cost and freight	*Kosten und Fracht*
CGT	capital gains tax	*Kapitalertragssteuer*
cif	cost,insurance and freight	*Kosten, Versicherung und Fracht*
cip	carriage and insurance paid to	*frachtfrei versichert*
CIS	Commonwealth of Independent States	*Gemeinschaft Unabhängiger Staaten (GUS)*
C/N	credit note	*Gutschrift*
Co	company	*Firma (Fa.), Gesellschaft*
c/o	care of	*zu Händen von*
cod	cash on delivery	*Zahlung gegen Nachnahme*
Corp.	Corporation	*Gesellschaft*
cpt	carriage paid to	*frachtfrei*
CR	credit	*Guthaben*
cwo	cash with order	*Bezahlung bei Bestellung*
D/A	documents against acceptance	*Dokumente gegen Akzept*
DD	direct debit	*Direktabbuchung*
ddp	delivery duty paid	*geliefert verzollt*
ddu	delivery duty unpaid	*geliefert unverzollt*
deq	delivered ex quay	*geliefert ab Kai/verzollt*
des	delivered ex ship	*geliefert ab Schiff*

DN	debit note	*Lastschriftanzeige*
D/P	documents against payment	*Dokumente gegen Kasse*
eg	for example	*zum Beispiel*
enc(s)	enclosure(s)	*Anlage(n)*
EXW	ex works	*ab Werk*
fao	for the attention of	*zu Händen von*
fas	free alongside ship	*frei Längsseite Schiff*
fca	free carrier	*frei Frachtführer*
fob	free on board	*frei Schiff, frei an Bord*
for	free on rail	*frei Bahn*
gr.	gross	*brutto*
HO	Head Office	*Hauptniederlassung*
ie	that is to say (lat. id est)	*das heißt (d. h.)*
IMO	international money order	*internationale Postanweisung*
Inc	Incorporated (US)	*amtlich (als Aktiengesellschaft) eingetragen*
lb	pound	*Pfund* (engl. Pfund = 454 g)
L/C	letter of credit	*Akkreditiv*
Ltd	limited	*(Gesellschaft)mit beschränkter Haftung*
N/A	not applicable	*entfällt*
NB	Note (lat. nota bene)	*Merkzeichen, übrigens*
NCV	no commercial value	*ohne Handels-/Marktwert*
no.	number	*Nummer, Nr.*
oz	ounce	*Unze* (Gewicht)
pa	per year (lat. per annum)	*pro Jahr*
p & p	postage and packing	*Porto und Verpackung*
PLC	public limited company	*Aktiengesellschaft*
pm	after noon (lat. post meridiem)	*nachmittags, abends*
PO	Post Office; postal order	*Postamt; Postanweisung*
p.p.	on behalf of (lat. per procurationem)	*in Vertretung*

pto	please turn over	*bitte wenden (b. w.)*
re	with reference to, regarding	*bezüglich*
Ref:	reference	*Betreff; betrifft (betr.)* (Briefkopf)
rlwy	railway	*(Eisen-)Bahn*
RRP	recommended retail price	*unverbindliche Preisempfehlung, empfohlener Richtpreis*
RSVP	please reply (fr. répondez s'il vous plaît)	*um Antwort wird gebeten*
SAE	stamped addressed envelope	*frankierter Rückumschlag*
VAT	Value Added Tax	*Mehrwertsteuer*
wk	week	*Woche*
ZIP	(code) zone of improved delivery (US)	*Postleitzahl*

Nützliche Wendungen

Briefanfang

Informieren, ankündigen

We have pleasure in announcing ...
We are pleased to inform you ...
You will be interested to know that ...

Bestätigen

We (hereby) write to confirm .../This is to confirm ...
We are pleased to confirm ...
I would be delighted to ...
We are very impressed by ...

Empfang bestätigen

(We) Thank you for your letter of ...
We acknowledge with thanks your letter of ...
We have received ...
We acknowledge receipt of ...

Sich auf einen vorausgegangenen Kontakt beziehen

As per/Following our telephone conversation ...
As mentioned in my letter of ...
With reference to your letter of ...
We refer to your letter of .../Further to your letter of ...

Auf Anlagen hinweisen

Please find enclosed .../We enclose ...
Enclosed is/are ...
We have pleasure in enclosing ...
We are sending ... under separate cover.
We are pleased to submit ...

Einem Termin zustimmen

Monday at 10 am would suit me perfectly.
Tuesday is fine by me. (informell)

Ablehnen, ein Angebot zurückweisen

We regret to have to announce/to have to inform you that ...
We regret to inform you ...
Unfortunately, I am afraid that ...
Much to my regret ...
I can only regret ...
We are not in a position to accept ...
It is not possible for me to ...
There can be no question of ...
It is out of the question.

Anfragen

Eine Bitte formulieren

Could you please ...?
I should be grateful if you would ...
I would be obliged if you would ...
We should be glad if ...
We would be (most) grateful for ...
Would you kindly ...?
Would it be possible for you to ...?
Please would you ...
We would like ...
You are requested ...

Informationen einholen

Could/Would you let us know if ...?
We would be interested to know whether/if ...
Could you tell me whether/if ...?
Please forward to ...
Please send me ...
Would you kindly send me ...?
Please give me details of ...

Um eine Antwort oder Bestätigung bitten

Please reply ... without delay/by return of post.
Please let us know as soon as possible.
Please send your reply to ...
Please contact ...
Would you please confirm ...?

Vorschläge, Angebote, Einladungen

Vorschlagen

May I suggest ...?
I would suggest ...
We are able to suggest ...
You could ...
You might ...
I propose that ...
What would you say about ...?
It would be sensible ...

Ein Angebot machen

We are offering ...
We are able to offer you ...
These goods are/This product is on special offer.
We would be delighted to ...
If you don't mind ... (informell)

Einladen

I should like to invite you ...
We should be delighted if you would join us for ...
I should be delighted ...

Reklamationen

Reklamieren

We would like to remind you that ...
We regret to inform you that ... is now considerably overdue.

We regret to have to inform you that ... has not yet arrived.
Please look into the non-delivery of ...
We should like to query ...
I regret to have to complain about ...

Auf ein Problem aufmerksam machen

We would like to draw your attention to the fact that ...
There must be some mistake.

Gewissheit, Vermutung, Zweifel

Gewissheit zum Ausdruck bringen

It is clear that ...
There is no doubt that ...
We are convinced/confident that ...
We shall not fail to ...

Vermutungen aufstellen

It is quite possible that ...
It would seem that ...
Everything seems to point to the fact that ...
Should this not be convenient ...
Should you be unavailable ...
If this does not fit in with ...
If this does not correspond with ...

Zweifel und Befürchtungen zum Ausdruck bringen

Unfortunately ...
I am afraid that ...
We doubt very much whether ...
This could cause a delay.

Sich entschuldigen

We were sorry to hear that ...
We are very sorry for/that ...
We apologize for ...
Please accept our sincere apologies for ...

We must apologize for ...
Do forgive us for ...

Sich bedanken

formell

I should like to express my sincere thanks for ...
We owe you our most sincere thanks for the way in which you ...
It was most kind of you ...
We would like to thank you for ...
We are most grateful for ...
Please accept our warmest thanks for ...
We would like to express our gratitude/our sincere thanks for ...

informell

Thank you for ...
Many thanks for ...

Glück- und Genesungswünsche, Beileidserklärungen

Many congratulations.
Please accept our warmest congratulations.
We wish you every success.
I send you my (very) best wishes for a speedy recovery.
I would like to wish you a very happy birthday.
May I offer you my sincere condolences?

Briefschluss

Thanking you once again for your help.
Thanking you in advance.
Please do not hesitate to contact us if you require any further information.
We look forward to receiving ...
We look forward to hearing from you soon.

ANHANG

1 Die Rechtschreibung

2 Die Zeichensetzung

3 Besonderheiten in Österreich und der Schweiz

4 Geläufige Abkürzungen und Kurzwörter

5 Sach- und Stichwortverzeichnis

1 DIE RECHTSCHREIBUNG

ÜBERSICHT

Durch die **Rechtschreibung** – auch Orthografie genannt – wird festgelegt, wie die Wörter einer Sprache geschrieben werden.

Dazu gehören in der deutschen Sprache folgende Aspekte:

Groß- und Kleinschreibung → S. 393

Nimm dir **Z**eit. – **z**eit seines Lebens

Getrennt- und Zusammenschreibung → S. 402

frei sprechen (ohne Vorlage) – freisprechen (von Schuld)

Schreibung der Vokale und Konsonanten → S. 414

Lid (Augendeckel) – Lied (Gesangsstück)
Mal (Zeichen) – Mahl (Speise)

Gleich lautende Vokale und Diphthonge → S. 422

aufwendig → aufwenden, aufwändig → Aufwand

Schreibung der Konsonanten und Konsonantengruppen → S. 424

z. B. *s*-Laute: Fluss, Floß, außen, das, dass …

Zeiten und Zahlen → S. 432

am **A**bend, aber: **a**bends, **D**ienstagabend,
am **M**ittwochvormittag …

° Die Groß- und Kleinschreibung

Die Großschreibung

Satzanfänge

Das erste Wort eines Satzes schreibt man mit großem Anfangsbuchstaben.

Gestern hatte ich einen Unfall. **H**ast du davon gewusst?

Das gilt auch für

- **Kurzsätze: H**alt! **W**arte! **W**ie bitte?
- **das erste Wort einer wörtlichen Rede:** „**H**ast du mich verstanden?"
- **Überschriften: W**ieder ein Wohnhausbrand
- **Buchtitel: D**ie Mütter-Mafia

Nomen

Nomen werden immer großgeschrieben. Man erkennt sie meist an einem vorangehenden Begleiter. Also kann man sagen, dass Nomen und Begleiter eng zusammengehören und **Begleiter** Hinweis auf die Großschreibung der Nomen sind.

der **L**ärm, ein **H**aus, kein **L**icht, alle **K**inder, viele **F**reunde ...

Viele Nomen erkennt man an ihrer **Endung**, die den Hinweis auf die Großschreibung gibt:

Ahn**ung**, Bos**heit**, Übel**keit**, Wag**nis**, Irr**tum**, Trüb**sal**, Find**ling**, Lieb**schaft** ...

Begleiter des Nomens können sein:

- die Artikel der, die das und ein, eine
- der verneinende Artikel kein, keine
- die Possessivpronomen mein, dein, sein ...

- die Demonstrativpronomen dieser, jener, solcher ...
- bestimmte Zahlwörter: zwei, hundert, tausend ...
- unbestimmte Zahlwörter: beide, einige, wenige, viele, alle(s), nichts ...
- die Fragepronomen welcher, welche, welches

Oft ist ein **bestimmter Artikel mit einer Präposition verschmolzen** und nicht gleich zu erkennen.

am = an dem, **ans** = an das, **beim** = bei dem, **ins** = in das ...

Auch in diesen Fällen erfolgt die Großschreibung des nachfolgenden Bezugsworts; es ist ein Nomen:

zur **A**rbeit gehen, vors **H**aus treten, im **W**ohnzimmer sitzen ...

Manchmal fehlt der Begleiter, aber man muss trotzdem großschreiben: Die Begleiter lassen sich aber leicht ergänzen:

Es folgte Wagen auf Wagen in geringem Abstand.
→ Es folgte **ein** Wagen auf **einen** anderen Wagen in **einem** geringen Abstand.

Namen für Personen, Straßen, Organisationen; geografische Begriffe und historische Ereignisse

In folgenden Fällen wird immer **großgeschrieben**:

- Namen für Personen und Berufstitel:
  Susanne, **P**rofessor **M**utschler, **D**r. **E**wald **H**äubler ...
- Nomen in mehrteiligen Personennamen:
  Felicitas von **L**ovenberg, **A**ndreas von der **G**racht ...
- Adjektive und Partizipien in Namen von Personen der Zeitgeschichte und Amtsinhabern:
  Karl der **G**roße, der **H**eilige **V**ater, der **R**egierende **B**ürgermeister von Berlin ...

- Namen von Straßen und Plätzen:
  Domstraße, **A**denauerufer, **I**m **H**of, **D**omplatz ...
- Adjektive, die von Städtenamen oder anderen geografischen Begriffen abgeleitet sind:
  die **K**öln**er** Altstadt, nahe beim **H**alle**schen** Tor, am **B**ergisch**en** Ring ...
- das erste Wort mehrteiliger Straßennamen und weitere Wörter, ausgenommen Artikel und Präpositionen:
  An der **G**roßen **F**reiheit, **U**nter den **L**inden, **W**eg hinter der **M**auer ...
- die Adjektive in geografischen Begriffen:
  der **S**chwarze **K**ontinent, der **F**erne/**N**ahe **O**sten, die **E**uropäische **U**nion, der **G**roße Belt ...
- Namen von Organisationen und historischen Ereignissen:
  die **V**ereinten **N**ationen, der **W**eiße **R**ing, das **R**ote **K**reuz ...;
  der **W**estfälische **F**rieden, die **F**ranzösische **R**evolution ...

Nominalisierung anderer Wortarten

Auch andere Wortarten können zu Nomen werden, wenn man ihnen einen Begleiter beigibt. Sie werden dann großgeschrieben. Dies gilt für nominalisierte

- Adjektive:
  Das Schöne an diesem Buch ist die Handlung.
  Es hat sich **zum G**uten gewendet.
  Dieses Blau steht Susanne sehr gut.
  Wir sind uns **im G**roßen und **G**anzen einig.
  Im Allgemeinen gab es keine Probleme.
- Adverbien:
  Wir leben **im H**ier und **J**etzt.
  Wer immer **im G**estern lebt, vergisst die Zukunft.

- Konjunktionen:
  Es gibt nur **ein E**ntweder-oder.
  Jetzt kommt das **A**ber.
- Zahlwörter:
  Er hat **eine Z**wei geschrieben.
- Präpositionen:
  Wir erörtern gerade **das F**ür und **W**ider der Großschreibung.
- Pronomen:
  Er wollte ihr **das D**u anbieten. Sie ist aber bei**m S**ie geblieben.
- Verben:
  das **K**ochen lernen, zum **S**chwimmen gehen, beim **R**eden ...

Fehlende Begleiter kann man ergänzen

Bei **Adjektiven** und **Zahladjektiven** fehlt manchmal der Artikel; man erkennt jedoch meistens an zwei Dingen, dass sie nominalisiert sind und deshalb **großgeschrieben** werden müssen:

1. Sie haben eine Deklinationsendung.
2. Sie beziehen sich nicht auf ein Nomen.

Man kann in diesen Fällen den **Artikel** leicht **ergänzen**, ohne dass der Zusammenhang seinen Sinn verliert:

Richtig**es** und **F**alsch**es** tun → **das R**ichtige und **das F**alsche tun
Er wurde **D**ritt**er**. → Er wurde **der D**ritte.

Manchmal fehlen auch die Deklinationsendungen. In diesen Fällen stehen die Adjektive für einen längeren **Ausdruck aus Adjektiv + Nomen**:

Die Ampel schaltete auf **G**rün. (kurz für auf grünes Licht)
Er liebt **B**lond. (kurz für blondes Haar)
Wir liefern die Ware nur in **S**chwarz. (kurz für in schwarzer Farbe)

Aber: In festen, nicht deklinierten paarigen Ausdrücken gilt die Großschreibung nur, wenn Personen gemeint sind. Ansonsten schreibt man klein:

Es trafen sich **A**rm und **R**eich (kurz für arme und reiche Menschen)
ein Fest für **J**ung und **A**lt (kurz für junge und alte Menschen)

Sie kamen von **n**ah und **f**ern. (Keine Personen sind gemeint.)
Wir gingen zusammen durch **d**ick und **d**ünn. (Keine Personen sind gemeint.)
Über **k**urz oder **l**ang geht das schief. (Keine Personen sind gemeint.)

Die Anredepronomen

Die Anredepronomen der zweiten Person (*du/deiner/dir/dich* und *ihr/euer/euch*) sowie die entsprechenden besitzanzeigenden Pronomen (*dein/deine/euer/eure*) schreibt man klein.

„Ich sah **e**ure bösen Blicke." - „Diese Blicke hast **d**u **d**ir verdient."

In Briefen darf man sie aber auch **großschreiben**.

Liebe Sarah,
ich danke **d**ir/**D**ir sehr für **d**eine/**D**eine Postkarte! Hattet **i**hr/**I**hr einen schönen Urlaub?

Das Pronomen für die höfliche Anrede, ***Sie/Ihnen***, und das entsprechende Possessivpronomen ***Ihr/Ihre*** schreibt man immer groß.

Könnten **S**ie mir **I**hre E-Mail-Adresse geben?

Beachten Sie, dass **unterschiedliche Schreibung** von Anredepronomen zu einem **Bedeutungsunterschied** führen kann:

Vielleicht hat Frau Meier bei der Bearbeitung **Ihrer/ihrer** Termine nicht bemerkt, dass ...

Bei *Ihrer* handelt es sich um die Termine des Briefempfängers; bei *ihrer* sind es Frau Meiers Termine.

Die folgende Übersicht zeigt die unterschiedlichen Bedeutungen, die ein Satz je nach Schreibweise haben kann.

Haben **Sie Ihre** Uhr wiedergefunden?	Die angesprochene Person und ihre Uhr sind gemeint.
Haben **Sie ihre** Uhr wiedergefunden?	Die angesprochene Person hat nach der Uhr einer dritten (weiblichen) Person gesucht.
Haben **sie Ihre** Uhr wiedergefunden?	Eine Gruppe anderer hat nach der Uhr der angesprochenen Person gesucht.
Haben **sie ihre** Uhr wiedergefunden?	Man spricht hier über andere, nicht anwesende Personen, die eine Uhr suchten.

Kleinschreibung

Die Kleinschreibung ist der Normalfall; es bedarf also keiner besonderen Begründung, wenn man Wörter kleinschreibt. Begründungen braucht man nur für Wörter, die man großschreibt. Daher nur die folgenden Hinweise:

Diese Wendungen schreibt man immer klein:

- **Ausdrücke aus Präposition + undekliniertem Adjektiv**:
  gegen bar, von fern, von nah und fern, durch dick und dünn, über kurz oder lang, von klein auf, schwarz auf weiß, grau in grau, von privat, an privat ...
- **Weitere solche Ausdrücke mit zusätzlichem Verb**:
  in bar zahlen, etwas für wahr/falsch halten, für dumm verkaufen, auf stur schalten, auf Nummer sicher gehen ...

Besonderheiten der Groß- und Kleinschreibung

Schuld/schuld, Recht/recht ...

Die Nomen ***Schuld, Recht, Leid, Gram, Angst*** und ***Bange*** verlieren die Eigenschaften eines Nomens, wenn sie mit ***sein, werden*** oder ***bleiben*** verbunden sind; dann schreibt man sie klein.

Er hat **S**chuld ...	Er **ist** **s**chuld ...
Du hast kein **R**echt ...	Es **ist** nicht **r**echt ...
Wir hatten **A**ngst ...	Mir **wird** **a**ngst ...
Nur keine **B**ange ...	... und **b**ange.
Geteiltes **L**eid ist halbes **L**eid.	Ich bin es **l**eid ...
Du hast mir ein **L**eid angetan.	Es tut mir **l**eid (Infinitiv: leidtun)
Aus **G**ram erkrankte ich.	Bleib mir nicht **g**ram.

Die Nomen ***Recht*** und ***Unrecht*** können groß- oder kleingeschrieben werden, wenn sie in Verbindung mit den Verben ***behalten, bekommen, geben, haben, tun*** verwendet werden:

Du hast **r**echt/**R**echt behalten.	Tu ihm nicht **u**nrecht/**U**nrecht.

Aber immer großgeschrieben: **R**echt sprechen, zu **R**echt bestraft werden
Immer kleingeschrieben: **z**urechtlegen, **z**urechtkommen, **z**urechtmachen ...

Laut/laut, Dank/dank, Trotz/trotz, Zeit/zeit, Kraft/kraft

Die Nomen ***Laut, Dank, Trotz, Zeit, Kraft*** können auch als Präpositionen (Verhältniswörter) verwendet werden; dann schreibt man sie klein.

Man hört keinen **L**aut.	**l**aut Urteil nicht schuldig
Ich schulde dir **D**ank.	**d**ank deiner Hilfe
Nimm dir **Z**eit.	**z**eit seines Lebens
allen zum **T**rotz	**t**rotz des nassen Wetters
mit aller **K**raft	**k**raft seines Amtes

Lieber Peter, danke für die Blumen!

Das Wörtchen ***danke*** als Höflichkeitsformel schreibt man immer klein, weil es eigentlich Teil eines Kurzsatzes ist, der da lautet: *Ich danke dir/ Ihnen.*

Möchtest du noch Tee? Nein **d**anke. (→ *Nein, ich danke dir.*)
Kann ich helfen? Oh **d**anke, sehr freundlich. (→ *Oh, ich danke Ihnen ...*)

In den folgenden Fällen gibt es **zwei Schreibweisen**:

Du sollst immer **D**anke/**d**anke sagen.
Wir wollen ihr **D**anke/**d**anke schön sagen.

Auch diese Möglichkeit gibt es:

Wir möchten dir für deine Hilfe **D**ank sagen/**d**anksagen.

Wenn Sie einen **Begleiter** hinzufügen, müssen Sie **großschreiben**:

Sie gab **ein** ganz leises **Danke** von sich.
Das ist **ein** dickes **Dankeschön** wert.

Kleinschreibung trotz Begleiter

Sehr wenige Wörter schreibt man stets klein, obwohl ein Begleiter vorausgeht:

Ein jeder kann sich zum Turnier anmelden.
Ich habe **ein bisschen/ein kleines bisschen/kein bisschen** ... Angst!
Ich habe **ein wenig/ein klein wenig** nachgeholfen.
Die beiden scheinen sich sehr zu mögen.

Acht/acht, Eigen/eigen, Mal/mal, Paar/paar

Andere Wörter, die je nach Zusammenhang/Verwendung/Gebrauch mal groß-, mal kleingeschrieben werden:

Acht und **acht**	die **A**cht,	**a**cht Kinder,
	habt **A**cht,	Kapitel **a**cht,
	in **A**cht und Bann,	**a**chtjährig/8-jährig,
	außer **A**cht lassen,	**a**cht zwanzig (8 € 20),
	der **A**chtjährige,	genau/sehr/besonders **a**cht-geben
	Acht geben	
	sich in **A**cht nehmen	
	große **A**cht geben	
Eigen und **eigen**	sein **E**igen(tum),	das ist ihm **e**igen,
	sein **E**igen nennen	sich zu **ei**gen machen,
		sein **e**igen Fleisch ..., mein **e**igener Sohn
Mal und **mal**	das erste/zweite/nächste/letzte **M**al,	**e**inmal, **z**weimal,
	ein anderes **M**al,	1-bis 2-mal, x-**m**al,
	zum letzten **M**al,	dies**m**al, kein**m**al, viel**m**al(s), alle**m**al,
	tausende/viele **M**ale	ein paar**m**al
Paar und **paar**	ein **P**aar Schuhe,	ein **p**aar (einige) Äpfel,
	ein schönes **P**aar,	ein **p**aar hundert/Hundert Menschen
	Paare bilden	

Wahlweise Groß- und Kleinschreibung in bestimmten Wendungen

Folgende Wendungen aus **Präposition + nachfolgendem deklinierten Adjektiv** darf man **groß- oder kleinschreiben**:

von **n**ahem/**N**ahem
von **n**euem/**N**euem
seit **l**angem/**L**angem
binnen **k**urzem/**K**urzem

ohne **w**eiteres/**W**eiteres
bei **w**eitem/**W**eitem
bis auf **w**eiteres/**W**eiteres
von **w**eitem/**W**eitem

→ vgl. hierzu Tipp unter Abschnitt „Nominalisierung“

Die Getrennt- und Zusammenschreibung

Die Getrennt- und Zusammenschreibung befasst sich mit Wörtern, die in Texten unmittelbar hintereinanderstehen und aufeinander bezogen sind. Dabei muss man unterscheiden, dass man **Wortgruppen getrennt**, **Teile von Zusammensetzungen aber zusammenschreibt**.

Wortgruppe: Wir werden bald **daheim ankommen**.
Zusammensetzung: Wir werden bald **heimkommen**.

Getrennt- und Zusammenschreibung bei Verben

Verben können mit anderen Wörtern trennbare Zusammensetzungen bilden, deren Infinitive und Partizipien zusammengeschrieben werden.

In vielen anderen Fällen erfolgt jedoch stets Getrenntschreibung.

Adverb + Verb

Ob ein Adverb mit dem nachfolgenden Verb zusammengeschrieben werden muss, kann man an der Betonung feststellen:

Wird beim Sprechen das **Adverb stärker betont** als das Verb, **schreibt man zusammen**.

anein'**a**ndergeraten: Die beiden sind anein**a**ndergeraten.
da'v**o**nkommen: Wir sind noch einmal dav**o**ngekommen.
da'h**ei**mbleiben: Wer krank ist, sollte dah**ei**mbleiben.

Werden jedoch **beide Wörter etwa gleich stark betont** oder wird das **Verb sogar stärker betont** als das Adverb, **schreibt man getrennt**.

aneinander 'd**e**nken:	Wir werden täglich aneinander d**e**nken.
'd**a**von 'k**o**mmen:	Das kann d**a**von k**o**mmen, dass es friert.
da'h**ei**m '**a**rbeiten:	Bei Homeoffice kann man dah**ei**m **a**rbeiten.

Adjektiv + Verb

In den meisten Fällen werden **Adjektiv und Verb getrennt** geschrieben. Dabei behalten beide Wörter ihren ursprünglichen Sinn:

Ich musste meinen Sohn **allein erziehen**.
Wie kann ich dir das **deutlich machen**?

Weitere Beispiele:
eng verbinden, ernst nehmen, falsch schreiben, neu eröffnen, schwer stürzen, stark fallen, weit gehen ...

fff

Getrenntschreibung bei zusammengesetzten Adjektiven

Getrennt schreibt man immer, wenn das Adjektiv bereits ein zusammengesetztes Wort ist: aus|wendig lernen, bewusst|los schlagen, dunkel|blau anmalen, un|genau arbeiten ...

Manchmal ergeben Adjektiv und Verb zusammen aber eine ganz **neue Bedeutung in einem übertragenen Sinn**; dann muss man **zusammenschreiben**, z. B.:

heiligsprechen, kundtun, krankschreiben, nahegehen, schiefgehen, schwerfallen, wahrhaben, weismachen ...

Weitere Beispiele verschiedener Schreibweisen in der Gegenüberstellung:

Wörtliche Bedeutung	**Übertragene Bedeutung**
fest stehen (auf sicherem Boden)	feststehen (entschieden, sicher sein)
frei sprechen (ohne Konzept)	freisprechen (von Schuld)
gerade biegen/geradebiegen (z. B. ein Rohr)	geradebiegen (einen Fehler berichtigen)
klar sehen (deutlich sehen)	klarsehen (begreifen)
krank machen/krankmachen (z. B. das Rauchen)	krankmachen (vorgeben, krank zu sein)
näher kommen (sich räumlich nähern)	sich näherkommen (in eine engere Beziehung treten)
richtig schreiben (korrekt schreiben)	richtigstellen (korrigieren)

fff

Zwei Schreibweisen bei fehlender Eindeutigkeit

Wenn sich nicht eindeutig festlegen lässt, ob Adjektiv und Verb zusammen eine übertragene Bedeutung haben, dürfen Sie **getrennt oder zusammenschreiben**:

ähnlichsehen/ähnlich sehen, liebhaben/lieb haben, sich schönmachen/schönmachen, wehtun/weh tun, zufriedenstellen/zufrieden stellen ...

Wenn das **Adjektiv ein Ergebnis der Tätigkeit darstellt**, die das Verb ausdrückt, darf man **getrennt oder zusammenschreiben**:

Er soll den Kessel so lange **blankputzen/blank putzen**, bis er glänzt wie neu.

Das gilt auch für:
klein schneiden/kleinschneiden (z. B. Gemüse in kleine Stücke schneiden), warm machen/warmmachen (z. B. Essen) ...

Verb + Verb

Verbindungen zweier Verben schreibt man getrennt, weil sie eine Wortgruppe bilden.

laufen lernen, schreiben üben, spazieren gehen, sitzen bleiben, kennen lernen ...

fff

Groß- und Zusammenschreibung bei Nominalisierung

Wenn Sie diese Verbverbindungen nominalisieren, d.h. ihnen einen Artikel oder sonstigen Begleiter hinzufügen, müssen Sie groß- und zusammenschreiben:

In der Reha wurde das **Laufenlernen** trainiert.
Der Lehrer immer mit seinem **Schreibenüben**!
Mit (dem) **Spazierengehen** ist es nicht getan.
Ein **Kennenlernen** war nicht mehr möglich.

→ Nominalisierung S. 395

Zwei aufeinanderfolgende Verben darf man zusammenschreiben, wenn der zweite Bestandteil ***bleiben*** oder ***lassen*** ist und die Verbindung eine übertragene Bedeutung hat.

Wörtliche Bedeutung	Übertragene Bedeutung
sitzen bleiben (im Zug)	sitzenbleiben (nicht versetzt werden)
hängen lassen (den Mantel am Haken)	hängenlassen (nicht helfen)
liegen lassen (auf dem Tisch)	(links) liegenlassen (nicht beachten)

(fff) **Ausnahme *kennenlernen***

Das Verb ***kennenlernen*** darf man jederzeit zusammenschreiben.

Ich war sehr einsam, bevor ich sie **kennenlernte/kennen lernte**.

Nomen + Verb

Verbindungen von **Nomen und Verb** werden in der Regel **getrennt geschrieben**.

Auto fahren, Rad fahren, Kegel schieben, Hof halten, Folge leisten, Gefahr laufen, Radio hören, Tee trinken, Zeitung lesen ...

(fff) **Zusammenschreibung bei Nominalisierung**

Wenn Sie diese Verbindungen aus Nomen und Verb nominalisieren, d.h. ihnen einen Artikel oder einen anderen Begleiter hinzufügen, müssen Sie zusammenschreiben:

Beim Autofahren soll man nicht telefonieren.
Wir lieben **das Radfahren** am Sonntag.
In unserem Keller ist **(das) Radiohören** nicht möglich.

Es gibt aber auch **einige untrennbare Verbindungen**. Dazu gehören auch zusammengesetzte Verben, die von zusammengesetzten Nomen abgeleitet wurden, z. B. brandmarken: Dieses Verb entstand aus dem zusammengesetzten Nomen Brandmarke.

bergsteigen	→	ich bergsteige	→	ich bin berggestiegen
schlussfolgern	→	ich schlussfolgere	→	ich habe geschlussfolgert

Ebenso: handhaben, lobpreisen, maßregeln, nachtwandeln, notlanden, schlafwandeln, wallfahren, wetteifern ...

Bei einigen mit einem Nomen zusammengesetzten Verben hat sich das Nomen zu einer **trennbaren Partikel** zurückgebildet. Dann wird bei getrennter Schreibung der nominale Teil immer **kleingeschrieben**:

eislaufen → ich laufe **e**is → ich bin eisgelaufen
teilnehmen → ich nehme **t**eil → ich habe teilgenommen

Ebenso: irreführen, kopfstehen, nottun, leidtun, preisgeben, standhalten, stattfinden, stattgeben, teilnehmen, wundernehmen ...

In einigen Fällen hat man die **Wahl zwischen zwei Schreibweisen**:

Acht geben/**a**chtgeben
Gewähr leisten/**g**ewährleisten
Maß halten/**m**aßhalten
Brust schwimmen/**b**rustschwimmen ...
(und andere Schwimmstile)
Dank sagen/**d**anksagen
Halt machen/**h**altmachen
Staub saugen/**s**taubsaugen

Allerdings muss man darauf achten, **die Nomenanteile der konjugierten Formen großzuschreiben,** wenn man diese Ausdrücke nicht als zusammengesetzte Verben verwendet:

Ich sauge **S**taub in der ganzen Wohnung.
Ich **s**taubsauge die ganze Wohnung.

Wir leisten **G**ewähr auf alle Teile.
Wir **g**ewährleisten einen tadellosen Service.

fff

Verbindungen mit *sein* schreibt man getrennt

Alle Verbindungen mit dem Verb *sein* werden immer getrennt geschrieben:

da sein, groß sein, hier sein, vorbei sein, weg sein, zufrieden sein ...

Adverb + Verb

Bei den folgenden mit einem Adverb zusammengesetzten Verben ist das Adverb zu einer **trennbaren Partikel** geworden und hat seine Bedeutung als eigenständiges Wort verloren. Im Infinitiv und bei den Partizipformen wird zusammengeschrieben; in den flektierten Formen erfolgt Getrenntschreibung:

fürliebnehmen, fürliebnehmend, fürliebgenommen; ich nehme fürlieb
anheimstellen, anheimstellend, anheimgestellt; ich stelle anheim

Ebenso: einhergehen, entzweigehen, heimzahlen, hintanstellen, innehaben, übereinkommen, überhandnehmen, umhinkönnen, vorliebnehmen, zugutehalten, zurechtlegen (aber: zu **R**echt bestraft werden), zunichtemachen, zuteilwerden, zustattenkommen ...

Eine Reihe von Adverbien können je nach Bedeutung **Verbpartikel oder selbstständiges Adverb sein.** Entsprechend muss **getrennt oder zusammengeschrieben** werden.

Hier hilft die **Betonungsregel**: Ist das Adverb stärker betont als das Verb, erfolgt immer Getrenntschreibung. Sind beide Wörter gleichermaßen betont oder ist das Verb stärker betont, erfolgt Getrenntschreibung bei den flektierten Formen:

Er will immer dab**ei**sitzen.	Du kannst d**a**bei (währenddessen) s**i**tzen.
Du kannst den Stuhl dav**o**rstellen.	Du kannst den Brief dav**o**r (vorher) schr**ei**ben.
Es muss irgendwie w**ei**tergehen.	Wir müssen w**ei**ter (weiterhin) warten.
Ich muss noch meine Sachen zus**a**mmensuchen.	Wir können den Schlüssel zus**a**mmen (gemeinsam) s**u**chen.

Getrennt- und Zusammenschreibung bei Adjektiven und Partizipien

Adjektive oder Partizipien, die wie Adjektive benutzt werden, können zusammen mit einem anderen Wort die **stark verkürzte Form eines Ausdrucks** aus mehreren Wörtern sein. Dann schreibt man **zusammen**.

herzerfrischend → das Herz erfrischend
farbenblind → blind gegenüber Farben
freudestrahlend → vor Freude strahlend
sturmerprobt → im Sturm erprobt
gottverlassen → von Gott verlassen
fingerbreit → so breit wie ein Finger
eisfrei → frei von Eis
denkfaul → zu faul zum Denken
hitzebeständig → beständig gegen Hitze
angsterfüllt → von Angst erfüllt ...

Verbindungen aus **Partizip und Adjektiv** schreibt man getrennt:

brechend voll, brüllend heiß, leuchtend blau, strahlend hell, verschwindend gering ...

Verbindungen aus **Adjektiv und Partizip** kann man getrennt oder zusammenschreiben:

weitreichende/weit reichende Veränderungen
getrenntlebende/getrennt lebende Ehepaare
grüngestreifte/grün gestreifte Trikots
schwerwiegende/schwer wiegende Probleme

Wenn diese Verbindungen aber **im Komparativ oder Superlativ** stehen oder **auf andere Weise erweitert** sind, hängt die Schreibung davon ab, welcher Teil davon betroffen ist:

- Wird der **erste Teil** gesteigert oder sonstwie erweitert, gilt **Getrenntschreibung**:

weit**er** reichende/**sehr** weit reichende/**zu** weit reichende Veränderungen; schwer**er** wiegende/**äußerst** schwer wiegende Probleme, die **am** schwer**sten** wiegenden Probleme

- Wird der zweite Teil, also das Partizip gesteigert, gilt Zusammenschreibung:

  weitreichend**ere** Verbindungen, schwerwiegend**ere** Probleme

Aber: Wenn solche Verbindungen keinen wörtlichen, sondern einen **übertragenen Sinn** haben, muss man zusammenschreiben:

eine alleinstehende Frau, ein frischgebackenes Ehepaar, eine zufriedenstellende Antwort ...

(fff) **Zusammenschreibung bei Fugenelementen**

Wenn ein **Fugenelement** auftaucht, wird immer zusammengeschrieben:

gebrauch**s**fertig, ahnung**s**los, handel**s**üblich, sonn**en**beschienen, werb**e**wirksam ...

Wenn zwei Adjektive **Eigenschaften** ausdrücken, die beide **gleichermaßen ausgeprägt** sind, wird zusammengeschrieben:

dummdreist, nasskalt, süßsauer, taubstumm ...

Wenn das erste Wort – ein Adjektiv oder Nomen – die **Bedeutung des zweiten Adjektivs verstärkt oder abschwächt**, wird auch zusammengeschrieben:

altbekannt, bitterböse, brandneu, extrabreit, frühreif, hellblau, hochbetagt, lauwarm, rosarot, stocksauer, strohdumm, superschlau, todkrank, uralt ...

Wenn eine Verbindung aus **Nomen + Verb** oder **Adjektiv + Verb** getrennt geschrieben wird, kann man auch die davon abgeleitete **Partizipform getrennt** schreiben. Zusammenschreibung ist jedoch auch erlaubt.

Vertrauen erwecken → Vertrauen erweckend/vertrauenerweckend
Rat suchen → Rat suchend/ratsuchend
allein erziehen → allein erziehend/alleinerziehend
brach liegen → brach liegend/brachliegend ...

In Zweifelsfällen hilft es, die Betonung des Gesamtausdrucks zu beachten: Ist **der erste Teil betont**, schreiben Sie am besten **zusammen**, sind aber **beide Teile gleich betont** oder liegt die Hauptbetonung auf dem zweiten Teil, schreiben Sie **getrennt**.

der erste Teil stärker betont	**beide Teile gleich betont bzw. der zweite Teil stärker betont**
ein v**ie**lgelesenes Buch	eine st**a**rk bef**a**hrene Autobahn
Der Junge ist fr**ü**hreif.	Die Äpfel sind in diesem Jahr fr**ü**h r**ei**f.
L**ei**chtverständliche Regeln sind immer gut.	Es ist l**ei**cht verst**ä**ndlich, dass er so gehandelt hat.
Ein schw**e**rbeladener LKW bog um die Ecke.	Der LKW ist schw**e**r bel**a**den.

Achtung: Man schreibt **getrennt**,

- wenn der erste Teil dieser Verbindungen **im Komparativ** steht:

  Diese Erklärung ist schon leicht**er** verständlich.
  Dieser Patient ist schwe**rer** krank als der andere.

- wenn der erste bzw. der zweite Teil **durch weitere Wörter erweitert** ist:

  Der LKW war **zu** schwer beladen.
  Er ist schwer **zucker**krank.
  Die Regeln sind **recht** leicht verständlich.

(fff) **Zusammenschreibung bei *schwerst-***

Er ist **schwerstkrank**. (weil „schwerst" als selbstständiges Wort nicht vorkommt).

Getrennt- und Zusammenschreibung bei Nomen

Es gibt eine Vielzahl zusammengesetzter Nomen. Hier erfolgt stets Zusammenschreibung:

Nomen + Nomen: das Fensterglas, die Haustür ...
Eigenname + Nomen: der Schillerplatz ...
Adjektiv + Nomen: das Freibier, die Blaumeise ...
Verbstamm + Nomen: das Fahrzeug, der Rollmops ...
Pronomen + Nomen: das Wirgefühl, der Icherzähler ...
Adverb + Nomen: die Hinfahrt, der Außendienst ...
Zahlwort + Nomen: das Neunauge, der Vielfahrer ...

Dieser Regel folgen auch viele **Nomen aus dem Englischen**, sofern sie auf dem ersten Wortteil stärker betont werden als auf dem zweiten:

Software, Mountainbike, Warehouse, Homebanking, Stuntman, Swimmingpool ...

Aber: Electronic Cash, High Fidelity ...

Präposition + Nomen

Einige Verbindungen aus **Präposition und Nomen** werden **zusammengeschrieben**.

anhand	bisweilen	zufolge	zuzeiten ...
anstatt	infolge	zuliebe	
beizeiten	inmitten	zurzeit	

Andere Verbindungen aus Präposition + Nomen können wahlweise **getrennt oder zusammengeschrieben** werden.

anstelle/an Stelle
aufgrund/auf Grund
aufseiten/auf Seiten
mithilfe/mit Hilfe
nachhause/nach Hause
zugunsten/zu Gunsten
zuungunsten/zu Ungunsten
zulasten/zu Lasten
zugrunde/zu Grunde (gehen)
zuhause/zu Hause (bleiben)
infrage/in Frage (stellen) zuwege/zu Wege (bringen) ...

Getrennt- und Zusammenschreibung bei Zahlwörtern

Zahlen unter einer Million werden zusammengeschrieben:

eintausendvierhundert, dreihundertzweiunddreißig ...

Davon getrennt geschrieben werden aber die Nomen ***Million, Milliarde, Billion*** ...:

vier Millionen fünfhundertdreiundachtzigtausendsechshundert

Aber: der **zweimillionste** Besucher, denn hier ist das Zahlwort zu einem Zahladjektiv geworden.

Zur Schreibung von Zahlen → S. 437

Wortverbindungen, die häufig falsch geschrieben werden

aufs Beste/beste	diesmal
dementsprechend	ebenso gut, ebenso oft ...
demzufolge	ebensovielmal/ebenso viel Mal
des ungeachtet/dessen ungeachtet	gar kein
des Weiteren	gar nicht, gar nichts
desgleichen	gar sehr
dieses Mal	genau so oft wie nötig

genauso gut, genauso oft	soweit ich informiert bin, ... (Konjunktion)
genausovielmal/genauso viel Mal	stattdessen (Adverb)
infolgedessen	von Hand
irgend so ein	währenddessen
irgendetwas	zu Anfang
irgendjemand	zu Ende
jederzeit	zu Fuß
nicht Berufstätige/Nichtberufstätige	zu Hilfe
nicht Leitende/Nichtleitende	zu jeder Zeit
nicht Selbstständige/Nichtselbstständige	zu Lande
nichtsdestotrotz	zu Recht bestraft werden
nichtsdestoweniger	zu Schaden kommen
noch mal, noch einmal	zu viel, zu viele
nochmals	zuallererst
so oft wie früher	zur Zeit Goethes
so viel Arbeit, so viele Gedanken	zurechtkommen
so weit, dass ...	zurzeit (= momentan)
sooft ich danach frage, ... (Konjunktion)	Zuviel, das
soviel ich weiß ... (Konjunktion)	zuzeiten (bisweilen)

Die Schreibung der Vokale und Konsonanten

Vokale werden mit den Buchstaben ***a, e, i, o, u*** wiedergegeben.

Zu den Vokalen gehören auch die **Umlaute *ä, ö, ü*** und die **Diphthonge *ai, au, äu, ei, eu, ui***.

Die Konsonanten werden durch die Buchstaben des Alphabets wiedergegeben, die nicht zu den Vokalen gehören.

Das Stammprinzip

Das **Stammprinzip** ist eine **wichtige Grundregel** für die Rechtschreibung. Nach ihm richtet sich die Schreibung der allermeisten Wörter, die von einem **Wortstamm** oder **Lexem** abgeleitet werden, z. B. durch Anhängen von Präfixen oder Suffixen.

Häufig wird bei der Ableitung eines Wortes ein **Ablaut** gebildet: *a* wird zu *ä*, *o* zu *ö*, *u* zu *ü* umgelautet, manchmal treten bei abgeleiteten Wörtern auch andere Vokale anstelle des Stammlauts.

Die abgeleiteten Wörter werden in Bezug auf **Dehnung** oder **Schärfung** der Stammvokale aber genauso geschrieben wie das zugrunde liegende Lexem bzw. der zugrunde liegende Wortstamm.

Bef**ehl** → (er) bef**ieh**lt, bef**oh**len (Dehnungs-*h*)
f**ind**en → (er) f**and**, F**und**, Bef**und** (Schärfung durch zwei Konsonanten)
N**am**e → n**äm**lich, n**am**entlich, Zun**am**e ... (kein Dehnungszeichen)
n**eh**men → Zun**ah**me, Vereinn**ah**mung, Vern**eh**mung ... (Dehnungs-*h*)
s**ag**en → S**ag**e, uns**äg**lich ... (kein Dehnungszeichen)
St**and** → st**änd**ig, St**änd**chen ... (Schärfung durch zwei Konsonanten)

→ Dehnung und Schärfung siehe folgende Abschnitte

Wenn man sich also merkt, wie ein Wortstamm oder ein Lexem geschrieben wird, kann man daraus in der Regel die **Schreibung** aller mit diesem Wortstamm oder Lexem verwandten Wörter **ableiten**.

Die Schärfung - Schreibung der Konsonanten nach kurz gesprochenem Vokal

Unter Schärfung versteht man die **kurze Aussprache eines betonten Vokals**. In der Regel ist dieser kurz gesprochene Vokal der **Stammvokal eines Lexems**.

Diese Schärfung erfährt ein Vokal meist dadurch, dass ihm zwei Konsonanten (Mitlaute) folgen. Entweder sind dies **zwei verschiedene Konsonanten**:

Ba**nd**, Ka**rt**e, Schu**ld**, ge**lt**en, A**mt**, Wi**nk**, wi**rk**lich ...

oder **zwei gleiche Konsonanten**:

Bla**tt**, Sti**mm**e, So**nn**e, sta**rr**en, wi**ss**en, wi**ll**ig ...

Alle Wörter, die sich auf denselben Wortstamm zurückführen lassen, behalten also die Schreibweise dieses Wortstammes bei, selbst wenn der Stammvokal dann nicht mehr die Hauptbetonung trägt.

anbä**nd**eln, abgeka**rt**et, unschu**ld**ig, Bea**mt**er, wi**nk**en, Wi**rk**lichkeit ...
entblä**tt**ern, Sti**mm**ung, so**nn**ig, Sta**rr**heit, wi**ss**entlich, Unwi**ll**en ...

Viele kurze Wörter werden nach kurzem Vokal jedoch **mit nur einem Konsonanten** geschrieben:

Präpositionen:	ab, bis, in, mit, um, vom ...
Pronomen:	das, des, es, man, was ...
Fremdwörter:	fit, Jet, Klub, Pop, top ...
Verbformen:	(ich) bin, gib!, (er) hat ...

Die Konsonanten ***z*** und ***k*** werden in deutschen Wörtern nicht verdoppelt. Sie werden nach kurzem, betontem Vokal **mit *tz*** bzw. **mit *ck*** geschrieben:

Spi**tz**e, Ka**tz**e, we**tz**en, mo**tz**ig ...
He**ck**e, So**ck**en, ra**ck**ern, dre**ck**ig ...

Abweichend davon schreibt man einige Wörter aus fremden Sprachen:

mit zz: Skizze, Pizza, Razzia, Jazz, Intermezzo ...
mit kk: Sakko, Stakkato, Mokka, Trekking, Akkumulator ...
mit k: Fabrik, Kautschuk, Tabak, Artikel ...

fff

Die Buchstaben *z* und *k* nach *l*, *n* und *r*

Merken Sie sich den folgenden Vers:
*Nach **l, n, r,** das merke ja, steht nie **tz** und nie **ck**!*

Wa**lz**e, ra**nz**ig, schwa**rz**; Ne**lk**e, kra**nk**, stä**rk**en ...

fff

Ausnahmen bei der Konsonantenverdopplung

Bei wenigen Wörtern lässt sich das Stammprinzip, also die gleichartige Schreibung verwandter Wörter, nicht anwenden. Ihnen liegt ein Wortstamm mit einer Konsonantenverdopplung zugrunde. Bei der Ableitung wurde dieser Doppelkonsonant jedoch zu einem einfachen Konsonanten, an den sich dann sehr kurze, **seltene Suffixe** anhängen: ***-d***, ***-st*** und ***-d***.

bre**nn**en, **aber**: der Bra**nd**
schwe**ll**en, **aber**: die Geschwu**lst**
gö**nn**en, **aber**: die Gu**nst**
kö**nn**en, **aber**: die Ku**nst**
scha**ff**en, **aber**: Geschä**ft**, beschä**ft**igen

Noch weiter abgewandelt wurde der Wortstamm bei ko**mm**en: die Anku**nft**, die Zuku**nft**, die Herku**nft**, die Unterku**nft** ... Hier jedoch wird die Verwandtschaft der Wörter kaum noch wahrgenommen.

Die Dehnung – Schreibung der lang gesprochenen, betonten Vokale

Die Dehnung von Vokalen – das bedeutet ihre gedehnte Aussprache – kann durch verschiedene Schreibweisen ausgedrückt werden.

Häufig folgt auf einen lang gesprochenen Vokal ein so genanntes Dehnungszeichen:

Dehnungs-*h*:	bohren, Fuhre, ihnen, Lehne, nah, Stahl , Zeh ...
Dehnungs-e nach *i*:	Biene, Biest, dienen, Niere, Schiene ...
Vokalverdopplung:	Beet, Fee, haarig, leeren, Moor, Staat, Zoo ...

Sehr viele Wörter enthalten jedoch **kein Dehnungszeichen**. Auf den Vokal folgt lediglich ein einzelner Konsonant. Dennoch wird der Vokal lang ausgesprochen. Man muss sich ihre Schreibweise merken:

Bibel, Biber, Igel, leben, Mal, oder, pur, Rasen, rufen, schwer, Tor, Träne, Tür, wagen, Weg ...

fff

Gleich und ähnlich klingende Wörter

Bei **lang gesprochenem Vokal** gibt es eine Reihe so genannter **Homophone**. Dies sind Wörter, die zwar gleich ausgesprochen, aber unterschiedlich geschrieben werden und unterschiedliche Bedeutungen haben. Man muss sich ihre Schreibung einprägen, da es keine feste Regelung gibt, mithilfe der sich die Schreibung herleiten ließe.

der Aal (schlangenförmiger Fisch)	die Ahle (nadelähnliches Werkzeug)
b**e**ten, das Geb**e**t (Gespräch mit Gott)	das B**ee**t (Anpflanzung)
F**i**ber (Faserstoff)	F**ie**ber (erhöhte Körperwärme)
h**eh**r (erhaben, heilig)	das H**ee**r (Streitmacht)
h**o**len (herbringen)	h**oh**l (nicht massiv)
L**ee**re (Inhaltslosigkeit)	L**eh**re (Unterricht, Ausbildung)

das L**i**d (Augendeckel)	das L**ie**d (Gesangsstück)
m**eh**r (in Zahl oder Menge steigend)	das M**ee**r (Ozean)
die M**i**ne (Sprengkörper oder Inneres eines Schreibgeräts)	die M**ie**ne (Gesichtsausdruck)
das M**a**l (Erkennungszeichen, Ereignis)	das M**ah**l (Speise)
das M**oo**r (sumpfiges Gelände)	der M**oh**r (dunkelhäutiger Mensch)
R**i**gel (Name eines Sterns)	der R**ie**gel (Schließvorrichtung)
s**e**lig (glücklich), Seligkeit	die S**ee**le (Das Unsterbliche), beseelt
das S**i**gel (Abkürzungszeichen)	das S**ie**gel (Stempelabdruck)
die St**e**le (Grabsäule)	st**eh**len (entwenden, rauben)
der St**i**l (künstlerische Ausrichtung)	der St**ie**l (Haltestab)
die Uhr	der Ur (ausgestorbenes Wildrind)
der W**a**gen, etwas w**a**gen	die W**aa**ge (zur Gewichtmessung)
der W**a**l (Meeressäugetier)	die W**ah**l (mehrere Möglichkeiten)
w**i**der (gegen), w**i**derspiegeln	w**ie**der (erneut), w**ie**derholen

Alle Wörter, die von diesen Wörtern abgeleitet oder mit diesen Wörtern zusammengesetzt sind, werden entsprechend ebenfalls mit bzw. ohne Dehnungszeichen geschrieben (→ Stammprinzip S. 415).

Eine Reihe von Nomen mit fremdsprachlicher Herkunft endet auf ***-ine***:

Masch**ine**, Gard**ine**, Apfels**ine**, Kant**ine**, Ros**ine**, Margar**ine** ...

Dehnungs-*h*

Das Dehnungs-*h* kann nach allen Vokalen und Umlauten vorkommen.
Es bewirkt die gedehnte Aussprache des vorangehenden Vokals.

Allerdings kann das Dehnungs-*h* **nur vor den Konsonanten *l, m, n,* und *r*** stehen.

Dehnungs-*h* vor *l*:	hohl, Mahlzeit, Mehl, wühlen …
Dehnungs-*h* vor *m*:	angenehm, lahm, Ruhm …
Dehnungs-*h* vor *n*:	Bahn, Bühne, Sehne, wohnen …
Dehnungs-*h* vor *r*:	Fähre, führen, kehren, Rohr …

fff

Dehnungs-*h* nach lang gesprochenem *i*

Nach *i* kommt das Dehnungs-*h* nur bei den **Pronomen *ihn, ihm, ihr, ihnen, ihren, ihre, ihrer*** vor. Darüber hinaus gibt es lediglich noch das Nomen ***der Ihle*** – ein Hering, der abgelaicht hat.

Vom Dehnungs-*h* muss man **das Silben trennende *h*** unterscheiden wie in ge-hen und blü-hen, Mühe, Ruhe. Das *h* steht hier also zu Beginn einer neuen Silbe. Bei deutlicher Aussprache kann man dieses *h* im Gegensatz zum Dehnungs-*h* heraushören.

Bei vielen Konjugationsformen eines Verbs, das im Infinitiv ein Dehnungs-*h* enthält, verliert dieses Dehnungs-*h* zwar seine Stellung am Anfang einer Silbe und ist nicht mehr hörbar, dennoch entfällt es nicht:

blühen → es blü**h**t**,** fliehen → er flo**h**, gehen → du ge**h**st, nähen → du nä**h**test, leihen → sie lie**h**, mä**h**en → ihr mä**h**tet, stehen → sie ste**h**t, sehen → er sie**h**t, verzeihen → du verzei**h**st …

fff

Verbformen mit oder ohne *h*?

Merken Sie sich die Schreibweise des Infinitivs.

Wenn ein Verb **im Infinitiv kein Dehnungs-*h* oder Silben trennendes *h*** enthält, kommt auch in den konjugierten Formen niemals ein h vor.

Also:

säen	→	sie sät, sie säte, sie hat gesät
schreien	→	er schreit, er schrie, er hat geschrien

speien → es speit, es spie, es hat gespien
spüren → du spürst, du spürtest, du hast gespürt

Ebenso gilt: **Enthält der Infinitiv ein *h*,** behalten auch alle konjugierten Formen das h:

befehlen → du bef**ieh**lst, du bef**ah**lst, du hast bef**oh**len
f**üh**len → sie f**üh**lt, sie f**üh**lte, sie hat gef**üh**lt

Es gibt nur **zwei Ausnahmen**:

Bei den Verben ***gehen*** und ***ziehen*** entfällt das *h* in den Präteritumformen und im Partizip Perfekt. Der Verbstamm ändert sich stark:

g**eh**en → ich g**i**ng, geg**a**ngen (hier wird der lang gesprochene Vokal durch einen kurz gesprochenen Vokal ersetzt)

z**ieh**en → ich z**o**g, gez**o**gen

Dehnungs-e nach lang gesprochenem *i*

Das Dehnungs-*e* kommt nur nach *i*, aber vor allen möglichen Konsonanten vor. Es bewirkt die gedehnte Aussprache des vorangehenden *i*.

Bier, bieten, dienen, diese, gierig, gießen, Liebe, Lied, er lief, Riemen, viel …

Von vielen Nomen werden **Verben auf *-ieren*** abgeleitet:

Export → export**ieren,** Marsch → marsch**ieren**, Probe → prob**ieren**

Vokalverdopplung

Die Vokalverdopplung zeigt ebenfalls an, dass ein Vokal lang ausgesprochen wird. Nur die **Vokale *a, e* und *o*** können verdoppelt auftreten.
Die **Vokale *i* und *u*** sowie die **Umlaute *ä, ö* und *ü*** werden in der deutschen Sprache **nie verdoppelt**.

Die Anzahl der Wörter mit Doppelvokal ist nicht besonders groß. Hier die häufigsten:

aa: Aal, Haar, Paar, Saal (aber: Plural: Säle), Saat, Waage, Staat ...
ee: Beere, Beet, Gelee, Idee, Kaffee, leer, See, Seele, Tee, Meer ...
oo: Boot (aber: Bötchen), Moor, Moos, Zoo ...

Gleich lautende Vokale und Diphthonge

Die **Vokale *ä* und *e*** werden häufig identisch ausgesprochen. Ebenso werden manche **Diphthonge** (Doppellaute) zwar gleich ausgesprochen, aber unterschiedlich geschrieben.

ä oder *e?*

Nach dem Stammprinzip schreibt man ein Wort mit *ä*, wenn man es von einem Wort oder Wortstamm mit *a* ableiten kann (→ Stammprinzip S. 415).

Kr**ä**nkung ← kr**a**nk, bes**ä**nftigen ← s**a**nft, St**ä**ngel ← St**a**nge,
B**ä**ndel ← B**a**nd, W**ä**lder ← W**a**ld, beh**ä**nde ← H**a**nd ...

Dass bei Ableitungen der Vokal von *a* zu *e* wechselt oder von *e* zu *a*, kommt nicht vor. Die einzige Ausnahme: ***alt,*** aber ***Eltern***.

Statt ***aufwendig*** darf man auch ***aufwändig*** schreiben, weil dieses Adjektiv sowohl von *aufwenden* als auch von *Aufwand* abgeleitet werden kann.

Jedoch nicht alle Wörter, die mit *ä* geschrieben werden, lassen sich von einem Wort mit *a* ableiten. Sie klingen manchmal auch anderen Wörtern sehr ähnlich, die man mit *e* schreibt (Homophone). In solchen Fällen muss man sich die Schreibung einprägen. Beispiele:

die **Ä**hre (Getreidefruchtstand)	die **E**hre
die B**ä**ren	die B**ee**ren
die L**ä**rche (ein Nadelbaum)	die L**e**rche (ein Vogel)
die S**ä**gen	der S**e**gen

ai oder *ei?*

Es gibt **keine Regel** dafür, wann man *ai* oder *ei* schreiben muss, aber es gibt **nur wenige Wörter mit *ai*,** die man sich schnell einprägen kann.

Aitel (eine Fischart), Hai, Hain, Kai, Kaiser, (Brot-)Laib, (Fisch-)Laich, Laie, Mai, Mais, Rain, (Gitarren-)Saite, Waid (Jagd), Waise(nkind)

Alle anderen Wörter werden **mit ei** geschrieben.

beide, breit, Eimer, Feier, Heide, leiden, Leiter, meiden, meinen, reich, Seite, Teich, weise, weit ...

äu oder *eu?*

Nach dem Stammprinzip schreibt man ein Wort mit *äu*, wenn es sich von einem Wort oder einem Wortstamm mit *au* ableiten lässt.

→ Stammprinzip S. 415

sich **äu**ßern ← **au**ßen	B**äu**me ← B**au**m	beh**ä**nde ← H**a**nd
F**äu**lnis ← f**au**l	Geb**äu**de ← b**au**en	Ger**äu**sch ← r**au**schen
Gr**äu**el ← gr**au**	H**äu**te ← H**au**t	l**äu**ten ← L**au**t
s**äu**bern ← s**au**ber	sch**äu**men ← Sch**au**m	t**äu**schen ← T**au**sch

Nur wenige Wörter mit *äu* lassen sich nicht ableiten. Man muss sie sich einprägen. Hier die wichtigsten:

sich sträuben, Knäuel, Räude, sich räuspern, Säule

Alle anderen Wörter schreibt man mit *eu*, weil die Rückführung auf ein Wort mit *au* nicht möglich ist.

Beule, Beute, Eule, Euter, Freude, heulen, heute, Leute, Meute, Reue, Scheune, Scheusal, Seuche, Steuer, teuer, Teufel, Zeuge ...

Die Schreibung der Konsonanten und Konsonantengruppen

Die Schreibung der *s*-Laute

Die Schreibung der s-Laute ist ein schwieriges Kapitel, das sich aber in eine Version bringen lässt, die zwar nicht alle Einzelfälle abdeckt, dafür aber leicht zu merken ist:

Stimmhaftes (weiches, gesummtes) ***s*** taucht nur am Wortanfang oder am Silbenanfang auf und wird immer als einfaches *s* geschrieben:

sauber, **S**u**s**anne, le**s**en, Am**s**el, Lin**s**e, nie**s**en ...

Stimmloses (gezischtes, scharf gesprochenes) ***s*** gibt es als **einfaches *s***
- am Wortende: Mais, bis, heraus, als, Mus, Gas, etwas, famos ...
- unmittelbar nach Konsonanten: Erbse, plumpsen, (des) Vaters ...
- und vor *p* und *t*: Rispe, Knospe, knusprig, Ast, lustig, Kunst, leisten ...

Stimmloses *s* schreibt man **als *ss*** nach kurz gesprochenem Vokal:

Wasser, Fluss, (er) isst, russisch, verhasst, Klasse, flüssig ...

Stimmloses *s* schreibt man **als *ß***

- nach lang gesprochenem Vokal:

  Floß, genießen, Ruß, Spaß, (er) stieß, stoßen, Straße, verdrießen ...

- nach lang gesprochenen Umlauten *(ä, ö, ü):*

  Füße, mäßig, Schöße ...

- und nach Diphthongen *(ei, au, eu, äu):*

  außen, Preußen, reißen, Sträuße ...

Stimmloses *s* schreibt man als **einfaches *s* im Auslaut einiger Suffixe**, mit denen Nomen gebildet werden. **Nomen auf *-nis*** verdoppeln das *s* im Plural. **Nomen auf *-ismus*** bilden häufig keine Pluralformen. In wenigen Fällen jedoch ist der **Plural auf *-ismen*** möglich.

Fremdsprachliche Nomen auf ***-ismus***:

Fanat**ismus** (Fanatismen)
Real**ismus**
Rheumat**ismus** (Rheumatismen) ...

Deutsche Nomen auf ***-nis:***

Zeug**nis** (Zeugnisse)
Geheim**nis** (Geheimnisse)
Finster**nis** (Finsternisse) ...

Einige weitere Wörter, die im Singular trotz kurzer Aussprache auf einfaches *s* enden:

Atlas (Atlasse/Atlanten)
Bus (Busse)
Fundus (Fundus)
Globus (Globen/Globusse)
Kaktus (Kakteen)
Krokus (Krokusse)
Kürbis (Kürbisse)
Status (Status)
Zirkus (Zirkusse) ...

(fff)

Verbformen mit *s, ss* oder *ß*?

Wenn man nicht genau weiß, ob die konjugierte Form eines Verbs mit *s*, *ss* oder *ß* geschrieben wird, hilft immer der **Infinitiv** weiter:

Enthält der Infinitiv ein **stimmhaftes *s***, werden alle Formen des Verbs, aber auch von diesem Wort abgeleitete Wörter – gemäß dem Stammprinzip (→ Stammprinzip S. 415) – **mit einfachem *s*** geschrieben:

blasen → er blä**s**t → er blie**s** → die Bla**s**musik
lesen → er lie**s**t → er la**s** → lie**s**! → Le**s**everhalten
niesen → er nie**s**t → er nie**s**te → Nie**s**anfall
reisen → er rei**s**t → er rei**s**te → gerei**s**t → Rei**s**ekatalog

Schreibt man den **Infinitiv mit *ss* oder mit *ß***, werden auch alle konjugierten Formen und von diesen Verben abgeleitete Wörter mit *ss* oder *ß* geschrieben. Dabei gilt: Nach kurzem Vokal erfolgt die Schreibung mit *ss*, nach langem Vokal oder Diphthong wird mit *ß* geschrieben:

fressen → er fri**ss**t → er fra**ß** → gefre**ss**en → fri**ss**! → Fra**ß**, gefrä**ß**ig
fassen → er fa**ss**t → gefa**ss**t → fa**ss**! → Fa**ss**ung

∴ ∴

genießen → er genie**ß**t → er geno**ss** → geno**ss**en → genie**ß**! → Genu**ss**
heißen → er hei**ß**t → er hie**ß** → gehei**ß**en → Verhei**ß**ung
lassen → er lä**ss**t → er lie**ß** → gela**ss**en → la**ss**! → Überla**ss**ung
reißen → er rei**ß**t → er ri**ss** → geri**ss**en → rei**ß** ab! → Rei**ß**wolf

Einfaches *s* kommt bei diesen Verben nie vor!

Die Buchstabenfolge *sst* bei manchen Konjugationsformen der Verben mit *ss* oder *ß* im Infinitiv weicht von den Regeln der Vokalschärfung (→ Vokalschärfung S. 416) ab, nach denen nur zwei Konsonanten (zweimal derselbe oder zwei unterschiedliche) auf einen kurz gesprochenen Vokal folgen.

das und *dass*

Um ***das*** von der Konjunktion ***dass*** sicher unterscheiden zu können, braucht man nur einen einfachen Test zu machen:

Jedes ***das***, das sich durch ***dieses, jenes*** oder ***welches ersetzen*** lässt, wird mit einfachem *s* geschrieben:

Da**s** Auto, da**s** dort parkt, ist meins. Da**s** gehört mir.

das	Wortart	ersetzbar durch
das Auto	bestimmter Artikel	**dieses, jenes** Auto
das dort parkt	Relativpronomen	**welches** dort parkt
das gehört mir	Demonstrativpronomen	**dieses** gehört mir

Wenn eine solche Ersatzprobe nicht möglich ist, weil der Satz dann keinen Sinn mehr ergibt, handelt es sich mit Sicherheit um die **Konjunktion *dass***, die **mit *ss* geschrieben** werden muss:

Ich weiß, **dass** es schon spät ist.
Dass das so richtig ist, leuchtet mir ein.

Hier ist eine Ersetzung von *dass* durch *dieses, jenes, welches* nicht möglich.

Die Schreibung der *v-, f-, ph*-Laute

In der gesprochenen Sprache klingen *v, f, ph* wie *f*, müssen aber bei der Schreibung unterschieden werden:

Wörter mit den Vorsilben ***ver-*** und ***vor-*** werden **immer mit *v*** geschrieben:

Verkauf, **ver**schwinden, un**ver**hofft, **Vor**trag, **vor**sprechen, un**vor**sichtig ...

Die Wortbausteine ***fern, fertig, Ferien*** werden **immer mit *f*** geschrieben:

fern: Fernsehen, entfernen, Fernweh ...
fertig: fertig machen, Fertiggericht, anfertigen ...
Ferien: Sommerferien, Ferienbeginn, ferienbedingt ...

Es gibt noch ein paar weniger häufig verwendete Wörter mit *fer-*:

Ferse, Ferkel, Ferner *(bairischer Ausdruck für Gletscher)* sowie die Fremdwörter ***fertil, Ferment, Feralien***

ph in Fremdwörtern

Die wie *f* gesprochene Buchstabenfolge *ph* kommt nur in Fremdwörtern meist griechischen Ursprungs vor:

Alphabet, Asphalt, Philosoph, Phosphor, Strophe ...

Bei den Wortbausteinen ***fot/phot, fon/phon, graf/graph*** kann man zwischen *f* und *ph* wählen:

Fotogra**f**/**Ph**otogra**ph**
Gra**f**ik/Gra**ph**ik
Saxo**f**on/Saxo**ph**on
Tele**f**on schreibt man aber im Allgemeinen nur mit *f*.

b oder *p*, *d* oder *t*, *g* oder *k*?

Im **Inlaut** (d. h. im Wortinnern) und vor allem im **Auslaut** eines Wortes (d. h. am Wortende) klingen *b* und *p*, *d* und *t* sowie *g* und *k* oft sehr ähnlich. Im Auslaut klingen sie alle wie stimmlose Konsonanten. Diese Erscheinung nennt man in der Phonetik **Auslautverhärtung**.

Um herauszufinden, wie der Schlusskonsonant eines Wortes geschrieben werden muss, kann man **das Wort**, besonders bei Nomen und Adjektiven, **verlängern**. Dann hört man den abschließenden Konsonanten deutlich.

Beispiel: Das Wort Dieb hört sich an, als würde es am Ende mit *p* geschrieben, aber sobald man den Plural bildet (Diebe) oder eine andere Verlängerung findet (z. B. des Diebes, Diebin), klärt sich der Fall: Man hört ein *b*, schreibt also auch *b*. Beispiele:

Wortverlängerung bei *b* oder *p*

Hieb	→ Hiebe	Camp	→ Camping
Kalb	→ Kälber	Tipp	→ tippen
Raub	→ rauben	Skalp	→ skalpieren
Kalb	→ kalben	Typ	→ typisch

Nicht alle Wörter lassen sich verlängern. Deshalb muss man sie sich einfach **gut einprägen**:

Merkwörter mit ***b***:	Erbse, Krebs, Obst, Herbst, Abt ...
Merkwörter mit ***p***:	Gips, Haupt, knipsen, Klaps, knipsen, Knirps, Schlips, Straps ...

Wortverlängerung bei *d* oder *t*:

Geld	→ Gelder	Entgelt	→ entgelten
Rad	→ Räder	Rat	→ Räte, raten
Tod	→ des Todes	tot	→ töten

Wörter mit *end-* oder *ent-*:

Wörter, die **mit *Ende* verwandt** sind, müssen mit ***d*** geschrieben werden. Der Wortbestandteil ***end-*** ist immer betont. Beispiele:

endlich, endlos, endgültig, unendlich, Endzeit, Endspiel ...

Die **Vorsilbe *ent-*** ist immer unbetont. Sie bedeutet, dass sich etwas von anderem trennt oder löst. Beispiele:

entfernen, entführen, entlang, entgleisen, Entzug, Entsetzen, Entschluss ...

Wörter mit *tod-* oder *tot-*:

Der Zusatz ***tod-*** bei einem Wort bedeutet meistens eine Steigerung oder Intensivierung der Bedeutung: Wenn jemand sich todelend fühlt, geht es ihm äußerst schlecht, so dass er sich dem Tode nahe fühlt. Weitere Beispiele:

todernst, Todfeind, todkrank, todschick, todmüde, todsicher, todtraurig, todunglücklich, Todsünde, tödlich ...

Der Wortanteil ***tot-*** ist meist wörtlich gemeint: totfahren bedeutet, dass jemand überfahren wird und dann tot ist. Sich totlachen bedeutet lachen, bis man tot ist. Weitere Beispiele:

sich totärgern, Totgeburt, Totgesagte, Totschlag, tottreten ...

Wörter mit *stadt* oder *statt*:

Wörter, die mit dem Nomen ***die Stadt*** verwandt sind, werden **mit *dt*** geschrieben:

die Vorstadt, die Stadtverwaltung, städtisch, stadteinwärts, Verstädterung ...

Wörter mit dem Wort(stamm) ***statt*** haben etwas mit dem Nomen ***die Statt*** im Sinne von *Stätte (Platz, Stelle)* zu tun:

Statt/Anstatt des Essens gab es nur einen Imbiss.
Er kehrte an die alte Stätte zurück.

Weitere Beispiele:

abstatten, bestatten, stattdessen, stattlich, an Eides statt, stattfinden, stattgeben, Statthalter, unstatthaft, Werkstatt ...

Wortverlängerung bei *g* oder *k*

Das Verlängerungsprinzip für *b/t* und *d/t* (→ vgl. S. 428) gilt auch bei der Unterscheidung von *g* und *k* als Schlusskonsonanten:

Balg	→	Bälge	Werk	→	werken
Teig	→	teigig	Volk	→	Völker
Ausschank	→	ausachenken	König	→	Könige

! ***Heimlich* und *heimelig* – die Endungen *-lich* und *-ig***

Die beiden Endungen *-ig* und *-lich* klingen häufig gleich. Ihre Schreibweise lässt sich deshalb oft nicht anhand der Aussprache erschließen. Wenn man das Wort verlängert, wird jedoch hörbar, wie die Endung geschrieben werden muss.

freudig	→	eine freudige Nachricht
rostig	→	ein rostiger Nagel
staubig	→	ein staubiger Weg
fröhlich	→	eine fröhliche Runde
möglich	→	mögliche Gefahren
vergeblich	→	vergebliche Mühe

Besonders aufpassen muss man, wenn **Adjektive auf *-lig*** enden:

grus(e)lig	→	eine grus(e)lige Geschichte
heimelig	→	eine heimelige Wohnung
kniff(e)lig	→	eine kniff(e)lige Aufgabe
ek(e)lig	→	eine ek(e)lige Vorstellung

Gesprochen wie *x*: *chs, cks, gs, ks, x*

Der *x*-Laut kann auf fünf verschiedene Weisen geschrieben werden.

Tipp: Merken Sie sich Beispielwörter und versuchen Sie zusätzlich, die Wörter von anderen Wörtern abzuleiten (→ Stammprinzip S. 415), z. B.:

x-Laut	Beispiel	abgeleitet von	Beispiel	abgeleitet von
cks	glu**cks**en	Glucke	Hä**cks**el	hacken
	Kle**cks**,	kleckern	Kna**cks**	knacken
	kni**cks**en	knicken	Mu**cks**	mucken
	(aus)tri**cks**en	Trick		
gs	flu**gs**	Flug	unterwe**gs**	Weg
	anfan**gs**	Anfang	rin**gs**	Ring
ks	Ko**ks**	verkoken		

Bei den folgenden Wörtern mit *ks* ist keine Ableitung möglich. Man muss sich ihre Schreibung besonders merken:

E**ks**tase, Fa**ks**imile, Ke**ks**, Mur**ks**, schla**ks**ig

Wörter mit *chs* und mit ***x*** lassen sich nicht ableiten. Deshalb hier eine Liste häufig gebrauchter Wörter:

chs: Achse, Buchse, Büchse, Dachs, Deichsel, drechseln, Echse, Fuchs, Flachs, Luchs, Ochse, Sachse, sechs, Wachs, wachsen, wechseln, Wuchs …

x: ausbüxen, Axt, Exemplar (und viele weitere Wörter mit *Ex-/ex-*), Fax, feixen, fixen, Hexe, Jux, kraxeln, Lexikon, mixen, Nixe, Praxis, Sex, Taxi, Text, verflixt …

Aber beide Schreibweisen möglich bei: ***die Hachse/Haxe***

Besonderheiten bei der Schreibung der Vokale und der Konsonanten

Bei den Vokalen und Konsonanten kommt es zu Häufungen gleicher Buchstaben, dadurch dass Wörter zusammengesetzt werden.

Häufung gleicher Vokale

Tee + Ei → **Teeei** Zoo + Orchester → **Zooorchester**

Solche Verbindungen sind nicht schön und stören den Lesefluss, weil sie als ungewöhnlich empfunden werden. Deshalb darf man sie auch mit Bindestrich schreiben:

Tee**-**Ei, Zoo**-**Orchester

Weitere Beispiele: Seeelefant → See**-**Elefant, Kaffeeernte → Kaffee**-**Ernte ...

Häufung gleicher Konsonanten

Öfter als bei den Vokalen kommt die Häufung gleicher Konsonanten vor. Auch hier kann man mit Bindestrich schreiben.

Stofffülle → Stoff**-**Fülle
Schritttempo → Schritt**-**Tempo
Rollladen → Roll**-**Laden
Stillleben → Still**-**Leben
schnelllebig → schnell-lebig
Sauerstoffflasche → Sauerstoff**-**Flasche

→ siehe auch Bindestrich S. 472

Zeiten und Zahlen

Die Schreibung der Zeiten und Zahlen ergibt sich weitgehend aus den Regelungen der **Groß- und Kleinschreibung** und der **Getrennt- und Zusammenschreibung**.

Groß- und Kleinschreibung:

am **A**bend aber: **a**bends
ein volles **H**undert aber: **h**undert Euro ...

Getrennt- und Zusammenschreibung:

am späten Abend	aber: spätabends
sechs Millionen	aber: sechshundertfünfundzwanzig ...

Die Schreibung der Tageszeiten

Ist einer Tageszeit ein Begleiter hinzugefügt, schreibt man groß, weil es sich dann um ein Nomen handelt:

am **V**ormittag, eines **M**orgens, jeden **M**ittag ...

Ist an eine Tageszeit ein *s* angehängt und fehlt der Begleiter, schreibt man klein, denn dann ist aus dem Nomen ein Adverb geworden:

vormittag**s**, **f**rühmorgen**s**, von **m**orgen**s** bis **a**bend**s** ...

Ist ein **Wochentag mit einer Tageszeit** zusammengesetzt, schreibt man **groß und zusammen**, wenn **ein Begleiter** hinzugefügt ist, denn dann handelt es sich um ein zusammengesetztes Nomen:

jeden **D**ienstagabend, am **M**ittwochvormittag ...

Das gilt auch, wenn der Begleiter leicht zu ergänzen ist:

Wir spielen (am = an dem) **S**onntagmorgen Golf.

Man schreibt allerdings **klein**, wenn der **Begleiter fehlt** und ein **s an die Tageszeit angehängt** wird, denn dann ist aus dem Wort ein Adverb geworden:

Sie treffen sich immer **d**onnerstagabend**s**/**d**onnerstag**s** **a**bend**s**.

In der folgenden Übersicht sind alle gebräuchlichen Formulierungen rund um die Tageszeiten nach Groß- und Kleinschreibung sortiert. Die meisten Beispiele beziehen sich auf den Abend. Für die anderen Tageszeiten - Morgen, Mittag, Vormittag, Nachmittag, Nacht - gilt Entsprechendes.

Großschreibung	**Kleinschreibung**
am/diesen **A**bend	**a**bends (spät) heimkehren
den **A**bend über	**s**pätabends
am **D**ienstagabend	von **m**orgens bis **a**bends
des/eines **A**bends	um 8 Uhr **a**bends
jeden/manchen **A**bend	**d**ienstags **a**bends, **d**ienstagabends
in der **F**rüh(e)	**f**rühmorgens
um **M**itternacht	**m**itternachts

Auch in diesen Fällen – ohne Begleiter – wird großgeschrieben:

gegen **A**bend (zu) **A**bend essen Bald wird (es) **A**bend.

vorgestern/gestern/heute/morgen/übermorgen **A**bend

nach **M**itternacht

Bei der folgenden Formulierung gibt es zwei Möglichkeiten der Schreibung:

morgen **F**rüh oder: morgen **f**rüh

Das folgende Textbeispiel zeigt, dass ein Schreiber sehr aufpassen muss, wenn er alle Tageszeiten richtig schreiben will:

Vielen Dank für eure Einladung! Wir kommen am **M**ittwochnachmittag an, wollen aber **a**bends nicht spät zu Bett gehen und dann am **D**onnerstagmorgen recht **f**rüh aufbrechen, damit wir nicht erst **s**pätabends wieder zu Hause ankommen.

Die Uhrzeiten in Wort und Zahl und das Datum

Uhrzeiten:

Großschreibung	Kleinschreibung
Es ist (ein) **V**iertel vor/nach eins.	Es ist **e**in Uhr. Es ist **s**echs (Uhr).
Es hat ein **V**iertel acht geschlagen.	Es ist (Punkt) **e**ins.
Es ist eine Minute vor/nach drei **V**iertel.	Es ist (kurz vor/nach) **e**ins.
eine **V**iertelstunde/**D**reiviertelstunde	Um **z**wei essen wir. Es ist **v**iertel/**h**alb/**d**rei **v**iertel **d**rei.
in einer **V**iertelstunde/**D**reiviertelstun-de	um (**d**rei) **v**iertel **a**cht Es ist **a**cht Uhr **z**wanzig. Es ist **e**lf vor **z**wölf. in einer **h**alben Stunde

Die Uhrzeiten in Ziffern:

Es ist 8 Uhr/8.00 Uhr/8:00 Uhr/8^{00}Uhr.

Die Uhrzeiten mit Sekundenangaben:

14.31.54 Uhr 13:15:07 Uhr

Das Datum:

Stuttgart, den 5.8.2008/05.08.2008/5.8.08
Stuttgart, den 5. August 2008 (→ siehe auch Komma, S. 451)

Das Datum international (Jahreszahl - Monat - Tag):

07-08-05 2007-08-05

Die Schreibung der Kardinalzahlen

Kardinalzahlen (Grundzahlen) **unter einer Million** schreibt man **klein**:

Mit **siebzehn** hat man noch Träume, mit **fünfundsechzig** geht man in Rente.
Unser Nachbar ist jetzt Mitte **siebzig**.
Er hat etwa **zweihundert** Fische in seinem Teich.

Zahlen in diesem Bereich bilden ein **zusammenhängendes Wort** und werden deshalb zusammengeschrieben.

Das Dorf hat **zweitausendsechshundertfünfundzwanzig** Einwohner.

Selten wird man höhere Zahlen mit vielen verschiedenen Ziffern in Worten schreiben. Das Wort würde viel zu lang.

Inzwischen ist es auch erlaubt, **niedrige Zahlen in Ziffern** zu schreiben.

Das Schriftbild wirkt allerdings schöner, wenn man die Zahlen **von 1 bis 20 in Worten** schreibt – sofern nicht auch höhere Zahlen im Text vorkommen. Innerhalb eines Textes sollte man jedoch die Zahlen einheitlich entweder **nur in Ziffern oder nur in Worten** schreiben:

Die Reisegruppe bestand aus **fünf** Männern und **drei** (**nicht:** ~~3~~) Frauen.

Große Zahlen in **Ziffern ab 1000** kann man in Dreierschritten jeweils durch einen Leerschritt gliedern: 3 000 2 459 872

fff

Eine Zahl mit Begleiter gilt als Nomen und wird deshalb großgeschrieben

eine **Fünf** schreiben
Das erste **Hundert** war bald erreicht.
eine **Sechs** würfeln
in den **Achtzigern**

Obwohl ein Begleiter davorsteht, schreibt man die zwanzig, dreißig ... fünfzig, sechzig erreichen **klein**, weil *Jahre* zu ergänzen wäre.

Millionenbeträge und darüber schreibt man **groß**:

sechs Millionen (abgekürzt: 6 Mio.)
fünfzehn Milliarden (abgekürzt: 15 Mrd.)

Die Zahlen ***hundert*** und ***tausend*** kann man bei unbestimmten Mengenangaben auch großschreiben:

ein paar **h**undert/**H**undert

Wenn Sie aber **grundsätzlich kleinschreiben**, machen Sie nichts falsch. Schreiben Sie also am besten:

einige (mehrere, viele) **h**undert/**t**ausend Menschen
hunderte/**t**ausende von Bäumen
zu **h**underten/**t**ausenden
aberhundert/**a**bertausend Sterne
aberhunderte/**a**bertausende kleiner Ameisen

Das Wort ***Dutzend*** steht für die Zahl 12. Am besten schreibt man dieses Wort immer **groß**:

Ich hatte zehn **D**utzend Pappbecher für das Sommerfest gekauft.
Hinterher lagen **D**utzende von ihnen überall verstreut auf der Wiese.

Das Wort ***zig*** steht für eine ungenaue Zehnerzahl. Es wird immer **kleingeschrieben**.

Er hat **z**ig Armbanduhren zu Hause und trägt nie eine davon.
Das hat mich wieder **z**ig Euro gekostet.

Die Schreibung der Ordinalzahlen

Ordinalzahlen (Ordnungszahlen) gelten als **Adjektive**. Also gilt **generell** die **Kleinschreibung**.

der **d**ritte Mai, der **f**ünfte Juni
der **e**rste/**z**weite ... Platz
das/beim/zum **d**ritte(n) Mal
am **v**ierten Tag

im **d**ritten Programm
der **t**ausendste Besucher
den **e**rsten Spatenstich tun
die **e**rsten beiden auszeichnen
(= den 1. und den 2. Sieger)

Kommen Ordnungszahlen in **Eigennamen und feststehenden Begriffen** vor, muss man sie **großschreiben**. Außerdem können Ordnungszahlen nominalisiert werden.

Eigennamen:

der **E**rste Mai, der **D**ritte Oktober (Feiertage)
Friedrich der **D**ritte (oder: Friedrich III.)
die **Z**weite Bundesliga, der **Z**weite Weltkrieg
das **Z**weite, das **D**ritte (Fernsehsender)

Feststehende Begriffe und Nominalisierungen:

die **D**ritte Welt
zum **E**rsten, **Z**weiten und zum **D**ritten ...
die **D**ritten (= die dritten Zähne)
als **Z**weiter durchs Ziel gehen
den beiden **E**rsten gratulieren (= den 1. Siegern von zwei Gruppen)
etwas als **E**rstes, **Z**weites, **D**rittes tun
Unterhaltung im **D**ritten (= im dritten Programm)
Das **V**ierte – Wir sind Hollywood!
Jeden **E**rsten gibt's Geld. (= an jedem ersten Tag des Monats)
der **E**rste, der kommt
Jeder **H**undertste erhält ein Geschenk.

Die Schreibung der Bruchzahlen

Bruchzahlen werden normalerweise **kleingeschrieben**:

ein **h**albes Pfund
eineinhalb/**a**nderthalb Kilo
um drei **v**iertel neun (8:45 Uhr)
Sie kommt in drei **v**iertel Stunden.
ein **a**chtel Liter Wein
um **v**iertel neun (8:15 Uhr)
Das Kino ist drei **v**iertel voll.

→ siehe auch Uhrzeiten, S. 435

Mit Begleiter werden Bruchzahlen jedoch zu Nomen. Dann muss man sie **großschreiben**:

ein **V**iertel des Kuchens
Sie benötigen drei **A**chtelliter. (als Maß)
Das Kino ist zu drei **V**ierteln voll.
Es hat ein **V**iertel neun geschlagen.
Aber: Es hat drei **v**iertel neun geschlagen.

ein **F**ünftel der Bevölkerung
Es ist **V**iertel vor/nach acht.
Sie kommt in drei **V**iertelstunden.

Zusammensetzungen aus Zahl + Wort

Bei Begriffen aus **Zahl + Wort** hat man oft **zwei Möglichkeiten**:

Schreibung in Worten	Schreibung mit Zahl + Wort
ein zehnjähriger Junge	ein 10-jähriger Junge
eine zweitägige Veranstaltung	eine 2-tägige Veranstaltung
ein dreiteiliger Film	ein 3-teiliger Schrank
Ein Zwanzigliterkanister	ein 20-Liter-Kanister
dreigeschossig, dreistöckig	3-geschossig, 3-stöckig
vierfach	4-fach/4fach
ein Fünfzehntel	ein 15tel
achtzigprozentig	100-prozentig/100%ig
einmal, elfmal, fünf- bis zehnmal (bei besonderer Betonung auch: elf Mal …)	11-mal, 5- bis 10-mal (Das Wort *einmal* wird nicht mit Ziffer geschrieben)
die achtziger Jahre/Achtzigerjahre	die 80er-Jahre/die 80er Jahre
im Dreivierteltakt	im ¾-Takt
acht mal fünf ist vierzig	8 mal 5 ist 40

→ siehe auch Bindestrich, S. 469

DIE ZEICHENSETZUNG

ÜBERSICHT

Die **Zeichensetzung** - auch Interpunktion genannt - dient der Verdeutlichung von schriftsprachlichen Strukturen.

Dazu gehören die folgenden Aspekte:

Punkt: Heute Abend gehen wir ins Kino**.** → S. 441

Ausrufezeichen: Ist das schön**!** → S. 443

Fragezeichen: Müssen wir noch weit gehen**?** → S. 443

Komma: Ich glaube**,** dass es bald regnen wird. → S. 445

Semikolon (Strichpunkt): Heute ist endlich schönes Wetter**;** es wird ja auch allmählich Zeit. → S. 459

Doppelpunkt: Eines war klar**:** So konnte es nicht weitergehen. → S. 459

Anführungszeichen: **„**So also ist das.**“** → S. 460

Apostroph: M**’**gladbach → S. 465

Bindestrich: Hals**-**Nasen**-**Ohren**-**Arzt → S. 469

Gedankenstrich: Der Chef blickte **–** er verzog dabei keine Miene **–** von einem zum anderen. → S. 476

Klammern: In New London **(**Connecticut**)** gibt es auch ein College. → S. 477

Schrägstrich: 20 Euro**/**Stunde Ausleihgebühr → S. 478

Die Satzschlusszeichen

Satzschlusszeichen informieren den Leser über das Ende eines Satzes und darüber, um welche Satzart es sich handelt. Als Satzschlusszeichen stehen **Punkt, Ausrufezeichen** und **Fragezeichen** zur Verfügung.

Der Punkt

Ein Punkt steht **nach Aussagesätzen und höflichen Aufforderungen**:

Heute Abend gehen wir ins Kino**.**
Setzen Sie sich bitte**.**

Es kann sich auch um **mehrteilige Sätze** handeln, die z. B. aus Haupt- und Nebensatz bestehen:

Sie schloss die Tür, weil es draußen so laut war**.**
Nehmen Sie, bevor Sie abends ins Bett gehen, immer eine Tablette**.**

Aussagesätze können auch **als Kurzsatz** formuliert werden:

Stimmt**.** So**.** Na sowas**.** Wohl kaum**.** Ungern**.**

Punkt nach Ordnungszahlen und Kürzungen

Punkte stehen auch nach Ordnungszahlen:

die 3**.** Ausgabe	der 17**.** April
Karl V**.**	Er kam als 15**.** ins Ziel. ...

→ Ordnungszahlen, S. 437

und bei vielen **Abkürzungen** und **Kurzwörtern**:

z**.** B**.** (zum Beispiel)	u**.** a**.** (unter anderem) ...

Aber ohne Punkt: BGB, CDU, EKG, km, PS ...

Kein Punkt steht **nach Titeln, Überschriften und Schlagzeilen**:

Die Mittagsfrau	(Buchtitel)
So bleiben Sie gesund	(Überschrift)
Einladung zur Vorstandssitzung	(Einladungsanlass)
PKW landet im Kirchendach	(Schlagzeile)

Wenn ein Satz mit einer Ordnungszahl, einer Abkürzung mit Punkt oder mit Auslassungspunkten endet, gibt es **keinen weiteren Schlusspunkt**:

Die Schule beginnt nicht am 3. August, sondern am 6**.**
Elisabeth war eine Tochter Heinrichs VIII**.**
Wir brauchen noch Butter, Milch, Eier, Käse usw**.**
Das Märchen endet mit „Und wenn sie nicht gestorben sind **...**"

Auslassungspunkte

Auslassungspunkte bestehen aus drei Punkten. Sie kündigen an, dass aus einem Satz oder Text etwas ausgelassen wird.

Wenn mit den Auslassungspunkten ein Satz endet, folgt danach kein Schlusspunkt mehr. **Frage- oder Ausrufezeichen werden** jedoch **gesetzt**, und zwar **ohne Leerschritt** davor:

Er kam, sah, und **...**
Glaubst du etwa, dass er **...?**
Dieses ewige Genörgel finde ich zum **...!**

Werden **innerhalb eines Wortes** Buchstaben ausgelassen, setzt man **keinen Leerschritt** vor bzw. nach den Auslassungspunkten:

Es gibt verschiedene Möglichkeiten, das Wort **be...en** zu vervollständigen.
So eine **Sch...!**

Das Ausrufezeichen

Das Ausrufezeichen steht bei nachdrücklichen **Aufforderungen** und nach **Ausrufe- und Wunschsätzen**:

Geh mir aus den Augen**!** Halt jetzt endlich den Mund**!** Schluss jetzt**!**
Ist das schön**!** Wie hell doch der Mond scheint**!** Aua**!**
Wenn es doch aufhörte, zu regnen**!** Riefe sie doch endlich an**!**

Manchmal steht ein Ausrufezeichen nach **Ausrufen**, die wie Frage- oder Aussagesätze formuliert sind:

Lässt du die Finger davon**!**
Gibt's denn so was**!**
Vielleicht fragst du mal vorher**!**
Du lügst doch**!**

Ausrufe können auch aus **einem einzigen Wort** bestehen:

Mensch**!** Ach**!** Warte**!** Nein**!**

Das Fragezeichen

Das Fragezeichen steht am Ende **direkter Fragesätze**:

Müssen wir noch weit gehen**?**
Warum weinst du**?**
Ist es wirklich schon so spät**?**
Soll ich dir helfen**?**

Auch **höflich gemeinte Aufforderungen** können als Frage formuliert werden:

Würdest du bitte die Musik leiser stellen**?**
Reichst du mir bitte das Salz herüber**?**
Geht es vielleicht ein bisschen langsamer**?**

Oft drückt ein Sprecher sein **Erstaunen** aus, indem er einen Aussagesatz wie eine Frage betont. Im Schriftlichen zeigt das Fragezeichen an, dass der Aussagesatz als Frage zu verstehen ist.

Sie hat tatsächlich gewonnen**?** *(Das ist aber erstaunlich.)*
Und er hat dir nicht geholfen**?** *(Das sieht ihm aber gar nicht ähnlich.)*
Das hast du wirklich gesagt**?** *(Das hätte ich dir nicht zugetraut.)*

Aussagen können auch durch kurze **Frageanhängsel** zum Fragesatz werden, die eine **Bestätigung** des Angesprochenen erwarten:

Das ist eine Ausrede, **nicht (wahr)?**
Du hast gelogen, **stimmt's?**
Das stimmt doch, **oder?**
Ich hatte mal wieder recht, **gell?** (süddeutsch)

Auch **Titel, Überschriften und Schlagzeilen** können mit Fragezeichen abgeschlossen werden:

Wetten, dass ...**?** (eine Fernsehsendung)
Verliebe dich oft, verlobe dich selten, heirate nie**?** (ein Buchtitel)
Sind die Banken noch zu retten**?** (Schlagzeile in der Zeitung)

Auch **unvollständige Sätze und Kurzsätze** können als Fragen gestellt werden:

Wie denn das**?**
Wieso eigentlich immer ich**?**
Wie**?** Wo**?** Was**?**
Tatsächlich**?**

Häufung von Frage- und Ausrufezeichen

Immer wieder begegnen einem vor allem im E-Mail-Verkehr Häufungen von Frage- oder Ausrufezeichen, die der Aussage eines Satzes **mehr Nachdruck** verleihen sollen:

Abgabetermin war der 20. März**!!!**
Wie soll ich das bitte verstehen**???**
Das hätte man doch erwarten können**!?**

Stilistisch gesehen sind solche Häufungen fragwürdig, da sie vom Empfänger falsch verstanden werden können. Besser ist in jedem Fall, einen Aussagesatz zu formulieren und Fragen mit einfachem Fragezeichen zu versehen:

Abgabetermin war der 20. März**.**
Wie darf ich Ihre Erklärung verstehen**?**
Ich hatte, ehrlich gesagt, ebendies erwartet**.**

Das Komma

Kommas dienen der Gliederung eines Textes mit dem Ziel, ihn für den Leser verständlicher und übersichtlicher zu machen. Innerhalb von Sätzen teilt es Teilsätze, Wortgruppen oder einzelne Wörter vom übrigen Text ab.

Wenn Sie die Absicht haben, sich bei uns zu bewerben, müssen Sie Ihren Lebenslauf, Tätigkeitsnachweis, Foto und Anschreiben hier einreichen.

Teilsatz: Wenn Sie die Absicht haben,
Infinitivgruppe: sich bei uns zu bewerben,
Aufzählung einzelner Wörter: Lebenslauf, Tätigkeitsnachweis, Foto
Übriger Text: müssen Sie Ihren ... und Anschreiben hier einreichen.

Grundsätzliches zur Kommasetzung

Setzen Sie ein Komma nur dann, wenn Sie es auch begründen können, das heißt, wenn Sie Ihr Komma mit einer der im Folgenden ausgeführten Regeln in Zusammenhang bringen können. Lassen Sie Kommas weg, für die Ihnen keine Begründung einfällt.

Das Komma bei Aufzählungen gleichrangiger Wörter und Wortgruppen

Aufzählen kann man alle Wortarten, Wortgruppen, Satzglieder und sogar Sätze. Mehrere gleichrangige Glieder einer Aufzählung werden durch Kommas voneinander getrennt. **Gleichrangig** sind die **Glieder einer Aufzählung**, wenn man das Komma zwischen ihnen durch ein ***und*** ersetzen könnte.

Aufzählung von Nomen (hier als Subjekte):
Weizen**,** Roggen**,** Gerste sind Getreidesorten.

Aufzählung von Adjektiven (hier als Prädikatsadjektive):
Eine Orange sollte groß**,** rund**,** saftig sein.

Aufzählung von Verben (hier als Teil des Prädikats):
Wir wollen singen**,** tanzen**,** feiern.

Aufzählung von Wortgruppen (hier Präpositionalobjekte):
Sie schimpft über ihr Auto**,** über die Leute**,** über das Essen**,** über Gott und die Welt.

Einzelne (vor allem letzte) **Glieder der Aufzählung können durch *und*, *sowie*** oder ***oder*** verbunden werden. **Dann entfällt das Komma**.

Weizen**,** Roggen **und** Gerste sind Getreidesorten.
Rentner**,** Schüler **sowie** Studenten zahlen ermäßigten Eintritt.
Du gehst am besten joggen**,** walken **oder** wandern.

Was für *und, oder, sowie* gilt, trifft auch auf folgende **nebenordnende Konjunktionen** zu, die auch mehrteilig sein können:

beziehungsweise (bzw.)
sowohl … als auch
entweder … oder
weder … noch

Du solltest das Bußgeld schnellstens einzahlen **bzw.** überweisen.
Er ist **sowohl** jung **als auch** unerfahren.
Er will **entweder** anrufen **oder** selbst hingehen.
Sie spricht **weder** Französisch **noch** Spanisch.

Wird ein **Gegensatz** ausgedrückt, steht immer ein Komma.

Wir wandern bei gutem Wetter**, allerdings** nur im Schatten.
Dies ist eine Schule**, kein** Kindergarten.

Dies gilt auch für **Konjunktionen, die einen Gegensatz ausdrücken**:

Du bist nicht nur frech**, sondern** auch dumm.
Er war groß und stark**, aber** er war nicht klug.
Sie kann nicht kochen**, (je)doch** ganz toll Squash spielen.

Konjunktionen, die ein Komma zwischen Wortgruppen erfordern:

einerseits …, andererseits
teils …, teils
ob …, ob
nicht nur …, sondern auch
bald …, bald
halb …, halb

Das Wetter war **einerseits** sonnig**, andererseits** aber viel zu kalt.
Es gab **nicht nur** Salat**, sondern** auch warmes Essen.
Seine Familie lebt **teils** in der Stadt**, teils** auf dem Land.
Bald gras' ich am Neckar**, bald** gras' ich am Rhein …
Ob blond**, ob** braun**,** ich liebe alle Frau'n …
Halb lachend**, halb** weinend fiel sie ihm um den Hals.

Das Komma bei mehreren Adjektiven

Bei mehreren Adjektiven vor einem Nomen gilt: **Sind die Adjektive gleichrangig, werden sie durch Komma getrennt.**

Gleichrangig bedeutet, dass sich beide Adjektive in gleichem Maß auf das nachfolgende Nomen beziehen. Hierfür gibt es einen einfachen **Test**: Setzen Sie das Wort *und* zwischen die Adjektive. Wenn es dann immer noch sinnvoll klingt, sind die Adjektive gleichrangig und Sie brauchen ein **Komma**.

ein kostenloses**,** unverbindliches Angebot = kostenloses **und** unverbindliches Angebot
warmes**,** sonniges Wetter = warmes **und** sonniges Wetter

Sind die Adjektive **nicht gleichrangig**, darf **kein Komma** stehen:

Im Hafen lag ein großer britischer Frachter.
~~(Im Hafen lag ein großer und britischer Frachter.)~~

Der *Frachter* ist nicht groß und britisch, sondern es handelt sich um einen britischen Frachter, der groß ist. Das Adjektiv *groß* gilt als Attribut zu dem Ausdruck *britischer Frachter*. Anders ausgedrückt: Das dem Nomen am nächsten stehende Adjektiv (*britischer*) hat eine engere Bindung zu ihm als das weiter entfernte (*großer*). Die Adjektive *großer* und *britischer* sind also nicht gleichrangig, daher **kein Komma**. Weitere Beispiele:

Die allgemeine politische Lage ist schwierig.
~~(Die allgemeine und politische Lage ist schwierig.)~~

Deine schönen neuen Schuhe sind nass.
(~~Deine schönen und neuen Schuhe sind nass.~~)

Sie hatte große blaue Augen.
(~~Sie hatte große und blaue Augen.~~)

Siehst du die verspielten jungen Katzen dort?
(~~Siehst du die verspielten und jungen Katzen dort?~~)

Hier ergäbe ein *und* zwischen den Adjektiven keinen Sinn → **kein Komma**.

Das Komma bei der Aufzählung gleichrangiger Teilsätze

Auch **Hauptsätze** und **Nebensätze** können Glieder einer Aufzählung sein. Hauptsätze sind immer gleichrangig, Nebensätze dann, wenn sie vom selben übergeordneten Satz abhängen. Es gelten im Wesentlichen dieselben Regeln wie für die Aufzählung von Wörtern oder Wortgruppen.

Aufzählung von Hauptsätzen

Der Himmel war blau**,** die Sonne schien**,** alles freute sich**,** da platzte die Bombe.
Du magst kein Gemüse**,** deine Schwester isst kein Fleisch**,** was soll ich da kochen?

Auch bei so genannten Satzreihen ersetzen die Konjunktionen ***und, oder, sowie, beziehungsweise (bzw.), entweder ... oder, weder ... noch*** das Komma. Man **kann** dieses **Komma jedoch setzen**, wenn man die **Gliederung des Ganzsatzes** deutlich machen will:

Ich schnitt das Fleisch für das Gulasch**(,)** und Kim machte die Salatsoße.
Sie ruft ihn an**(,)** oder sie geht bei ihm vorbei.
Entweder du staubsaugst das Wohnzimmer**(,)** oder du hilfst mir beim Fensterputzen.
Weder haben wir miteinander gesprochen**(,)** noch hatten wir sonst irgendwie Kontakt.

Aufzählung gleichrangiger Nebensätze

Ich weiß nicht**,** woher du kommst**,** wer du bist**,** was du willst.
Es ist schön**,** dass es dich gibt**,** dass du bei mir bist**,** dass du mir hilfst.

Die Konjunktionen ***beziehungsweise (bzw.), und, oder, sowie*** **ersetzen** das Komma vor dem letzten Aufzählungsglied:

Falls es morgen regnet **bzw.** wenn es noch nass ist**,** bleiben wir zu Hause.
Als Wolken aufkamen**,** als es anfing zu regnen **und** als schließlich das Unwetter losbrach, packte uns die Angst.

Gehst du jetzt, weil es schon spät ist**,** weil du müde bist**,** weil du morgen früh aufstehen musst **oder** weil du mich nicht mehr sehen willst?

Das Komma bei Anreden

Direkte **Anreden** trennt man normalerweise durch ein Komma ab bzw. setzt sie in Kommas.

Das**,** mein Freund**,** wird dir nicht viel helfen.
Ich bitte dich**,** Susanne**,** komm doch zurück!
Hallo**,** liebe Susanne!

Aber: Folgt auf das ***Hallo*** ein einzelner Name ohne jeglichen Zusatz, kann das Komma entfallen.

Hallo**(,)** Susanne!

Wenn die **Anrede am Satzanfang oder Satzende** steht, wird sie durch ein Komma abgetrennt:

Sehr geehrter Herr Wohl**,**
ich hoffe, ich konnte Ihnen in diesem Brief darlegen, ...

Könnten Sie mal kurz kommen**,** Frau Meier?

Kommas bei der Anrede im Brief- und Mailverkehr

Hier haben Sie folgende Möglichkeiten bei der Kommasetzung:

Sehr verehrter**,** lieber Herr Probst**,**
Hallo**,** lieber Bruder**,**
Hallo**,** alter Freund**,**
Guten Tag**(,)** Frau Forst**,**

Sehr geehrter Herr Wading**,**
Hallo**(,)** Peter**,**
Hallo**(,)** Frau Forst**,**
Guten Tag**,** liebe Frau Forst**,**

Wenn Sie mit jemandem vertraut sind, können Sie statt des Kommas ans Ende der Anrede auch ein Ausrufezeichen setzen:

Hallo**(,)** Frau Forst**!**

Aufgepasst: Nach der **Grußformel** am Ende des Briefes/der E-Mail steht **kein Komma**!

Mit freundlichen Grüßen
Beste Grüße aus Stuttgart
Grüße
Herzlichst

Das Komma bei Orts- und Datumsangaben

Bei Datums- und Ortsangaben werden die einzelnen Bestandteile **durch Kommas getrennt**. Das letzte Komma kann entfallen.

Die Prüfung findet am Montag**,** dem 10. Juni**,** 8 Uhr**(,)** statt.
Sarah Müller**,** wohnhaft in Hannover**,** Heinrichplatz 64**(,)** ist angeklagt, ...
Zu seinem Nachfolger ist Herr Sven Taler**,** Kochstraße 27**,** Neustadt**(,)** ernannt worden.

Aber ohne Komma: Sie wohnt in Düren in der Thomasgasse 25 im 1. Stock.

Gesetzesangaben ohne Komma!

Führt man Paragraphen aus Gesetzen oder Verordnungen an, wird **kein Komma** gesetzt:

Gemäß § 24 Abs. 2 Satz 4 wurde die Frist eingehalten.

Das Komma bei Ausrufen

Ausrufe werden durch ein **Komma** abgetrennt, wenn sie **betont** sind:

Ach, wie schade!
Nein, das glaube ich nicht!
Wir haben den Zug verpasst**, leider**!
Aber ja, wir kommen gerne!
Oje, ist das wieder heiß!

Sind die Ausrufe jedoch **nicht betont,** steht **kein Komma**:

Ach geh doch! Oh du lieber Himmel!

Das Komma beim Wort *bitte*

Bei *bitte* steht **normalerweise kein Komma**:

Gib mir bitte mal das Salz. Bitte hör auf damit.

Will man seiner Bitte aber **mehr Nachdruck** verleihen, kann man ein Komma setzen:

Iss jetzt**,** bitte! Bitte**,** halt doch mal den Mund!

Das Komma zwischen Haupt- und Nebensätzen

Haupt- und Nebensatz werden durch Kommas voneinander getrennt.

Das gilt für **vorangestellte** und für **nachgestellte** Nebensätze:

Solange es regnet, bleibt das Spiel unterbrochen.
Ich glaube**, dass es bald regnen wird.**

Wird der Hauptsatz durch den Nebensatz unterbrochen, muss der **eingeschobene** Nebensatz durch **Kommas** eingeschlossen werden.

Ich ärgerte mich**, nachdem ich die Prüfung verpatzt hatte,** noch lange über mich selbst.

Eingeschobene Nebensätze werden auch dann in Kommas eingeschlossen, wenn sie zwei Hauptsätze trennen. Vergessen Sie also nie das Komma am Ende des Nebensatzes!

Ich glaube**, dass ich die Richtige für Sie bin,** und würde mich über Ihre positive Antwort sehr freuen.

Vorsicht bei versteckten *dass*-Sätzen!

Es gibt *dass*-Sätze, die **wie ein Hauptsatz aussehen**, weil sie in einer nicht eingeleiteten Form verwendet werden; dennoch sind sie Nebensätze und müssen durch Kommas vom Hauptsatz getrennt werden:

Ich glaube**, du kannst es schaffen,** und wünsche dir viel Glück.
→ *Ich glaube, **dass** du es schaffen kannst, und wünsche dir viel Glück.*

Ich denke**, wir können den Termin halten,** und verlasse mich ganz auf Sie.
→ *Ich denke, **dass** wir den Termin halten können, und verlasse mich ganz auf Sie.*

Er versprach schon oft**, er käme pünktlich,** und dann kam er doch viel zu spät.
→ *Er versprach schon oft, **dass** er pünktlich käme, und dann kam er doch viel zu spät.*

Wenn ein **Nebensatz gemeinsam mit einer Wortgruppe mit Präposition** auftritt, wird nur dann ein Komma zwischen Haupt- und Nebensatz gesetzt, wenn der Nebensatz direkt neben dem Hauptsatz steht.

Wortgruppe	Nebensatz	Hauptsatz
Wegen deines Gejammers	und **weil du böse warst,**	gehen wir nicht baden.

Aber:

Nebensatz	Wortgruppe	Hauptsatz
Weil du böse warst	und wegen deines Gejammers	gehen wir nicht baden.

Hauptsatz	Nebensatz	Wortgruppe
Wir gehen nicht baden**,**	**weil du böse warst**	und wegen deines Gejammers.

Aber:

Hauptsatz	Wortgruppe	Nebensatz
Wir gehen nicht baden	wegen deines Gejammers	und **weil du böse warst**.

Das Komma bei Infinitiven und Infinitivgruppen

Kommas können entfallen, wenn **bloße Infinitive** vorliegen:

Ich denke nicht daran**(,)** aufzuhören.
Wir beschlossen**(,)** zu hören**,** was er zu sagen hatte.

Infinitivgruppen muss man **mit Komma** abgrenzen, wenn eine der folgenden Bedingungen erfüllt ist:

- wenn sie mit ***als, (an)statt, außer, ohne, um*** eingeleitet sind:
  Dir bleibt nichts anderes übrig**, als** endlich den Mund zu halten.
  Anstatt sich an die Wahrheit zu halten**,** log er weiter.
  Er verlässt das Haus**, ohne** davor zu frühstücken.
  Um nicht zu fallen**,** stützte er sich ab.
- wenn sie **von einem Nomen abhängen**, das den Infinitiv ankündigt:

  Der **Versuch,** mich zurückzuhalten**,** ist zwecklos.

  Ich habe nicht die **Absicht,** dich zu verlassen.
- wenn im Hauptsatz voraus- oder zurückweisende Wörter wie ***es, daran, davon, damit*** (Korrelate) etc. auf die Infinitivgruppe hinweisen:

  Es ist verboten**,** den Rasen zu betreten.
  Denke **daran,** mich zu informieren.
  Ich freue mich **darauf,** dich wieder zu sehen.
  Doch noch teilnehmen zu dürfen**, das** freut mich.

Ansonsten kann bei Infinitivgruppen mit *zu* das **Komma entfallen**:

Er plant**(,)** morgen zu verreisen.
Ich habe heute völlig vergessen**(,)** meine Tabletten zu nehmen.

Aber: Bei besonders **langen Infinitivgruppen mit *zu*** ist es sinnvoll, ein **Komma** zu setzen, weil man dadurch dem Leser das Verständnis des Satzes erleichtert:

Herr Noll hat sich immer bemüht**,** sein stark überzogenes Gehaltskonto rechtzeitig vor dem Ende des Monats durch eine zusätzliche Zahlung auszugleichen.

Auch wenn **Missverständnisse** möglich sind, sollte man ein **Komma** setzen:

Er behauptete nicht immer**,** gearbeitet zu haben.
Er behauptete nicht**,** immer gearbeitet zu haben.
Er behauptete**,** nicht immer gearbeitet zu haben.

Kein Komma bei *brauchen zu/pflegen zu/scheinen zu*!

Sie dürfen **kein Komma** setzen bei Infinitivgruppen, die von den Hilfsverben ***haben*** oder ***sein*** oder von Verben wie ***brauchen, pflegen, scheinen*** abhängig sind.

Dieser Mensch hat hier nichts zu sagen.
Das Firmengebäude war schon von weitem zu sehen.
Meine Oma pflegte sich mittags hinzulegen.
Nach wenigen Minuten schien sie ihre Müdigkeit überwunden zu haben.

Ebenfalls **kein Komma** steht, wenn die Infinitivgruppe von ***es gibt*** abhängt.

Bei unserer Tombola gibt es tolle Preise zu gewinnen./Es gibt bei unserer Tombola tolle Preise zu gewinnen.

Die Infinitivgruppe wird auch dann **nicht durch Komma abgetrennt**, wenn sie einen **übergeordneten Satz umschließt**. Diese Wortstellung ergibt sich dann, wenn ein Glied der Infinitivgruppe an den Anfang des Satzes gestellt wird, weil man es besonders betonen will. Es steht dann in **Spitzenstellung**.

Normale Wortstellung (= Komma möglich):
Das Parlament beschloss**(,) die Wirtschaftshilfen sofort zu gewähren.**

Spitzenstellung (= **kein Komma**):
Die Wirtschaftshilfen beschloss das Parlament **sofort zu gewähren.**

Kein Komma setzt man auch dann, wenn die Infinitivgruppe **mit dem übergeordneten Satz verschränkt** ist. Die zur Infinitivgruppe gehörenden Wörter sind auseinandergerissen, der Infinitiv mit *zu* steht dann direkt vor dem konjugierten Verb des Hauptsatzes am Satzende. Hier würde ein Komma den Satzzusammenhang stören.

Normale Wortstellung (= Komma möglich):
Wir wollen versuchen**(,) diese Familientradition zu verstehen**.

Verschränkt (= kein Komma):
Diese Familientradition wollen wir **zu verstehen** versuchen.

Das Komma bei Partizip- und Adjektivgruppen

Partizip- und Adjektivgruppen oder auch sonstige Wortgruppen können durch Kommas vom restlichen Satz getrennt werden.

Der Jäger setzte sich**(,) sichtlich erschöpft(,)** auf einen Stein.
Sichtlich erschöpft(,) setzte sich der Jäger auf einen Stein.
Wir treffen uns**(,) wie vereinbart(,)** nächsten Montag um neun Uhr.
Wie vereinbart(,) treffen wir uns nächsten Montag um neun Uhr.

Aber aufgepasst: Wenn die Gruppe zwischen das Subjekt am Satzanfang und das Prädikat geschoben wird, muss sie in Kommas eingeschlossen werden.

Der Jäger**, sichtlich erschöpft,** setzte sich auf einen Stein.

Auch wenn die Gruppe eine nachgestellte Erläuterung ist, wird sie durch ein Komma abgegrenzt. Beim Sprechen macht man an den Kommastellen kleine Pausen.

Der Jäger setzte sich auf einen Stein**, sichtlich erschöpft**.

Das Komma bei Nachträgen und Einschüben

Nachträge und Einschübe, die nicht in den üblichen Satzbau passen, werden durch Kommas abgetrennt. Solche Einschübe oder Nachträge beginnen häufig mit:

, vor allem …
, zum Beispiel/z. B. …
, außer …
, und zwar …
, also …
, nämlich …
, besonders …
, das heißt …

Sie liest gerne**, vor allem** historische Romane.
Sport hält gesund**, zum Beispiel** regelmäßiges Schwimmen.
Hier muss ich ein Komma setzen**, und zwar** immer.
Das Amt ist einmal pro Woche**, und zwar** donnerstags**,** auch am Nachmittag geöffnet.

In manchen Fällen ist es Ihnen freigestellt, ob Sie einen Nachtrag oder Einschub besonders hervorheben und deshalb durch Kommas abtrennen:

Das kostet Sie 325 Euro**(,) einschließlich** der Transfergebühren.
Die Hitze war**(,) besonders** um die Mittagszeit**(,)** unerträglich.
Alle Wäsche war gebügelt**(,) außer/bis auf** seine Hemden.

!

Komma nach *das heißt*, wenn ein Nebensatz folgt!

Wenn nach der Einleitung eines Nachtrags mit *das heißt* ein Nebensatz folgt, muss er durch ein **weiteres Komma** getrennt werden:

Ich kam erst sehr spät von der Arbeit nach Hause**, das heißt,** nachdem meine Familie längst zu Bett gegangen war.

Wegen der anhaltenden Wirtschaftskrise hat sich das Konsumverhalten verändert**, das heißt,** weil die Menschen an Zuversicht verloren haben.

Das Komma bei Appositionen

Eine Apposition ist eine besondere Form des Attributs (Beifügung). Sie wird durch Kommas **eingeschlossen**, wenn der Satz danach fortgeführt wird.

Ich kenne Rolf Schmitz**, deinen neuen Bekannten,** schon ewig.
Wilhelm II.**, der letzte deutsche Kaiser,** starb im Exil.

Steht eine Apposition **am Satzende**, wird sie durch ein Komma vom Satz abgetrennt, danach steht nur ein Punkt.

Sie liebt ihn**, den besten aller Männer.**
Das ist Gabi Lander**, die neue Chefin.**

Besteht die Apposition aus einem **Namen**, der erst nach seinem Bezugswort genannt wird, können die Kommas entfallen:

Unsere neue Chefin**(,) Gabi Lander(,)** ist sehr nett.
Ich kenne deinen neuen Bekannten**(,) Rolf Schmitz(,)** schon ewig.

Aber: Bei mehrteiligen historischen Eigennamen wie Katharina die Große, Iwan der Schreckliche steht kein Komma!

Das Komma bei Parenthesen (Einschüben)

Parenthesen sind komplette Sätze, die nicht Teil der eigentlichen Satzstruktur sind. Sie müssen deshalb durch Kommas eingeschlossen werden.

Die Wolkentürme entluden sich**, es war wohl so gegen acht,** in einem fürchterlichen Platzregen.
Ihre fristlose Kündigung**, das will ich deutlich betonen,** ist unangemessen.
Ich werde mir morgen**, glaub mir's oder nicht,** diesen tollen Fernseher holen.

Statt der Kommas können Sie hier auch **Gedankenstriche** setzen.

Das Semikolon (Strichpunkt)

Ein Semikolon verwendet man, **wenn ein Komma eine zu schwache, aber ein Punkt eine zu starke Trennung zwischen zwei gleichrangigen Sätzen wäre**. Durch Semikolon getrennte Sätze haben einen starken inhaltlichen Zusammenhang. Nach dem Semikolon schreibt man klein weiter, es sei denn, das folgende Wort ist ein Nomen.

Man kann nicht alles wissen**; m**an muss nur wissen, wo man nachschlagen kann.
Heute ist endlich schönes Wetter**; e**s wird ja auch allmählich Zeit.

Da es keine festen Regeln für die Verwendung des Semikolons gibt, bleibt es Ihnen überlassen, ob Sie in diesen Fällen einen Punkt, ein Semikolon oder ein Komma setzen möchten.

Das Semikolon macht eine **deutlichere Gliederung innerhalb von Aufzählungen** möglich:

Der Fahrplan gibt folgende Abfahrtszeiten an: Düren 8:35 Uhr**;** Horrem 8:47 Uhr**;** Köln-Deutz 9:03 Uhr.

Es kann auch verwendet werden, um **zusammengehörige Gruppen** innerhalb von Aufzählungen **abzugrenzen**:

In seinem Gepäck befand sich: Gaskocher, Ersatzkartusche, Feuerzeug**;** Getränke, Müsliriegel, Schokolade**;** Karte, Kompass, Feldstecher.

Der Doppelpunkt

Ein Doppelpunkt steht in der Regel **nach einem ankündigenden Satz**. Der Gegenstand der Ankündigung folgt dann auf den Doppelpunkt.

Eines war klar**:** So konnte es nicht weitergehen.

Ein Doppelpunkt steht **vor einer angekündigten wörtlichen Rede**. Das wörtliche Zitat steht dabei in Anführungszeichen:

Der Lehrer fragte: „Wer will sich dazu äußern?"
Die Zeitung titelte: „Verkehrsminister tritt zurück!"

Ein Doppelpunkt steht auch **vor angekündigten Aufzählungen, Erklärungen und Einzelangaben**:

Sie benötigen: Papier, Füller, Lineal, Bleistift.
So rührt man den Teig: schnell und gleichmäßig.
Anwendung: Nehmen Sie die Tabletten kurz vor den Mahlzeiten ein.
Name: Weber Vorname: Norbert Geburtsort: München

Folgt auf den Doppelpunkt ein **vollständiger Satz**, beginnt er mit einem **großen Anfangsbuchstaben**:

Es ist immer dasselbe: **N**iemand möchte den Anfang machen.

Man setzt einen Doppelpunkt auch vor **Sätze, die das zuvor Gesagte zusammenfassen** oder eine Schlussfolgerung daraus ziehen:

Es krachte, Glas splitterte, Menschen schrien, das Licht ging aus: Das Chaos war komplett.

Die Anführungszeichen

Anführungszeichen signalisieren, dass etwas wörtlich wiedergegeben wird. Sie kommen immer paarweise vor und finden Verwendung in der wörtlichen Rede und bei Zitaten.

Die Zeichen bei wörtlicher Rede

Am häufigsten kommen die Anführungszeichen bei der wörtlichen Rede vor. Dabei schließt man die **wirklich gesprochenen Wörter** in Anführungszeichen ein:

„So also ist das."

Alternativen zu den normalen Anführungszeichen

Es gibt noch andere Möglichkeiten, wörtlich Wiedergegebenes kenntlich zu machen:

- Kursivschrift: Mit dem Gedanken *Hoffentlich ist bald alles vorbei!* schlief ich ein.
- andere Formen der Anführungszeichen: **»**Dann ist es aussichtslos**«**, sagte der kleine Prinz.
- Viele Schriftsteller verzichten ganz auf eine Kennzeichnung der wörtlichen Rede: Ich kann dich erledigen, sagte der Neue.

Leitet man die wörtliche Wiedergabe durch einen **Begleitsatz** ein, benötigt man den Doppelpunkt (→ siehe voriger Abschnitt):

Er stellte fest**:** **„**So also ist das.**“**

Der **Begleitsatz** kann aber auch an einer anderen Stelle stehen, zum Beispiel kann er die Wiedergabe der wörtlichen Rede unterbrechen und steht dann **innerhalb der wörtlichen Rede**. Er wird dann in Kommas eingeschlossen:

„Ich gehe**“,** sagte sie**,** **„**und zwar für immer**.“**

Tritt der **Begleitsatz ans Ende**, entfällt der Schlusspunkt der wörtlichen Rede. Stattdessen steht ein Komma hinter dem Schlusszeichen:

„Ich gehe, und zwar für immer**“,** sagte sie.

Beim wiedergegebenen Satz lässt man den **Punkt** auch **weg, wenn er im Inneren eines Gesamtsatzes steht**:

Er rief ihr noch zu**:** **„**Ich hole dich gleich ab**“,** und verschwand um die Ecke.

Handelt es sich bei der wörtlichen Rede um eine **Aufforderung, einen Ausruf oder um eine Frage**, werden Ausrufe bzw. Fragezeichen benötigt. Sie stehen dann vor dem hinteren Anführungszeichen.

Begleitsatz vorne:
Sie fragte: „Was willst du hier?"
Er brüllte: „Weg hier!"

Steht der **Begleitsatz hinten**, kann es zur **Zeichenhäufung** kommen:
„Was willst du hier?", fragte er.
„Weg hier!", brüllte er.
„Gib mir gefälligst die Zange!", herrschte er mich an.
„Das hat man nun davon!", maulte sie.

Auch wenn die Wiedergabe der wörtlichen Rede **Teil eines Gesamtsatzes** ist, kann es zu einer Häufung von Zeichen kommen:

Susanne rief: „Hol schon mal das Auto!", und wandte sich wieder dem Spiegel zu.

„Kannst du", fragte meine Mutter, „mich bitte mitnehmen?", und zog den Mantel an.

Manchmal ist der **Begleitsatz** selbst eine **Aufforderung**, ein **Ausruf** oder eine **Frage**. Dann behalten sowohl der Begleitsatz als auch die wörtliche Rede ihre Zeichen:

Sag ihm doch mal deutlich: „Halt den Mund!"!
Wenn doch irgendjemand endlich fragte: „Was soll das Ganze?"!
Fragte sie wirklich: „Wo bin ich geboren?"?
Was meinst du mit: „Geh mir aus den Augen!"?

Die Zeichensetzung bei Zitaten

Fürs Zitieren gelten **ähnliche Regeln wie für die wörtliche Rede**, weil es sich auch hier um die wörtliche Wiedergabe von Ausdrücken, Überschriften und Ähnlichem handelt.

Zitate müssen original sein

Geben Sie Zitate immer in der Originalform, das heißt völlig unverändert und mit den zugehörigen Zeichen wieder:

Das Buch „Was fliegt denn da**?**" ist sehr nützlich.

Das gilt auch, wenn die Satzkonstruktion eigentlich einen anderen Fall erfordert:

Viel Vergnügen mit „Das Quiz" mit Jörg Pilawa! (nicht: ~~„dem Quiz"~~)
Ich habe ein Kapitel aus „Die Akte" von John Grisham gelesen. (nicht: ~~„der Akte"~~)

Man macht oft von Zitaten Gebrauch bei

- **besonderen Wörtern oder denkwürdigen Ausdrücken**, zu denen man eine Aussage machen will:

  Meine Frau nennt mich immer „Dickerchen", was ich gar nicht mag.
  Der Begriff „notleidende Banken" ist Unwort des Jahres 2008.

- bei **Überschriften und Namen** von Zeitschriften und Zeitungen und bei **Buchtiteln** etc.:

  Ich las im „Focus online" den Artikel „Paris Hilton leckt ihre Wunden".

  Gehören **Punkt, Frage- oder Ausrufezeichen** zum Satz, der das Zitat umgibt, stehen sie nach dem hinteren Anführungszeichen:

  Das Buch auf dem Nachttisch hieß „Die Quelle"**.**
  Wer kennt den Roman „Die Akte"**?**
  Lies doch mal „Sag niemals nie**!**"**!**

- **Aussprüchen, Bemerkungen und Sprichwörtern**, zu denen man einen Kommentar abgibt. In diesen Fällen setzt man **keinen Doppelpunkt**:

  Wenn unser Lehrer „Stop talking**!**" rief, schwiegen alle sofort.
  Sein fröhliches „Na, ihr Lausebande" munterte uns stets auf.
  Sag ruhig wieder „Lügen haben kurze Beine", aber du irrst dich.

- **Bemerkungen,** die als **ironisch gemeint** deutlich gemacht werden sollen:

  Er tut immer so, als sei er der **„**liebe Onkel**"**.
  Die Polizei, **„**dein Freund und Helfer**"**, legte mein Auto still.

- **Auszügen aus Büchern und Texten**. Da man solche Auszüge meist gekürzt zitiert, müssen die ausgelassenen Stellen durch **Auslassungspunkte** (S. 442) gekennzeichnet werden:

  „Alle Menschen sind klug – die einen vorher, die anderen nachher. Vor allem … sind es die meisten nachher. Vorher denken sie …, dass die Statistik des Scheiterns niemals von ihrem Fall gefüttert wird."
  (Aus: F. v. Lovenberg: Verliebe dich oft, verlobe dich selten, heirate nie?)

In wissenschaftlichen Texten setzt man die Auslassungspunkte oft zusätzlich **in eckige Klammern**.

Anhand dieser Versuchsreihe […] konnte der Nachweis erbracht werden.

Doppelte Anführungszeichen

Es kommt vor, dass **innerhalb der Wiedergabe einer wörtlichen Rede ein weiterer Text in Anführungszeichen** enthalten ist. Dieser wird dann von einfachen (halben) Anführungszeichen eingeschlossen.

Frau von Lovenberg schreibt: **„**Wenn die Rede auf ihre außerehelichen Aktivitäten kam, sprach er nachsichtig von **‚**deinem Durcheinander**'** und sie von **‚**deinem Vergnügen**'.“**

Mündlich zitieren

Wenn man – zum Beispiel während eines Referates – **mündlich etwas zitiert**, muss man den Zuhörern ebenfalls deutlich machen, wo das Zitat beginnt und wo es endet.

„**Ich zitiere** aus dem Bericht vom 25. Mai: (Wortlaut des Zitats) – **Ende des Zitats.**"

° Der Apostroph

Der Apostroph ist ein Auslassungszeichen. Er kennzeichnet die Auslassung eines oder mehrerer Buchstaben innerhalb eines Wortes. In manchen Fällen muss er gesetzt werden, in anderen Fällen kann er gesetzt werden und in einigen Fällen darf er nicht gesetzt werden.

Hier muss ein Apostroph stehen

- **Bei verkürzten Städte- oder Straßennamen:**

  Hier werden Buchstaben im Wortinnern ausgelassen. Es gibt allerdings nur wenige solcher Fälle.

  D'dorf, M'gladbach, Ku'damm ...

- **Zur Kennzeichnung des Genitivs bei Namen, die auf *s, ss, ß, z, tz, x, ce* enden:**

  Sonst würde man nicht erkennen, dass das Wort im Genitiv steht:

  Franz-Josef Strauß' Sohn Max, Jens Schmitz' Computerladen, Hans' Geburtstag, Alice' Blumenladen, Aristoteles' Werke ...

> (!) **Kein Apostroph, wenn ein Begleiter vor dem Eigennamen steht!**
>
> **Der Apostroph entfällt**, wenn der Genitiv durch einen Begleiter deutlich wird:
>
> der Blumenladen **unserer Alice**, die Werke **des Aristoteles**

- **Wenn eine Formulierung wegen der Auslassung eines e oder *i* schwer lesbar oder schwer verständlich ist:**

  In solchen Fällen, die meist aus literarischen Texten stammen, verwendet man den Apostroph als Auslassungszeichen:

  ... daran zweifl' ich nicht, ... in diesen heil'gen Hallen ...

Oft wird am Satzanfang das *e* des Pronomens **es** weggelassen, sodass ein Apostroph erforderlich ist:

's ist schade um ihn. Hat er's verstanden?

Hier kann ein Apostroph stehen

- Wenn das **e des Pronomens *es* im Zusammenhang mit Verbformen oder Konjunktionen** weggelassen wird:

  Nimm's (Nimms) dir!
  Wenn's (Wenns) mal läuft, ...
  So geht's (gehts) nicht!

- Bei **Verbendungen** mit **unbetontem e** als letztem Buchstaben, vor allem wenn im Text **gesprochene Sprache** wiedergegeben wird:

  Ich **geh** noch schnell zum Bäcker.
  Ich **frier** schon den ganzen Morgen.

Apostroph zur Verdeutlichung der *e*-Auslassung

Es ist zwar erlaubt, ein unbetontes *e* am Ende einer Verbform in der 1. Person Singular Präsens wegzulassen und dies nicht mit einem Apostroph zu kennzeichnen. Dennoch wird die **Apostrophsetzung empfohlen**.

Ich geh' (statt: gehe) noch schnell ...
Ich frier' (statt: friere) schon ...
Ich hab' (statt: habe) viel erreicht.

Auch bei Endungen der **1. und 3. Person Singular im Indikativ und im Konjunktiv Präteritum** sollte die *e*-Auslassung stets durch einen Apostroph gekennzeichnet werden:

Ich konnt' mich gar nicht daran sattsehen.
Es fänd' sich sicherlich ein Weg.
Ich käm' dir gerne entgegen, wenn du mich ließest.

- Zur Verdeutlichung der **Grundform eines Personennamens**, wenn er **im Genitiv** steht:

  Zuerst waren wir in Leandro's Spezialitätenrestaurant, anschließend in Andrea's Bierstube.

  Besser ist in diesen Fällen aber, das **Genitiv-*s* ohne Apostroph** dranzuhängen:

  Leandro**s** Spezialitätenrestaurant
  Frank**s** Geburtstagsfeier
  Onkel Tom**s** Hütte
  Andrea**s** Bierstube

- Bei der schriftlichen Wiedergabe **gesprochener Sprache**:

  Beim Sprechen werden oft Buchstaben ausgelassen, die im Schriftlichen durch einen Apostroph kenntlich gemacht werden:

  So'n/Son (So ein) Quatsch!
  Da sitzt **sich's**/sichs (es sich) schlecht.
  Komm, wir fahren **mit'm**/mitm (mit dem) Roller.
  Haben Sie **'nen**/nen Moment Zeit für mich?
  Der **Käpt'n**/Käptn war an Deck.

- In **Adjektiven**, die von **Eigennamen** abgeleitet sind:

  Von Eigennamen kann man durch Anhängen der **Endung *-sch*** Adjektive bilden. Im Allgemeinen schreibt man diese Adjektive klein:

  Die mendel**schen** Gesetze, die goethe**sche** Farbenlehre, die braun**sche** Röhre ...

  Will man die **Grundform des Personennamens** jedoch deutlich **hervorheben**, kann in diesen Adjektiven ein **Apostroph** gesetzt werden. Der **Eigenname** wird dann **großgeschrieben**. In dieser Verwendungsweise gilt der Apostroph aber nicht als Auslassungszeichen:

  die **M**endel**'schen** Gesetze, die **G**oethe**'sche** Farbenlehre, die **B**raun**'sche** Röhre ...

  Groß und ohne Apostroph werden von Personennamen abgeleitete Adjektive in einigen wenigen **festen Verbindungen** geschrieben. Diese Verbindungen gelten in ihrer Gesamtheit als Namen:

die Galilei**schen** Monde, der Halley**sche** Komet, die Magellan**schen** Wolken ...

Hier darf kein Apostroph stehen

- In bestimmten Fällen, wenn ein **e im Wortinneren eines Adjektivs ausgelassen** wird:

  im **finstren/finstern** (finst**e**r**e**n) Wald,
  biedre (bied**e**re) Ansichten,
  düstre (düst**e**re) Aussichten
  ein ekliger (ek**el**iger) Anblick,
  schludrige (schlud**e**rige) Arbeit ...

- Bei **verkürzten**, aber **gebräuchlichen Formen** von Adjektiven, die auf -e enden:

  blöd, fad, öd, feig, trüb
  (ungekürzte Formen: blöd**e**/fad**e**/öd**e**/feig**e**/trüb**e**)
  und beim Adverb heut (heut**e**)

- Bei **Imperativen in der 2. Person Singular**:

  Geh!/Bleib!/Fahr!/Halt an! ...

- Bei der **Verschmelzung von Präposition und Artikel**:

  am, vorm, untern, übers ...

- Bei **Kurzformen der Adverbien *herauf, herein, herüber, herunter*** ...:

  Immer **ran** ans Büfett!
  Komm doch **rauf**.
  Sie kam **runter**.
  Ich geh mal **rüber**.
  Er kam **rein**.

- Bei **Namen und Kurzwörtern mit der Endung -*s* im Genitiv**:

  Hamburg**s** Elbtunnel, Goethe**s** Gedichte, Tim**s** und Karin**s** Geburtstag; die Reifen des Pkw(**s**), das Foto des VIP**s**

  → vgl. in diesem Kapitel, S. 465

- **Vor der Pluralendung *s*:**
  Ein Apostroph vor der Pluralendung *s* ist **ausnahmslos falsch.**

die E-Mail	→	die E-Mail**s**	die Kamera	→	die Kamera**s**
der Flirt	→	die Flirt**s**	die Story	→	die Story**s**
der VIP	→	die VIP**s**			

° Der Bindestrich

Der Verwendungsbereich des Bindestrichs ist sehr groß. Meist dient er dazu, **mehrere Wörter und Kurzformen von Wörtern zu lesbaren Einheiten zusammenzufügen**. In manchen Fällen muss ein Bindestrich stehen, in vielen anderen kann man darauf verzichten. Am Zeilenende verwendet man den Bindestrich auch als **Trennstrich**.

Hier muss ein Bindestrich stehen

- **Bei Zusammensetzungen mit nominalisierten Infinitiven**

  Aufgepasst: Bei nominalisierten Infinitiven schreibt man das erste Wort, alle Nomen und den nominalisierten Infinitiv groß:

  das ewige **S**ich**-**nicht**-**entscheiden**-K**önnen
  das **S**o**-T**un**-**als**-**ob
  zum **A**us**-**der**-H**aut**-F**ahren
  beim **A**uf**-**der**-**faulen**-H**aut**-L**iegen

- **Bei anderen Zusammensetzungen**

  Wenn einzelne Wörter gemeinsam einen völlig neuen Begriff bilden, werden sie durch Bindestriche verbunden:

das Immer-wieder-Neue	eine 10-Pence-Briefmarke
die Ad-hoc-Entscheidung	ein Hunderttausend-Dollar-Geschäft

Hals-Nasen-Ohren-Arzt (auch: HNO-Arzt)

Großschreibung bei Zusammensetzungen

Auch wenn das zusammengesetzte Wort kein Nomen ist, wird das **erste Wort** dennoch **großgeschrieben**, sofern es sich um ein Nomen handelt: **M**ake-up-frei, **V**itamin-C-reich

Bei beiden Beispielen handelt es sich um zusammengesetzte Adjektive, erkennbar am letzten Wort (*frei, reich*), dem so genannten Grundwort. Dennoch schreibt man am Anfang groß, da sowohl das *Make-up* als auch das *Vitamin* Nomen sind.

- **Bei zusammengesetzten Wörtern, die ein Kurzwort, eine Abkürzung, einzelne Buchstaben oder Ziffern enthalten**

  Zwischen Wörtern und Kurzwörtern bzw. Abkürzungen, die einen gemeinsamen Begriff bilden, stehen Bindestriche:

  WDR-Sendung, Lkw-Reifen, Film-DVD, MS-krank, km-Leistung;
  x-förmig, x-te Wurzel, Dehnungs-h;
  Reg.-Bez.;
  4-Zylinder, 8-jährig, 10-prozentig
  DIN-A4-Format

  → Rechtschreibung, S. 439

- **Als Ergänzungszeichen**

  Um zu vermeiden, dass bei Zusammensetzungen ein Wort mehrfach genannt wird, ersetzt man es durch Bindestriche. Dabei ist es ohne Bedeutung, ob es sich um das Grund- oder ein Bestimmungswort handelt:

Park-, Garten- und Balkonmöbel
sang- und klanglos
vor- und rückwärts
Blütendüfte und -essenzen
Abwasserleitungen und -kanäle

Nennung männlicher und weiblicher Personenbezeichnungen

Wenn Sie Platz sparen wollen bei der **Nennung männlicher und weiblicher Personenbezeichnungen,** müssen Sie aufpassen. Nicht alles ist erlaubt oder gut lesbar.

Wenn die **weibliche Endung *-innen*** einfach angehängt werden kann, sind die beiden folgenden Varianten allgemein anerkannt:

- Die weibliche Endung wird mit Schrägstrich + Bindestrich angehängt: Lehrer**/-innen**, Handwerker**/-innen**
- Die weibliche Endung wird in Klammern dahintergesetzt: Lehrer**(innen)**, Handwerker**(innen)**

Ist die **Endung für die männliche und weibliche Form dieselbe**, nämlich ***-en***, darf man ***(inn)*** in Klammern einfügen:

Kolleg**(inn)**en, Patient**(inn)**en, Polizist**(inn)**en

Weichen die männlichen Personenbezeichnungen jedoch ab von den weiblichen, muss man **beide Formen ausschreiben**. Also nicht: ~~die Ärzte/-innen,~~ sondern nur die Ärzte und Ärztinnen. Heißt es aber den Ärzten und Ärztinnen, ist die verkürzte Version mit Klammern erlaubt, weil die Endung *-en* bei beiden Formen wieder übereinstimmt:
den Ärzt**(inn)**en

- **Bei mehrteiligen Straßenbezeichnungen mit Personennamen**

  Alle Einzelwörter werden durch Bindestriche miteinander verbunden:

  Konrad-Adenauer-Platz, Peter-von-der-Gracht-Weg ...

  → siehe auch Groß- und Kleinschreibung, S. 393

- **Bei anderen mehrteiligen Bezeichnungen, die Namen enthalten**

  Alle Einzelwörter werden durch Bindestriche miteinander verbunden:

  Donau-Ems-Kanal, Paul-Klee-Gymnasium, Karl-Arnold-Stiftung ...

Hier kann ein Bindestrich stehen

- **Missverständnisse vermeiden**

  Manchmal ist es sinnvoll, einen Bindestrich an der Wortfuge zu setzen, damit beim Lesen sofort deutlich wird, was gemeint ist:

  Musiker-Leben/Musik-Erleben
  Spiel-Erzeugnis/Spieler-Zeugnis
  Elektroniker-Zeugnis/Elektronik-Erzeugnis ...

- **Wortstruktur sichtbar machen**

  Wenn durch Vokal- oder Konsonantenhäufung das Wort schwer lesbar wird:

  Tee-Ei (Teeei)
  Zoo-Ordnung (Zooordnung)
  hell-lila (helllila)
  Sauerstoff-Flasche (Sauerstoffflasche)

- **Lesbarkeit langer Wörter verbessern**

  Bei langen, unübersichtlichen Wortzusammensetzungen (Komposita) kann der Bindestrich die Lesbarkeit erleichtern:

  Donau-Wasserstandsbericht
  Multifunktions-Küchenmaschine
  Desktop-Publishing (Desktoppublishing)

Geländefahrzeug-Entwicklungsprogramm
Landesbezirks-Fachbereichs-Vorstandssitzung

- **Einzelne Bestandteile hervorheben**

Ich-Sucht (Ichsucht)
die Hoch-Zeit (Hochzeit) des Barock
Kann-Bestimmung

Zwei- oder Mehrfarbigkeit einer Sache ausdrücken

Soll deutlich gemacht werden, dass eine Sache mit **klar unterscheidbaren Farbelementen** gestaltet ist, verwendet man Bindestriche:

Sie trug einen schwarz-weiß gestreiften Pullover.
Sein Auto ist schwarz-rot-gelb lackiert.

Dabei wird im Bedarfsfall nur der letzte Teil des Farbbegriffes dekliniert:

Dein blau-rot**es** Kleid steht dir sehr gut.
Diese blau-grün**e** Tapete gefällt mir gut.

In den genannten Fällen wäre aber auch die Schreibung in einem einzigen Wort ohne Bindestrich korrekt.

Handelt es sich aber eher um eine **Mischfarbe oder Farbtönung**, entfällt der Bindestrich:

Um uns war nur **blaugrünes** Meerwasser. (Das Meerwasser ist von einem bläulichen Grün)

Der **braunschwarze** Ackerboden glänzte wie nach einem Regenguss.

Hier darf kein Bindestrich stehen

- **Bei einfachen, übersichtlichen Zusammensetzungen**, bestehend aus Bestimmungs- und Grundwort:

  das Motorradfahren, das Sichanstellen, die Außerkraftsetzung, das Schlangestehen, das Verlorensein, das Sprachenlernen, die Vierzimmerwohnung ...

  Insbesondere wenn ein **Fugen-s** die Zusammensetzung zweier Wörter deutlich macht, steht kein Bindestrich.

  Bewusstsein**s**erweiterung, Schaffen**s**kraft, Dotierung**s**rahmen, Sicherheit**s**beratung ...

- Bei adjektivischen Begriffen, wenn das **erste Adjektiv die Bedeutung des zweiten näher bestimmt:**

  schwerreich, lauwarm, süßsauer ...

  → siehe auch Getrennt- und Zusammenschreibung, S. 409

Die Worttrennung (Silbentrennung)

Einsilbige Wörter (Ei, Haus, klar, Zwerg ...) können nicht getrennt werden.

Bei mehrsilbigen Wörtern ergibt sich manchmal die Notwendigkeit zu trennen, wenn man beim Schreiben am Zeilenende angekommen ist, weil das Wort nicht mehr ganz in die Zeile passt. Normalerweise trennt man nach **Sprechsilben** (→ S. 59 ff.), das heißt nach den Bestandteilen, aus denen das Wort bei ganz langsamem Sprechen besteht:

hei-ßen, Ei-er, Pfle-ger ...

Dies ist die **Grundregel**. Es gibt jedoch ein paar Besonderheiten zu beachten:

- **Zusammengesetzte Wörter** (Komposita) trennt man an der Wortfuge, also dort, wo sie aneinandergefügt wurden:

  Fern-seher, Schreib-tisch-lampe, spiegel-glatt, ab-holen ...

- **Einzelne Vokale** am Wortbeginn oder -ende dürfen nicht abgetrennt werden:

  ~~a-ber, A-der, I-gel, O-fen, Tri-o, Lai-e~~.

  Bei Pluralformen mancher Wörter kann man trennen, wenn durch die Pluralendung die Vokale nicht mehr allein stehen: Tri-os, Lai-en.

- **Im Wortinneren** hat man bei zwei **aufeinanderfolgenden Einzelvokalen** die Wahl, zu welcher Silbe man sie stellt, sofern es nicht die Wortfuge eines zusammengesetzten Wortes betrifft:

  nati-onal/natio-nal, re-alistisch/rea-listisch, Rui-ne/Ru-ine ...

  Aber: Bio-loge (nicht: ~~Bi-ologe~~), europä-isch (nicht: ~~europ-äisch~~)

- Folgen **im Wortinnern mehrere Konsonanten** aufeinander, kommt nur der letzte Konsonant in die nächste Zeile:

  Brenn-nessel, eif-rig, es-sen, Don-ner, größ-te, Karp-fen, knusp-rig, Lan-ze, Mus-ter, schnup-pern, sit-zen ...

  Aber: Bei der Buchstabenfolge ***tsch*** darf nur ***t-sch*** getrennt werden, da *sch* einem Laut entspricht:

  Kut-sche, plant-schen, Prit-sche ...

- Folgende Konsonantenverbindungen sind **nicht trennbar**, weil sie zusammen einen Laut bilden:

  ch (la-chen), ***ck*** (We-cker), ***sch*** (La-sche), ***ph*** (Stro-phe), ***th*** (Ma-thematik), ***sh*** (Fa-shion), ***rh*** (Zir-rhose)

- Folgt **in Fremdwörtern** ein ***l, n*** oder ***r*** auf einen anderen Konsonanten, kann vor dem *l, n* bzw. *r* getrennt werden oder beide Konsonanten gehen auf die nächste Zeile:

  Hyd-rant/Hy-drant, stag-nieren/sta-gnieren, Fib-rin/Fi-brin, nob-le/noble Hotels, Mag-net/Ma-gnet

Bei manchen Wörtern kann man nicht mehr erkennen, wie sie sich zusammensetzen. In diesen Fällen hat man **zwei Möglichkeiten der Trennung**:

Chrys-antheme/Chry-santheme, dar-um/da-rum, Hekt-ar/Hek-tar, hin-auf/hi-nauf, her-an/he-ran, inter-essant/inte-ressant, Päd-agoge/Pä-dagoge ...

° Der Gedankenstrich

Auch für die Verwendung des Gedankenstrichs gibt es keine festen Regeln.

Der einfache Gedankenstrich ist meist **durch ein Komma, einen Doppelpunkt oder einen Strichpunkt ersetzbar**. Beim Lesen signalisiert er eine deutliche Pause.

Wenn der Gedankenstrich einen Satz unterbricht oder abbricht, schreibt man nach dem Gedankenstrich klein weiter, es sei denn, das folgende Wort ist ein Nomen.

Der Zug fährt gleich ab **–** wir müssen uns beeilen.

Statt des Gedankenstriches sind auch folgende Lösungen möglich:

Der Zug fährt gleich ab**,** wir müssen uns beeilen.
Der Zug fährt gleich ab**:** Wir müssen uns beeilen.
Der Zug fährt gleich ab**;** wir müssen uns beeilen.

In diesen Fällen können Sie Gedankenstriche verwenden:

- Unerwartetes folgt: Dann, plötzlich **–** ein Knall!
- Ein Kommando: Laden **–** entsichern **–** Feuer!
- Ein Gegensatz: Alle tanzen **–** nur du sitzt da.
- Ein plötzlicher Themenwechsel: Ich habe jetzt keine Zeit**. –** Wie siehst du überhaupt aus?

Der doppelte Gedankenstrich dient dazu, **Einschübe** (Parenthesen) vom eigentlichen Text abzugrenzen. Nach den Gedankenstrichen wird **klein weitergeschrieben**, es sei denn das folgende Wort ist ein Nomen.

Der Chef blickte **–** er verzog dabei keine Miene **–** von einem zum anderen.

Diese Gedankenstriche sind **oft durch Kommas oder Klammern ersetzbar**. Also sind auch diese Lösungen möglich:

Der Chef blickte**,** und dabei verzog er keine Miene**,** von einem zum anderen.
Der Chef blickte **(**und dabei verzog er keine Miene**)** von einem zum anderen.

Soll der Einschub **durch ein Ausrufe- oder Fragezeichen abgeschlossen werden**, steht dieses Zeichen vor dem zweiten Gedankenstrich. Einschübe werden nicht durch Punkte abgeschlossen.

Er übersah mich **–** leider**!** **–** auch nicht.
Ich folgte ihr **–** warum auch nicht**?** **–** bis vor die Haustür.

Die Klammern

Klammern kommen fast immer **paarweise** vor. Sie können statt Kommas oder Gedankenstrichen für erklärende Zusätze benutzt werden.

Heute **(**man glaubt es kaum**)** ist endlich das Päckchen angekommen.
In New London **(**Connecticut**)** gibt es auch ein College.

Auch ganze Sätze können in Klammern gesetzt werden. Dabei gilt: Auch wenn der Zusatz in Klammern ein vollständiger Satz ist, wird das **erste Wort nicht großgeschrieben**, und am Ende des Satzes in Klammern steht **kein Punkt**:

Der junge Mann **(**er war ihr bereits bekannt**)** winkte sie zu sich an den Tisch.

Wenn jedoch ein **Ausrufe- oder Fragezeichen** zu dem eingeklammerten Zusatz gehört, steht es vor der abschließenden Klammer:

Er änderte seine Meinung erneut **(**wer hätte das gedacht?**)**.

Nach der zweiten Klammer folgt ein **Komma**, wenn dies auch bei Fehlen des eingeklammerten Zusatzes stehen müsste:

Er ging nach Hause **(**das stand fest**),** denn es war schon spät.

Wenn ein Zusatz in Klammern unmittelbar zu einem Satz gehört, steht der abschließende **Punkt nach der abschließenden Klammer**:

Ich sage es dir jetzt noch ein letztes Mal (wiederholt habe ich es schon oft genug).

Der Zusatz in Klammern steht nach dem Punkt, wenn es sich um eine **zusätzliche Information** handelt, die nicht unmittelbar mit dem letzten Satz zusammenhängt. Dann wird das erste Wort in der Klammer großgeschrieben:

Die Nordsee hat mir immer sehr gut gefallen. (Wir haben dort zuletzt vor zwei Jahren Urlaub gemacht.)

Eckige Klammern

Eckige Klammern werden meistens verwendet, wenn ein **Zusatz in runden Klammern noch weiter erläutert** wird:

Der Ort Paris (Kentucky [USA]) ist nur wenigen bekannt.

Sie werden auch, besonders **in wissenschaftlichen Texten**, dazu benutzt, **eigene Anmerkungen zu Zitaten** zu kennzeichnen:

Professor Mitschig schreibt: „Dieses Ereignis [gemeint ist seine Beförderung] brachte viel Unruhe."

Der Schrägstrich

Man verwendet einen Schrägstrich, um deutlich zu machen, dass Wörter zusammengehören. Das können Namen, Kürzungen, Zahlen etc. sein.

Der Schrägstrich steht

- zur Angabe von **Alternativen** in der Bedeutung von ***und***, ***oder***, ***beziehungsweise***:

Parkplatz für Besucherinnen/Besucher
200 ml Wasser/Milch hinzufügen
Ein-/Ausgang für Betriebsangehörige
die Gremien der SPD/Die Grünen-Koalition
die Steuererklärung für 2009/10
die Rechnung für April/Mai/Juni

- zur Gliederung von **Telefonnummern, Aktenzeichen, Rechnungsnummern** etc:

Telefonnummer 02462/620-123
Aktenzeichen Az II/679/8
Rechnungsnummer 2009/133
Diktatzeichen Re/ga

- zur Angabe von **Größenverhältnissen** mit Zahlen im Sinne von ***pro/ je*** und als **Bruchstrich**:

zulässige Höchstgeschwindigkeit auf Landstraßen: 100 km/h
Niederschlag im Monat Februar: 50 l/m^2
Bevölkerungsdichte: 550 Einwohner/km^2
ein 3/4 Liter

BESONDERHEITEN IN ÖSTERREICH UND DER SCHWEIZ

Nicht alles im deutschen Sprachraum ist einheitlich und überall gültig. Österreich und die deutschsprachige Schweiz haben einige besondere Ausdrucksweisen und Wörter, die im übrigen Sprachraum unbekannt sind oder anders klingen. In Österreich haben sich einige eher traditionelle Ausdrücke gehalten, während in der Schweiz gelegentlich die Nähe zu den romanischen Landessprachen für gewisse Sonderformen sorgt.

Die Form der Briefe in der Schweiz und in Österreich folgt in der Hauptsache der **DIN 5008/676** (→ siehe Kapitel ‚Grundlagen des Briefaufbaus nach DIN 5008 und DIN 676' S. 9).

Die in Österreich verwendete **Ö-Norm A 1080**, Ausgabe 2007, lehnt sich in allen Punkten an die deutschen Normen an. Es lohnt sich, diese Ö-Norm im Internet anzusehen, da sie über die deutsche Norm hinaus Empfehlungen zur Formatierung und eine genaue Beschreibung von internationalen akademischen Graden beinhaltet.

Hier folgen nun einige Wörter und Zusammensetzungen, die in Österreich und der Schweiz üblich sind, in Deutschland aber anders ausgedrückt werden.

Ausdruck in Österreich (*A*) und/oder der Schweiz (*CH*)	**entsprechender Ausdruck in Deutschland**
die Abfertigung, -en (*A*)	die Zahlung bei Auflösung von (Dienst-)Vertr ägen
die Absenz, -en (*CH*)	die Abwesenheit
à jour sein (*A, CH*)	auf dem Laufenden sein
das Akonto, Akonti (*A, CH*)	die Anzahlung
aliquot (*A*)	anteilig

die Aufenthaltsbewilligung, -en *(A, CH)*	die Aufenthaltserlaubnis
aufscheinen *(A)*	erscheinen
die Ausfolgung, -en *(A)*	die Übergabe (von Waren etc.)
die Auslage, -n *(A, CH)*	das Schaufenster
avisieren *(A, CH)*	ankündigen
die Beilage, -n *(A, CH)*	die Anlage
Betreibung einleiten *(CH)*	Vollstreckung einleiten
das Dienstzeugnis, -se *(A)*	das Arbeitszeugnis
die Direktwahl *(CH)*	die Durchwahl
die Drucksorte, -n *(A)*	das Formular, der Vordruck
der Erlagschein, -e *(A)*	der Einzahlungsschein, die Zahlkarte
die Exekution, -en *(A)*	die Pfändung
der Expressbrief, -e *(A, CH)*	der Eilbrief, der Expressbrief
das Ferialpraktikum, -praktika *(A)*	die Ferienarbeit
die Filiale, -n *(A, CH)*	die Zweigstelle, die Filiale
das Firmenbuch, -bücher *(A)*	das Handelsregister
der Frächter, – *(A)*	der Spediteur
die Frühpension, -en *(A, CH)*	die vorzeitige Altersrente
heuer *(A, CH)*	dieses Jahr, in diesem Jahr
innert *(CH)*	innerhalb
das Inserat, -e *(A, CH)*	die Annonce, das Inserat
die Insolvenz, -en *(A, CH)*	die Zahlungsunfähigkeit, die Insolvenz
der Jänner *(A)*	der Januar
der Karenzurlaub *(A)*	der Erziehungsurlaub
der Lehrling, -e *(A, CH)*	der Auszubildende, der Lehrling
die Matura *(A, CH)*	das Abitur
die Maturität *(CH)*	das Abitur, die Hochschulreife

die Nächtigung, -en *(A)*	die Übernachtung
die Okkasion, -en *(A)*	der Gelegenheitskauf
der Parteienverkehr *(A)*	die Sprechstunden in Ämtern
die Pauschale, -n *(A, CH)*	der Gesamtbetrag
die Pension, -en *(A, CH)*	die Rente
die Polizze, -n *(A)*	die Police
die Pönale, -n *(A)*	die Strafgebühr (bei Terminverzug)
die Pragmatisierung, -en *(A)*	die Verbeamtung
die Realkanzlei, -en *(A)*	das Immobilien-Maklerbüro
der Rekurs gegen einen Entscheid *(CH)*	der Widerspruch gegen einen Bescheid
die Remuneration, -en *(A)*	die Vergütung, die Entschädigung
die Repräsentationsspesen *(A)*	die Geschäftsanbahnungskosten
die Rückvergütung, -en *(A, CH)*	die Kostenerstattung, die Rückvergütung
das Salär, -e *(CH)*	das Gehalt, das Honorar
der Servicetechniker, – *(A, CH)*	der Wartungsingenieur, der Servicetechniker
urgieren *(A)*	anmahnen
die Vakanz, -en *(A, CH)*	die freie Stelle
verabsäumen *(A)*	versäumen
vergebühren *(A)*	(amtliche) Gebühren erheben
der Versicherungsausweis, -e *(CH)*	der Versicherungsschein
das Zirkular, -e *(A, CH)*	das Rundschreiben
zuwarten *(A)*	abwarten

GELÄUFIGE ABKÜRZUNGEN UND KURZWÖRTER

Bitte denken Sie stets daran, dass viele Abkürzungen und Kurzwörter Ihrem Empfänger nicht bekannt sind. Sie erschweren das Lesen des Briefes. Benutzen Sie sie deshalb äußerst sparsam!

Folgende Abkürzungen und Kurzwörter werden häufig verwendet:

A	Österreich (Austria)
a. a. O.	am angeführten/angegebenen Ort
Abb.	Abbildung
Abs.	Absender, Absatz
AG	Aktiengesellschaft, Arbeitsgemeinschaft
AGB	Allgemeine Geschäftsbedingungen
allg.	allgemein
Az., AZ	Aktenzeichen
Bd.	Band (*Buch*)
bes.	besonders
BGB	Bürgerliches Gesetzbuch
BLZ	Bankleitzahl
b. w.	bitte wenden
bzgl.	bezüglich
bzw.	beziehungsweise
ca.	circa, zirka
cc	cum copia, carbon copy, Kopie an
CH	Schweiz (Confoederatio Helvetica)
Ct.	Cent
D	Deutschland

d. h.	das heißt
DIN	Deutsche Industrie-Norm
Dipl.	Diplom
d. J.	dieses Jahres
d. M.	dieses Monats
Dr.	Doktor
DSL	(Digital Subscriber Line) digitaler Teilnehmeranschluss
€	Euro
(E)DV	(elektronische) Datenverarbeitung
etc.	et cetera
EU	Europäische Union
ev.	evangelisch
e. V.	eingetragener Verein
evtl.	eventuell
Fa.	Firma
Fam.	Familie
f.	und folgende Seite
f. d. R.	für die Richtigkeit
ff.	und folgende Seiten
FH	Fachhochschule
Fr.	Frau
FTP	(File Transfer Protocol) Protokoll zum Übertragen von Dateien im Internet
GbR	Gesellschaft bürgerlichen Rechts
Ges.	Gesellschaft
gez.	gezeichnet
ggf.	gegebenenfalls
GmbH	Gesellschaft mit beschränkter Haftung

Hbf.	Hauptbahnhof
HGB	Handelsgesetzbuch
Hr(n).	Herr(n)
HTTP	(Hypertext Transfer Protocol) Übertragungsprotokoll im Internet
i. A.	im Auftrag
IHK	Industrie- und Handelskammer
incl., inkl.	inklusive
ISO	International Standardization Organization
IT	Informationstechnologie
i. V.	in Vertretung
jd., jmd.	jemand
kath.	katholisch
Kfz	Kraftfahrzeug
KG	Kommanditgesellschaft
Kto.	Konto
lt.	laut
ltd., Ltd.	limited
m. E.	meines Erachtens
Mio.	Million
Mrd.	Milliarde
MwSt.	Mehrwertsteuer
Nr.	Nummer
o. a.	oben angegeben
o. Ä.	oder Ähnliche(s)
OHG	Offene Handelsgesellschaft
PC	Personalcomputer
PLZ	Postleitzahl
ppa., pp.	per procura

PS	Postskriptum, Pferdestärke
S.	Seite
s. (a.)	siehe (auch)
SFr., sfr	Schweizer Franken
s. o.	siehe oben
sog.	so genannte(-r, -s)
Str.	Straße
s. u.	siehe unten
Tel.	Telefon
TK	Telekommunikation
u. a.	unter anderem, und andere
u. a. m.	und anderes/andere mehr
u. A. w. g.	um Antwort wird gebeten
URL	(Uniform Resource Locator) Internetadresse
usw.	und so weiter
u. U.	unter Umständen
v. a.	vor allem
vgl.	vergleich(e)
z. B.	zum Beispiel
z. K.	zur Kenntnis
z. T.	zum Teil
zzgl.	zuzüglich
zz./zzt.	zurzeit

Sach- und Stichwortverzeichnis

In der folgenden Liste finden Sie zahlreiche Sach- und Stichwörter, die in diesem Buch im Rahmen eines oder mehrerer Themen behandelt werden. Dahinter wird auf die entsprechende Seite verwiesen. Sachwörter, die sich auf Musterbriefe beziehen, sind unterstrichen. Stichwörter sind kursiv gesetzt.

A

Abkürzungen 37, 43, 48
- Bekanntheitsgrad 339
- E-Mail/SMS 336
- E-Mals geschäftlich 338
- englische Korrespondenz 379
- Leerzeichen 44
- Verständlichkeit 339

Absenderangabe 12
Adressfeld 15
AIDA-Schema 68
Air mail 347
Anführungszeichen 38
Angebote einholen 56
- Anfrage 56
- konkrete Anfrage, klassisch 58
- konkrete Anfrage, modern 57
- Termin 56
- Textbausteine 59

Angebote schreiben 61
- Bestandteile 61
- Klassisches Angebot 63
- Modernes Angebot 62
- Textbausteine 64

Anlage 34
Anrede 28
- Adelstitel 29
- akademische Titel 28
- Amtsbezeichnungen 29
- Komma 30
- Würdenträger 30

Anschrift 12
Ansprache 16
- Berufsbezeichnung 16
- Funktion 16
- Titel 16, 20

Anzeigen 276
- Abkürzungen 278
- Autoverkauf 279
- Datenschutz 277
- Formulierung 276
- Glückwünsche 281
- Immobilienanzeige 278
- mit Bild 277
- Stellenangebot für einen privaten Haushalt 280
- Stellensuche 280
- Verkaufsanzeige 278

Apostroph 39
Arbeitsbestätigung 125
Arbeitszeugnis 120
- Abschluss 120
- alte Zeugnisse 120
- Arbeitsbestätigung 125
- Inhalt 120
- mangelhaftes Zeugnis 125
- neutrales Zeugnis 122
- positives Zeugnis 121
- Textbausteine 123
- Zwischenzeugnis 125

ASCI 325
at-Zeichen (@) 39
Auslassungspunkte 39

B

Banken 172
Anfrage 172
Karte sperren 172
Kredit-/EC-Karte sperren lassen 173
Lastschrift 176
nach einem Kredit fragen 175
reklamieren 172, 174
Textbausteine 176
Begleitschreiben 47
Begleitschreiben → Bewerbung
Beileidsschreiben 244
Beileid ausdrücken 248
Beistand bei einem Todesfall 249
Mitteilung über das Ableben 246
Sterbebild 249
Textbausteine 251
Tod und Trauer 244
Todesanzeige in der Zeitung 247
Zitate 252
Bestellen 73
Angebot annehmen und bestellen 74
Bestätigung 73
Bestellen ohne vorausgehendes Angebot 75
Bestellung absagen 77
Bestellung auf ein Angebot 73
Bestellung bestätigen 76
Datum 79
englische Korrespondenz 360
Kontrollieren 79
Textbausteine 78
Bestimmungsort 16, 21
Betreff 24
Betreffzeile 25, 28
Bewerbung online 329
Anhänge 331
Aufbau 329
ausführliches Kontaktschreiben 333
E-Mail für Initiativbewerbung 334
Kontaktschreiben 332
PDF 332
Textbausteine 335
Überprüfung 335
Bewerbung 282
Alter 284
Arbeitszeugnisse 309
Äußerlichkeiten 283
Begleitschreiben 285, 286, 287
Begleitschreiben, Unterschrift 286
Beurteilung 282
die dritte Seite 306, 307
die dritte Seite, Textbausteine 308
englische Korrespondenz 375
Foto 295
Gehaltsvorstellungen 288
Initiativbewerbung 289
Lebenslauf 297
online 329
Rechtschreibung 287
Schreibblockaden 287
Stil 284
Textbausteine 293, 308
um Arbeitsplatz 292
um Ausbildungsplatz 290
um Praktikumsplatz 291
Unterlagen 282, 283
Bezugszeile 25, 26
Bindestrich 39, 40, 43
Bindung 138
***bis*-Strich** 40
book (buchen) 359
Briefanfang 48
Briefaufbau 9
Briefe an den Arbeitgeber 195
Betriebsrat 196
Geschäftsleitung danken 200
Lob 195
Mobbing 196
Mobbing von Kollegen anzeigen 201

Terminanfrage 199
Textbausteine 202
Verbesserung vorschlagen 197
Vier-Augen-Gespräch 195, 202
Weiterbildungsanfrage 198
Briefkopf 12
Brieflayout 12
MS Word 22
OpenOffice 22
Briefmarke 11
Briefumschlag farbig 11

C

ca. 44
Confidential 347
Cross-Selling 72
CV → **Lebenslauf**

D

d. h. 44
Danksagung 267
allgemeiner Dank 272
an Gäste einer Taufe 269
an Umzugshelfer 270
für Hilfe rund um einen Hausbau 271
für Hochzeitsgeschenke und Glückwünsche 268
Gegengeschenk 267
Textbausteine 274
Zitate 275
Dankschreiben geschäftlich 145
Dankschreiben 148
englische Korrespondenz 368
Textbausteine 149
Dativ ohne -e 95
Datum 22, 119
Schreibung 24
DIN 9, 37, 67, 150
Dokumente aufbewahren 157
du/Du 165, 212

E

Einladungen geschäftlich 145
besondere Note 150
Einladung ablehnen 150
Einzelpersonen einladen 146
englische Korrespondenz 370
mehrere Personen einladen 147
Textbausteine 149
Einladungen privat 254
Einweihung einer Wohnung 263
Geburtstag 254, 261
Hochzeit 254, 256
Jubiläum 255, 262
Kindergeburtstag 254, 260
Kommunion 254, 258
Konfirmation/Firmung 254, 258
Party 254, 259
Taufe 254, 257
Textbausteine 264
Umzug 255
Zitate 266
E-Mail 328
E-Mails geschäftlich 323
Aufbau 323
Empfängerfreundlichkeit 324
Muster 326
Textbausteine 327
E-Mails und Internet 320
Anglizismen 328
Anhänge 321
Möglichkeiten 320
Netikette 322
Sonderzeichen/Umlaute 325
soziale Netzwerke 320
Spam 321
Spuren im Internet 321

Text-/HTML-Mails 325
E-Mails/SMS privat 336
Abkürzungen 336
Emoticons 336
Smileys 336
Stil 336
Empfängeranschrift 14, 17, 18
Empfängerfenster 18
Empfehlungsschreiben 115
englische Korrespondenz 340
Abkürzungen 379
Adresse und Anschrift 340
allgemeine Regeln 340
Anrede 340
Bestellung aufgeben 360
Bewerbung 375
Dankschreiben 368
Einladungen 370
geschäftliche E-Mail 349
Geschäftsbrief 348
Grußformel 343
Höflichkeit 367
Informationen einholen 350
Kurzzeichen und Vermerke 344
Lebenslauf 379
nützliche Wendungen 385
Reservierungen vornehmen 356
Signatur 346
Stil und Gestaltung 346
Termine vereinbaren 352
Umschlag 347
Unterschrift 344
Zahlungserinnerung 364
Entschuldigung 267
Entschuldigung 273
Textbausteine 275
Zitate 275
Ergänzungsstrich 39
et-Zeichen (&) 40
euch/Euch 165
Eurozeichen 40
Express 347

F
f. 44
Falzmarken 17, 21
Familienfeier 213
Firmung 214, 221
Geburt 213, 218, 226
Geburtstag 215
Heirat 216
Hochzeit 213
Kommunion 214, 220
Konfirmation 214, 221
silberne Hochzeit 217
Taufe 214, 219, 226
Textbausteine 222
Wünsche 214
Zitate 224
Fax 42
Faxnummer 42
ff. 44
Firmenbriefkopf 18
Firmung → Familienfeier
Floskeln 48
Fragile 347
Frau 16, 20
Fräulein 29
Fremdwörter 48
Freundlichkeit 49

G
Geburt → Familienfeier
Geburtstag → Familienfeier
Gedankenstrich 40, 43
Geldbeträge 67
Genesungswünsche 244
Beilagen 244
Gute Besserung 245

5
SACH- UND STICHWORTVERZEICHNIS

Genitiv-*s* 60
gern(e) 50
geschäftliche Korrespondenz 45
Geschäftsbrief 17
Gratulieren 140
Gruß 33
Grußformel 31
  Komma 32
  Leerzeilen 32

H
halbprivate Korrespondenz 155
  Aufbau 155
  Briefkopf 155
  Dokumente aufbewahren 157
  Leerzeilen 156
  Unterschrift 155
halbprivater Brief 12
Heftrand 12, 17
Heirat → **Familienfeier**
Herr 16, 20
Hochachtungsvoll 32
Hochzeit → **Familienfeier**
Homepage 320
Hotel → **Reise und Hotel**

I
i. A. 34
i. V. 34
ich 50
ihr 145
Infoblock 23, 27
information 351
Informationen einholen 50
  auf eine Informationsanfrage antworten 53
  englische Korrespondenz 350
  Kontaktaufnahme 50
  nach ausführlichen Informationen fragen 52
  Textbausteine 54
  um Informationen bitten 51
Internet → **E-Mails und Internet**

K
Klammern 41
Kommunion → **Familienfeier**
Kondolenzschreiben 151
  Beileidsbrief 152
  Briefform 151
  Hinterbliebene 154
  Textbausteine 153
Konfirmation → **Familienfeier**
Kontonummer 42
Korrespondenz 45, 155, 211
  geschäftlich 45
  halbprivat 155
  privat 211
  Stil 48
Krankenkassen 177
  Anfrage 181
  Erstattungsgesuch 178
  Informationen einholen 180
  Informationen weitergeben 179
  Kosten erstatten 177
  Textbausteine 181
Kundenbindung 96, 101
Kündigen 158
  Begründung 158
  Dienstleistung kündigen 160
  Fitness-Studio kündigen 164
  Handy-Vertrag kündigen 162
  Kündigungstermin 158, 165
  stillschweigende Verlängerung 165
  Textbausteine 165
  Verträge 159
  Wohnung kündigen 161
  Zeitungsabonnement kündigen 163

L

Lebenslauf 297
- Bild 297
- chronologisch 297
- englische Korrespondenz 379
- europäisch 297, 302
- europäisch, unterteilt 303, 304
- gemischt 297
- handgeschrieben 299
- Hobbys 305
- international 297, 300
- Sprachkenntnisse 299, 381
- unterteilt 298

Leerzeichen 41
Leerzeilen 46, 155
Leistungsverzug 91
Leitwort 26, 27
Liebesbrief 227
Lieferbedingungen 66

M

Mahnbescheid 113
Mahnung 106
Mängelrüge 91
Minuszeichen 41, 43
Mitteilungen 138
- Mitteilung an Geschäftspartner 139
- Textbausteine 143

most 369
Muttertag → Wünsche privat

N

Netikette 322
Nr. 44
Nummer(zeichen) 41

O

Ostern → Wünsche privat
Our ref 345

P

p.p. 345
Paragrafenzeichen 41
Pension → Wünsche privat
Personal 347
Please forward 347
Postage paid 347
Poste restante 347
Postfach 16, 20
Postleitzahl 16, 20
ppa. 34
Presse informieren 135
- Informationsschreiben 135
- Kontaktpflege 137
- Pressemitteilung 136, 137
- Textbausteine 137

Printed matter 347
Private 347
private Korrespondenz 211
- Normen 211
- Stil 212
- Zitate 212

Protokoll 310
- Aufzeichnung 318
- Ergebnisprotokoll 315
- Form 310, 318
- Inhalt 311
- Kurzprotokoll 316
- Protokollarten 314
- Stimmberechtigung 313
- Textbausteine 317
- Verteiler 313

Prozentzeichen 41
Prüfung → Wünsche privat
PS 44, 345
PS 72

R

Rechenzeichen 42
Rechnungen 102
Abschlusssatz 105
einfache Rechnung 103
Grußformel 102
Rechnung mit Dank, ausführlich 104
Textbausteine 105
Unterschrift 102
Zahlungsdatum 66
Ref 345
Referenzen und Empfehlungsschreiben 115
Bestätigung 119
Datum 119
Empfehlungsbrief 115, 116
Referenzschreiben 117
Textbausteine 118
Registered 347
Reise und Hotel 182
Beanstandung 182
Besondere Wünsche und Bedürfnisse 185
das Kleingedruckte 186
nach einem Zimmer fragen 183
nachfragen 182
Sonderwünsche 182, 187
Textbausteine 186
Zimmer reservieren 184
Reiserücktrittversicherung 87
Reklamationen bearbeiten 96
Antwort auf eine berechtigte Reklamation 97
Antwort auf eine nicht berechtigte Reklamation 98
Kundenbindung 96
Reklamationsmanagement 101
Textbausteine 99
Werbung 96
wir-Formel 101
Reklamationen 187
an eine Autowerkstatt 189
an einen Handwerksbetrieb 190
bei einem Kaufhaus reklamieren 188
formulieren 193
Reklamation an ein Hotel 191
Reklamation an einen Reiseveranstalter 192
Textbausteine 193
Reklamieren 91
Höflichkeit 95
Leistungsverzug 91
Mängelrüge 91
Reklamation 92
Textbausteine 93
Reservieren 80
Angebot zur Reservierungsanfrage 82
Annehmlichkeiten 80
Bankverbindung 87
Bestätigung 80
englische Korrespondenz 356
Kreditkarte 87
Reiserücktrittversicherung 87
Reservierung 83
Reservierungsanfrage 81
Stornieren 87
Textbausteine 84

S

S. 44
Sample 347
Satzzeichen 48
schicken 50
Schlussformel 31
Schrägstrich 42
Schrift 22
Schriftgröße 22
Schulen 203
Bedanken 209

Befreiung vom Unterricht 203, 206
Dank 203
Entschuldigung 204
Entschuldigung für den Sportunterricht 205
Konflikte 203
Textbausteine 210
um einen Termin bitten 208
Unstimmigkeiten in der Schule 207
Seitenlayout 12
Geschäftsbrief 17
halbprivater Brief 12
senden 50
Sie 145
Skonto 67
SMS → **E-Mails/SMS privat**
Sonderzeichen 38
Stelle ausschreiben 126
Absage 127
Absage an Initiativbewerber 132
Bewerber absagen 131
Bewerber anrufen 134
Bewerber einladen 129
Blindbewerbung 127
Einladung 127
Stellenausschreibung 126
Stellenausschreibung 128
Textbausteine 133
Zwischenbescheid 130
Sterbebild 249

T
Taufe → **Familienfeier**
Telefonnummer 42, 43, 60
Termine vereinbaren (englische Korrespondenz) 352
Testament 253
To be called for 347
Tod → **Beileidsschreiben**
Trauer → **Beileidsschreiben**
Trennstrich 39, 43
Trennzeichen 39

U
Umschlag 10
Unternehmensbriefbogen 23
Unterschrift 33
Zusätze 33
Urgent 347
usw. 44

V
Vatertag → **Wünsche privat**
Versicherungen 166
Angebote 166
Kündigung 166, 171
Schaden beschreiben 171
Schaden melden 168
Textbausteine 171
Versicherungsangebot einholen 167
Versicherungsvertrag kündigen 169
Widerspruch 166, 170
Verteiler 36
Verträge 88
Anlagen 88
Begleitbrief zum Vertrag 89
Beispielvertrag 90
Lieferbedingungen 88
schriftlich abschließen 159
schriftlich kündigen 159
Zahlungsbedingungen 88

W
Währungszeichen 67
Webseite 320
Website 320

Weihnachten → **Wünsche privat**
Weihnachtswünsche 142, 144
Werbebriefe 68
AIDA-Schema 68
Informationen für bestehende Kundenkontakte 70
Neukunden werben 69
Textbausteine 71
Werbung 96
wir 50
***wir*-Formel** 101
***wir*-Gefühl** 127
Wünsche geschäftlich 138
Gratulation, modern 141
persönliche Note 144
Weihnachtswünsche 142
zu einem Preis gratulieren 140
Wünsche privat 227
Datum 243
Gestaltung 228
länger bestehende Partnerschaft 232
Liebesbrief 227, 233
Muttertag 227, 234
Ostergrüße 227, 231
Pensionär 227, 237
Prüfung 238
Textbausteine 239
Vatertag 227, 235
Weihnachtsgrüße 227, 229
Weihnachtsgrüße, modern 230
Zitate 241

Y

Your ref 345

Z

z. B. 44
Zahlen 59
Zahlungsbedingungen 66
Zahlungsverzug 106
dritte Mahnung 110
englische Korrespondenz 364
erste Mahnung 107
erste Mahnung, modern 108
Mahnbescheid 113
Mahnung 106
Persönlicher Kontakt 112
Textbausteine 111
Zahlungsaufschub 113
zweite Mahnung 109
Zahlungsziel 67
Zeichen 37
Ziffern 59
Zusatzvermerk 12
Zwischenzeugnis 125
zz. 44